天下文化

BELIEVE IN READING

學天地 BWS184

數學就是這樣用

找出生活問題的最佳解

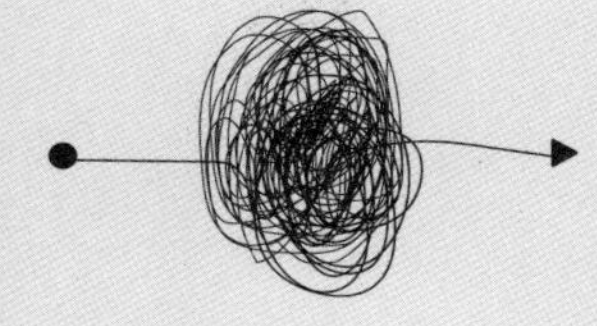

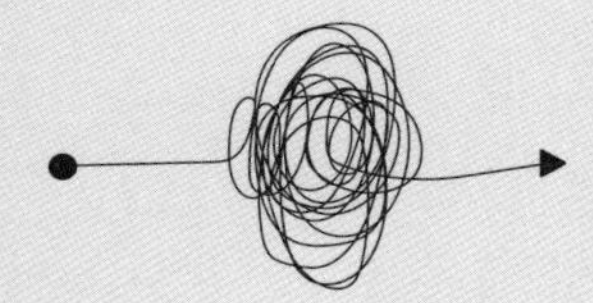

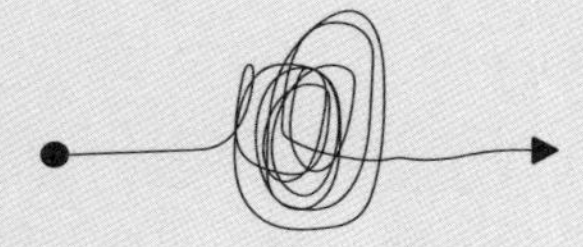

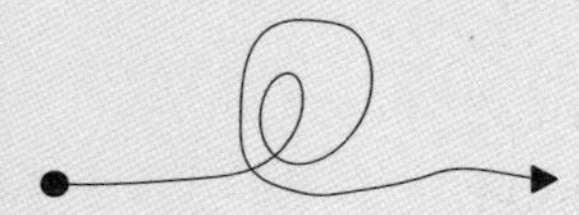

Thinking Better

The Art of the Shortcut

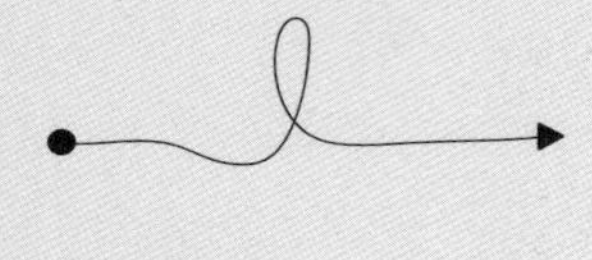

杜・索托伊
Marcus du Sautoy——著
畢馨云——譯

獻給所有的數學老師，

特別是貝爾森先生（Mr. Bailson），

讓我看見第一條數學捷徑。

CONTENTS

啟程

眼前有兩條路讓你選擇。第一條顯而易見的路需要長途跋涉，沿途沒有美景，如果你一直走下去，雖然會耗盡精力，可是至少最後會抵達目的地。

但還有第二條路，你必須很敏銳才看得到這條路，它偏離主道，看似要把你帶離目標。隨後你會看到寫著「捷徑」的路標，這預計會是一條更短的越野路線，讓你更快抵達目的地，花的精力又最少，沿路甚至有機會遇到絕色美景。只不過，若選擇穿越這條小徑，你必須保持頭腦清醒。

選擇哪一條取決於你。

本書指引你往第二條路走，它是讓你邁向高層次思考的捷徑，你必須設法走過這條非正統的路線，抵達你想去的地方。

正是捷徑的誘惑，讓我想要當數學家。在我還是個相當懶惰的青少年時，我一直在尋找到達目的地的最有效率路徑。我並不是貪圖省事，只是想盡量少花些力氣就達到目標。所以在我十二歲的時候，聽到數學老師透露我們在學校所學的科目其實是在頌揚捷徑，我的耳朵頓時豎了起來。

這要從一個單純的故事說起。老師的故事把我們帶回

1786 年，故事的主角是個名叫卡爾·弗里德利希·高斯（Carl Friedrich Gauss）的九歲男孩。小高斯在漢諾威附近的小鎮布朗施維克長大，布朗施維克是個很小的地方，當地的學校只有布特奈先生（Herr Büttner）這位老師，他不得不想辦法把鎮上的一百個孩子集中在同一間教室裡教課。故事就發生在這間教室。

我的老師貝爾森先生（Mr. Bailson）是紀律嚴明的蘇格蘭人，他相當嚴厲，但聽起來似乎比高斯的老師溫和。布特奈先生會揮著藤條在課桌椅間大步走來走去，讓吵鬧的課堂維持紀律。後來我去參觀了這個數學聖地，教室色調平淡，天花板很低，光線不足，地板凹凸不平，感覺就像中世紀時的監獄，而布特奈的管教方式似乎跟這個環境相稱。

據說在某堂算術課上，布特奈決定派個相當乏味的作業給全班學生，讓他們有事可忙，這樣他就可以小睡一下。布特奈吩咐：「各位同學……我要你們在石板上算出數字從 1 加到 100 等於多少。算出來的人就把你的石板拿到教室前面，放在我桌上。」

老師話還沒說完，高斯就起立，把他的石板放在講桌上，用低地德語堅定的說：「這是我的答案。」（Ligget se.）布特奈看著這個男孩，對他的無禮感到震怒。布特奈手中的藤條在抖動，但他決定等所有的學生把自己的石板都交來檢查之後，再訓斥小高斯一番。

課堂上其餘的學生終於算完了，布特奈的講桌像一座石板塔，石板上寫滿了粉筆字和計算結果。老師從放在最上面的石板開始，慢慢批改這堆作業。大多數的計算結果都是錯的，這些學生總是在演算過程中犯一些小錯誤。

最後終於輪到高斯的石板了。布特奈準備好要怒罵這個自命不凡的小毛頭，但一翻過石板就看到了正確答案：5050。什麼計算過程也沒有。布特奈錯愕不已。這個小男孩怎麼這麼快就算出答案？

據說這個早慧的年輕學生看出捷徑，讓他不用實際花力氣做很多計算。他領悟到，如果把這些數字兩兩相加：

$$1 + 100$$

$$2 + 99$$

$$3 + 98$$

$$\cdots$$

答案永遠是 101。因為這樣的數字對總共有 50 組，於是答案就是

$$50 \times 101 = 5050$$

我還記得自己聽到這個故事時有多興奮。看出高斯洞悉如何縮減所有極其乏味、需要花大把苦力的演算，真是令人茅塞頓開。

儘管高斯在教室裡秒算出答案的故事很可能是傳說而非事實，它仍然完美描繪出一個重點：數學不像許多人以為的那樣，都在做乏味的計算，數學其實是充滿策略思維的學科。

我的老師宣告：「親愛的同學，這才是數學。數學是捷徑的藝術。」

十二歲的我心想，嘿……再多告訴我一些！

• 再快一點

人類一直在採取捷徑。我們不得不如此，畢竟我們在短時間內就要做出決定，而且我們處理疑難問題的心智能力很有限。

我們最早發展出來解決難題的一項策略是捷思法（heuristics）：忽略掉有意識或無意中進入大腦的一些資訊，讓問題沒那麼複雜。

問題在於，人類採用的捷思法多半會導致判斷錯誤和決策偏頗，而且通常不能如願以償。也許我們剛從經驗得知一件事的來龍去脈，接著就想拿我們遇到的其他問題跟這件事相比，然後去推斷出所有問題的答案。我們以小明大，見微而知著。人類原本居住在熱帶莽原小區域，當生活環境還沒有拓展到太遠的地方以前，做這種推斷沒什麼問題，但隨著我們的居住區域愈來愈廣，這些捷思法就無法讓我們好好了解超出局部知識以外的事理。我們在那個時候開始發展更好的捷徑，產出的工具就是我們今天所說的數學。

如果想找到很好的捷徑，就需要把自己拉離你設法穿越的地理環境。如果你身處鄉間，那麼通常只能依靠你觀察到的周遭事物。儘管每一步感覺起來都像是帶你走往正確的方向，但最後所走的路徑可能會帶你繞遠路，或是根本就迷了路。所以人類發展出更好的思考方式，讓自己跳脫眼前任務的細枝末節，進而知道可能會有你意想不到的途徑，能夠更有效率、更快到達目標。

這就是高斯所用的方法。當老師派出難題給全班，其他同學開始把數字一一相加時，高斯把這個問題整體檢視了一番，弄清楚怎麼善加利用旅程的起點與終點才有利。

數學能讓你的思維轉換到更高的層次，在看到隨機的迂迴路徑前就看出結構，還能讓我們離開地面，從高處往下看看真實的地形。用這種方式標示出問題時，捷徑就會浮現。一旦人類不必親眼見到就能夠在腦袋中看出結構，這種抽象思考能力便引發人類文明幾世紀以來的非凡進展。

五千年前，這趟通往高層次思考的旅程在尼羅河和幼發拉底河一帶展開，人類想找到更聰明的方法，能夠讓他們沿著這些河流建起繁榮的城邦。建造金字塔需要多少塊石頭？必須耕種多少土地才能供給一座城市？水位出現哪些變化時，表示河水即將氾濫？只要有工具可以幫忙找到捷徑解決這些難題，就能在這些新興社會享有聲望。數學變成有效的工具，讓想走得更快的人使用，這門學科成功化身為這些文明快速發達的捷徑。

新發現的數學一次又一次改變文明。文藝復興時期以降的數學急遽發展，帶來像微積分這樣的工具，提供科學家有效解決工程問題的絕佳捷徑。如今數學促成了在電腦上執行的所有演算法，這些演算法輔助我們穿越數位叢林，實質縮短了通往目的地的最佳路線，也促成了網際網路上最好的搜尋網站，甚至共度人生旅程的最佳伴侶。

然而有趣的是，第一個運用數學之力取得最佳方法來應付挑戰的並不是人類。早在人類以前，自然界就已經利用數學捷徑去解決問題。許多物理定律都以自然界總會找到捷徑為基礎。光線在行進時，即使是經過太陽這樣的龐大天體周圍而需要轉彎，一樣會沿著最快到達目的地的路徑。肥皂膜會以消耗能量最少的方式來構成形狀，所以肥皂泡形成球狀，是因為這種對稱的形狀表面積最小、能量最低。蜜蜂築出六邊形的蜂房，是因為裝填固定範圍時六邊形用到的蜂蠟最少。人體找到了最節省精力的走路方式，把我們從甲地帶到乙地。

自然界就像人類一樣懶惰，想找到省能的解決方案。十八世紀的數學家莫佩爾蒂（Pierre Louis Maupertuis）寫道：「自然界的一切行為都是節儉不浪費。」自然界十分擅長發掘捷徑，這當中總是有基本的數學道理，而在自然界解決問題的過程中，人類往往可以突然看見捷徑。

•前方的行程

我在這本書裡與你分享的捷徑，都是幾世紀以來由高斯這樣的數學家發展出來的，每一章都會介紹一種有特色的捷徑。這麼多的捷徑，都是為了讓你從必須埋頭費力解題，轉變成可以比其他人搶先一步交出答案石板。

我選了高斯擔任這段行程的旅伴。對我來說，他在課堂上的成功表現讓他展開了堪稱捷徑王子的生涯。他一生做出諸多突破，當然也涵蓋我在書裡介紹的許多捷徑。

這些捷徑是數學家多年來所累積而成，我希望藉由故事，能夠讓這本書化身成工具箱，供所有想節省時間做事的人使用，這樣他們就可以有更多時間去做更有趣的事情。很多時候，這些捷徑可以轉移到乍看起來不像是數學的問題上，然而善用數學思維，能讓你在複雜的世界中航行時，找出通往彼岸的路。

所以數學真的應該成為教育課程中的核心科目。原因並不是大眾絕對有必要知道二次方程式的求解方法；想要解決這類的問題，了解代數和演算法的威力是必備技能。說老實話，誰需要知道啦！

我會用數學家發展的最有效捷徑之一，也就是模式，展開這趟高層次思維之旅。模式往往是最好的捷徑類型。看見模式，你就找到了把資料延伸到未來的捷徑。這種發現深層規則的能力，是建立數學模型的基礎。

捷徑的職責經常是，去理解有沒有什麼基本原則，把一大堆看似無關的問題結合在一起。高斯捷徑的美妙之處在於，即使老師設法增加難度，要你從 1 加到一千或一百萬，捷徑本身仍然有效。雖然把數字一個一個相加會愈來愈耗時，高斯的技巧卻不受影響：從 1 加到一百萬，只需再把數字兩兩配對，組成五十萬對，每一對加起來都是 1,000,001；把這兩個數相乘，你瞧，答案就算出來了。這很像隧道縮短了穿越山脈的路途，無論山再怎麼變高，也不會影響路途。

後來發現，創造語言和改變語言的力量也是一種非常有效的捷徑。很多問題看似不同，代數幫助我們認清背後的基本原理；坐標語言把幾何轉化成數字，經常揭露出在幾何背景下看不見的捷徑。創造語言可能是用於理解的絕妙工具。我記得有一次苦苦思索一個特別複雜、需要很多條件去確定的架構，結果我的博士論文指導老師說了一句「替它命名」，頓時令我感到自由，如獲天啟，確實讓我能夠縮短思路。

每次提到捷徑的概念，大家總以為我在想辦法作弊。「捷」這個字聽起來像是在圖省事，所以從一開始就必須區分捷徑和圖省事。我要找的是得到正確答案的聰明途徑，對找到某種冒牌的近似答案不感興趣；我想通盤了解，但不要多餘的辛苦工作。

話雖如此，有些捷徑還是跟足以解決手邊問題的近似值有關。從某種意義上說，語言本身就是捷徑。譬如「椅子」

這個詞，是描述我們可以坐的一大堆不同類型東西的捷徑；替椅子樣品的每個例子想出不同的字詞是沒有效率的事。語言是一種周遭世界的低維表述，它非常巧妙，讓我們能夠以很有效率的方式和他人溝通，方便我們在所處的多元世界裡生存。如果沒有用來描述多個例子的單一字詞捷徑，我們可能就會被雜訊給淹沒。

在數學方面，我也會告訴各位：捨棄資訊對於尋找捷徑往往是必要手段。拓撲學（topology）這個概念，就是不做測量的幾何學。如果你搭乘倫敦地鐵，想在倫敦街道中找路，那麼標出各站連通方式的路線圖會比準確顯示地理位置的地圖更有幫助。圖示也可以成為強大的捷徑，但同樣的，最好的圖示會捨棄掉與解決手邊問題無關的資訊。不過我也要說明，良好的捷徑和圖省事的危險之間，往往只有一線之隔。

微積分是人類為了尋找捷徑所促成的最偉大發明之一，靠著這一點數學魔法，許多工程師找到工程難題的最佳解決方案。機率與統計是了解龐大數據集的捷徑。在複雜幾何結構或雜亂的網路中，數學通常可以協助你找到最有效率的路徑。

在我愛上數學的時候，我得到的驚人啟示之一是，數學居然能找到穿越無限的捷徑，能從無盡之路的一端走到另一端。

本書每一章的開頭沒有佳句名言，取而代之的則是謎題。這些謎題往往需要你做出選擇，是要長途跋涉，或是採取捷徑；前提是你能找出捷徑。每道謎題都可以利用那一章談到的捷徑來解題。在捷徑揭曉之前，這些謎題都值得你試試看，往往你花愈多時間奮力抵達目的地，等到捷徑最後揭曉時你就會愈能領略捷徑之美。

我還從親身經歷中發現：捷徑有不同的類型。因此你不妨採取多種方法踏上旅途，利用捷徑，將會更快抵達目的地。路上有捷徑等你去利用，只是你可能需要路標指引方向，或是需要地圖告訴你怎麼走。

有些捷徑需要你努力去開闢才會存在，例如挖隧道需要經年累月，可一旦挖通，其他人就能跟隨你走到另一頭。有一條捷徑則需要你從身處的空間逃脫，也就是蟲洞（又稱蛀孔、蟲孔），它能帶你從宇宙的某一邊走到另一邊。

只要你能突破眼前世界的限制，就會從額外的維度看見，兩件事情比你想像的更為靠近。有些捷徑會加快速度，有些捷徑則會縮短所需的行進距離，或減少消耗的能量。總有能夠節省下來的地方，所以花時間找捷徑有其價值。

但我也承認，捷徑有時候會弄錯重點。也許你想慢慢來，也許你需要的就是旅途過程，也許你想消耗能量，努力減肥。在大自然裡散步一整天，如果提早回家會讓樂趣大減，那為什麼要抄捷徑呢？為什麼不去看維基百科上的故事大綱，而要讀小說呢？儘管如此，即使你最後決定忽略捷徑，知道有捷徑可選擇仍是好事。

就某種程度來說，捷徑跟我們與時間的關係有關。你想花時間做哪些事？有時感受當下的事物很重要，找捷徑欺騙自己的感覺就沒什麼意義了。我們不該縮短時間來聆聽一首音樂。

但有些情況下，人生苦短，沒辦法花時間去你想去的地方。一部電影可以把人生濃縮成九十分鐘，因為對於你所關注的角色，你不會想要親眼見證他的一舉一動。搭飛機到世界的另一頭是走路過去的捷徑，代表你可以早點展開假期。如果能夠讓飛行時數再縮短一點，那麼大多數人都會這麼做。

不過，有時候大家會希望感受慢慢到達目的地的體驗。朝聖之旅厭惡捷徑；我也從來不看電影預告片，因為它們把電影縮短得太過頭了。然而有選擇機會還是值得的。

文學裡的捷徑總是通往災難。小紅帽如果沒有偏離原路去尋找穿越樹林的捷徑，就永遠不會遇到大野狼。在班揚（John Bunyan）的《天路歷程》（*The Pilgrim's Progress*）中，凡是抄捷徑繞過艱難山（Difficulty Hill）的都迷了路，最後喪生。在《魔戒》中，皮聘提醒說「走捷徑會耽擱很多時間」，但佛羅多反駁說酒館耽擱的時間更久。

動畫《辛普森家庭》裡的爸爸荷馬（Homer Simpson）在繞道前往抓癢國度（Itchy and Scratchy Land）的悲慘經歷之後，發誓說：「我們不要再提捷徑這件事。」

抄捷徑本身帶有的危險，在《哈啦上路》（*Road Trip*）這部電影裡總結得很好：「它當然不容易，它是捷徑啊。如果很容易，那它只是『路線』。」本書準備把捷徑的概念從這些文藝形象中拯救出來。捷徑通往的不是災禍，而是自由。

• 人與機器

促使我寫這本書來讚頌捷徑藝術的理由之一是，有愈來愈多的人認為，人類快要被一個不需煩惱捷徑的新物種取代。

我們如今生活的世界裡，電腦一個下午能做的運算比我一輩子能做的還多。用我讀完一本小說所花費的時間，電腦可以分析整個世界的文學作品。跟我能記在腦袋裡的幾個棋步比起來，電腦能夠分析一盤棋的非常多種變化。當我走到街角商店時，電腦可以用更快的速度，探索地球表面的輪廓和道路。

今天的電腦想得出高斯的捷徑嗎？既然電腦可以在一眨眼的 n 分之一的 n 分之一這麼短的工夫就算出 1 加到 100，那它又何必想捷徑呢？

面對這些矽鄰居的飛快速度和近乎無限的記憶體，人類還有希望跟上嗎？在 2013 年的電影《雲端情人》（*Her*）中，主角的電腦說，和人類互動的速度實在緩慢，它寧願花時間跟思考速度比得上的其他作業系統打交道。這台電腦看待人類的方式，或許就像我們認為一座山緩慢隆起或風化的方式一樣。

但也許有什麼東西可以帶給人類優勢。人腦的極限只能同時執行上百萬個運算，而且人體比機器人的力量要來得弱，這些因素都會逼人類停下來思考，有沒有辦法避開電腦或機器人覺得微不足道的步驟？

面對看似難以攻克的大山，人類反而會找出捷徑。與其設法翻越山頭，也許有暗地繞道而行的方法。往往就是因為捷徑，才會讓你用非常創新的方法解決問題。在電腦繼續展示數位實力的時候，人類找到了避開所有繁重工作的靈巧捷徑，悄悄走到終點。

懶人請聽我說。我認為懶惰是人類在面對機器來襲時的可取之處。當你想要找出良好的做事新方法，人類的懶惰是非常重要的一環。我常看著某樣東西心想：這樣就變得太複雜了，我來想辦法退一步思考，找出捷徑。電腦會說：「嗯，我有了這些工具，可以繼續深入問題。」但因為電腦不會疲倦，也不會偷懶，所以有可能會沒注意到懶惰把我們帶往何處。由於我們沒有能力直接深入問題，只好被迫尋找聰明的方法來處理。

許多跟創新和進步有關的故事來自懶惰及想逃避辛苦工作的欲望。科學發現往往來自放空的腦袋。據說德國化學家克古列（August Kekulé）某天睡著後，夢見一條吞著自己尾巴的蛇，從而想出了苯的環狀結構。印度的大數學家拉馬努金（Srinivasa Ramanujan）經常談起他的家族女神納瑪吉里（Namagiri）在他的夢中寫方程式。他寫道：「我變得全神貫注。那隻手寫了一些橢圓積分式。那些式子縈繞在我心裡。我一醒過來，就把它們寫下來。」新發明往往是懶得辛苦做事情的人創造出來的。奇異公司（GE）前董事長兼執行長威爾許（Jack Welch）每天在他所說的「看窗外時間」花上一個小時。

懶惰不表示什麼事也不做，這一點非常重要。尋找捷徑通常需要艱苦的努力，聽起來多少有點像悖論。很奇怪的是，雖然尋找捷徑的動機可能出於想要逃避工作的心理，但這經常會導向熱切而強烈的深入思考期；不僅是為了避免乏味的工作，還為了應付怠惰產生的無聊。怠惰與無聊之間只有一線之隔，中間的轉變經常促使我們去尋找捷徑，然而接下來的尋找過程可能會耗很多力氣。正如小說家王爾德（Oscar Wilde）所寫的：「世上最難辦到的事就是什麼都不做，極為困難又極費腦筋。」

什麼都不做往往是重大心理進展的前兆。2012 年發表在《心理科學觀點》（*Perspectives on Psychological Science*）期刊上的論文〈休息不等於怠惰〉（Rest Is Not Idleness）顯示，我們神經處理過程的預設模式對認知能力來說相當重要。如果注意力過於關注外在世界，預設模式往往會受到壓制。

近來蔚為風潮的正念（mindfulness）提倡去除擾人的思緒，讓心平靜，達到開悟。這通常代表跟工作相比，我們寧願玩樂。但創造力和新見解不會從枯燥的機械論工作世界產生，而要從玩樂中培養。新創公司和數學系所的辦公室裡之所以擺設撞球檯和棋盤遊戲，甚至數量通常跟辦公桌和電腦一樣多，部分原因也在此。

或許，社會不贊同懶惰的態度是一種控制方式，藉此削減不喜歡遵守規定的人，懶人飽受質疑的真實理由，是因為懶惰正代表有人不願意遵守遊戲規則。例如高斯的老師，就把學生取捷徑省得辛苦做運算，當成是對自己權威的威脅。

怠惰並非一直受到嫌棄。十八世紀英國文學界泰斗詹森（Samuel Johnson）就提出清楚有力的理由支持懶惰：「遊手好閒的人不但逃避了往往徒勞無益的苦工，有時還會比藐視一切事物伸手可及的那些人更成功。」阿嘉莎．克莉絲蒂在她的自傳中承認：「發明直接來自怠惰，也可能來自懶惰。目的是為了省事。」棒球史上數一數二的全壘打王貝比．魯斯（Babe Ruth），顯然是因為討厭必須跑壘，而激發出把球擊出球場的動機。

• 選擇工作類型

我不想暗示所有的工作都不好。事實上，很多人從他們做的工作獲得重大的意義，工作界定他們的自我，賦予生活的目標。但工作品質很重要，所以不用動腦筋的枯燥工作通常不在此列。

希臘大哲學家亞里斯多德把工作分成兩大類：一種是實踐（*praxis*），也就是為本身樂趣而進行的活動；另一種是創作（*poiesis*），也就是為了製作有用之物的活動。在第二類工作中，我們很樂意尋找捷徑，但如果樂趣其實就在做這件工作的本身，那麼追求捷徑似乎沒多大意義。

大部分的工作似乎都屬於第二類，然而理想狀況想必是渴望從事第一類工作。這正是捷徑想帶你去的地方；捷徑不是想要去除工作，而是要引導你通往有意義的工作。

近期興起「全自動奢侈共產主義」（fully automated luxury communism）這個新政治運動，它的目標是，藉由人工智慧和機器人科學的進展，將不需技術的工作從人類的手中抽走，改由機器完成，留時間給我們縱情於自己覺得有意義的工作。工作成為一種奢侈。

在某種未來，從事工作是為了工作本身的樂趣，而不是當作達到某個目標的手段；既然如此，「建立良好捷徑」就應該加進技術清單，才能引領我們走向這樣的未來。這也是馬克思共產主義的目標：消除閒暇和工作之間的差距。他寫道：「在共產主義社會的更高階段，勞動不但成為生活的手段，還會成為生活的主要需求。」我們建立的捷徑有希望帶我們離開馬克思所說的「必然王國」，引領我們進入「自由王國」。

但有沒有某些工作，不管怎麼樣都得備嘗辛苦？懶惰的人要如何學樂器、寫小說、攀登聖母峰？不過我還是會說明，一旦你在辦公桌前或訓練中花時間，只要再加上好的捷徑，就能讓投入的時間產生最高的價值。本書會穿插我與其他從業人員的對談，目的是找出他們的專業領域有沒有捷徑可走，或是怎麼也免不了作家葛拉威爾（Malcolm Gladwell）所提到的，成為頂尖要花一萬小時。

我很想知道其他專業領域的從業人員是否也用了什麼捷徑，可與我在自己的數學專業中學到的捷徑產生共鳴。或是會不會有我不知道的新類型捷徑，可在我自己的工作上激發出新的思考方式。

但我也對那些沒有捷徑可走的難題極感興趣。在人類活動的特定領域中，有哪些環節會讓捷徑無法發揮力量？事實一再證明，人體是限制因素。無論是改變、訓練、或強迫身體去嘗試新事物，經常都需要時間和反覆操作，而且沒有加快這些身體變化的捷徑。

當我帶你踏上旅程，瀏覽數學家發現的各種捷徑時，也會在每一章穿插中途休息站，讓你探究人類活動的其他領域中，到底是有捷徑，或是沒有捷徑。

高斯在教室裡利用他的巧妙捷徑，成功把數字從 1 加到 100，這也燃起他發展數學天賦的渴望。他的老師布特奈先生沒有能力培養嶄露頭角的年輕數學家，但布特奈有個助手，十七歲的巴特斯（Johann Martin Bartels），也非常喜歡數學。雖然他的工作是替學生削鵝毛筆，在他們剛開始嘗試書寫時從旁協助，但他非常樂意和小高斯分享他的數學課本。他們一起探究數學，欣賞代數和分析為了到達目的地而提供的捷徑。

巴特斯很快就意識到，高斯需要更具挑戰性的環境來測試能力，他設法讓高斯有機會進見布朗施維克公爵。公爵很喜歡小高斯，答應出任他的贊助人，資助他在當地的大學及隨後在哥廷根大學受教育。高斯自此開始學習數學家幾百年間發展出來的重要捷徑，這些捷徑很快就變成跳板，讓他做出自己對數學的貢獻，振奮數學界。

本書是我策劃的導覽，貫穿長達兩千年的高層次思考歷程。我花了幾十年學到穿過巧妙隧道或隱密鄉間山徑的方法，而歷史上的數學家花了幾千年才把這些方法拼在一起。在這本書裡，我試圖濃縮其中幾個可用來解決日常複雜問題的巧妙策略，可以當作你通往欣賞捷徑藝術的捷徑。

1

模式捷徑

謎題

你的房子裡有段樓梯，一共10階。你可以一次走一階或兩階，比如一次一階10步爬上樓，或一次兩階走5步，也可以混合一次一階或一次兩階。請問，爬上這段樓梯的方式有幾種組合？你可以用耗時的做法，在樓梯上上下下跑來跑去，試著找出所有的組合方式。但我們的小高斯會怎麼做呢？

想知道工作完全相同卻多拿 15% 薪水的捷徑嗎？想知道把小額投資變成大筆儲蓄金的捷徑嗎？了解股價在未來幾個月可能走勢的捷徑好嗎？你會不會覺得自己有時候一次又一次白費功夫、多此一舉，但又感覺有什麼東西把你所費的功夫連結起來？幫助你改善記性很差的捷徑怎麼樣？

我準備全心投入，和你分享人類發現的最有效捷徑之一，那就是發現模式的力量。人類的心智能從周遭混亂中蒐集到模式，這項能力已經為我們這個物種提供最了不起的捷徑：在未來變成現在之前就得知未來。在描述過去及現在的資料裡，如果你可以注意到模式，那麼把這個模式繼續延伸，就有可能知道未來，而且不必等待。對我來說，模式的力量是數學的核心，也是最有效率的捷徑。

模式讓我們明白，儘管數字可能有所不同，但數字的增長規則還是有可能相同。找出模式背後的規則，我就不必在每次遇到一組新資料時做同樣的工作；模式可以代勞。

經濟學充滿了帶有模式的資料，如果適當解讀，就可以引領我們走向富足的未來。然而我將解釋，有些模式可能會產生誤導，例如世人在 2008 年所目睹的金融危機。只要感染病毒的人數出現模式，我們就可以弄清楚疫情的軌跡，在病毒造成太多人死亡之前介入。宇宙中的模式讓我們能夠了解自己的過去與未來。檢視那些描述恆星如何離我們而去的數字，就能找出一種模式，讓我們知道宇宙始於一次大爆炸（稱為大霹靂），最後將走向寒冷的未來，稱為宇宙熱寂

（heat death）。

這種從天文資料發掘模式的能力，讓雄心勃勃的年輕高斯以捷徑大師的身分登上世界舞台。

• 行星的模式

1801 年元旦，在火星和木星軌道之間發現了第八顆繞著太陽運行的行星，命名為穀神星（Ceres）。生活在十九世紀初的人都認為，發現穀神星對科學的未來是極好的預兆。

但幾個星期後，這顆體積小的行星（事實上它只是體積很小的小行星）在太陽附近不見蹤影，消失在眾恆星當中，興奮頓時變成絕望。天文學家不知道它到哪裡去了。

隨後傳來消息，布朗施維克有一位二十四歲的年輕人宣稱他知道這顆失蹤行星的下落。他告訴天文學家他們的望遠鏡應該對準何方，瞧，穀神星出現了，彷彿變魔術般。這位年輕人正是我的偶像高斯。

自從九歲在教室裡嶄露鋒芒，高斯陸續做出許多迷人的數學突破，包括發現一種只用直尺和圓規就作出正十七邊形的方法；從古希臘人開始尋找畫出幾何圖形的巧妙方法以來，這個難題懸宕了兩千年，一直沒有人解開。他對這個豐功偉績非常自豪，於是開始寫數學日記，隨後幾年裡寫滿了他在數論和幾何方面的驚人發現。

高斯著迷於這顆新行星的數據。有沒有什麼辦法從穀神星消失不見前取得的讀數中，找出背後的原因，透露它的去向？最後他破解了謎團。

他的重大天文預測當然不是魔術，而是數學。天文學家發現穀神星純屬偶然。為了得知這顆小行星接下來會做什麼，高斯運用數學分析描述小行星位置的數字，計算出背後暗藏的模式。

高斯當然不是第一個在動態宇宙中發現模式的人。自從人類了解未來和過去互相連貫，天文學家為了做出預測和規劃未來，就一直在利用模式捷徑，在不斷變化的夜空中確定方向。

看出季節模式，農夫就可以計畫何時栽種作物；畢竟每個季節都有獨特的星群布局。動物遷徙與交配的行為模式，讓早期人類在最恰當的時機狩獵，花最少的力氣帶回最多的獵物。預測日、月食的能力會提高預測者的地位，變成部族中的重要分子。有個出了名的例子是，哥倫布 1503 年在牙買加受困，被島上土著俘虜，因為他知道即將發生月食，於是利用這個天象拯救了他的船員；土著見他居然可以預言月亮消失，心中充滿敬畏，就默默同意還他們自由。

• 下一個數字是什麼？

你在學校裡可能碰過這類問題：給你一個數列，要你說出數列中的下一項。像這樣的問題就清楚概括了尋找模式的挑戰。以前我很喜歡老師寫在黑板上的難題，看出模式所花的時間愈久，發掘捷徑的經驗就愈值得。

我很早就學到這一課。最好的捷徑通常需要很久才能發現，你需要為這些捷徑付出努力。一旦找出來，這些捷徑就會融入你看待世界的方法錦囊裡，而且可以一再派上用場。

為了讓你的模式捷徑神經元放電，我來考考你幾個題目。下面這個數列的下一項是哪個數字？

$$1, 3, 6, 10, 15, 21 \ldots$$

不會太難。你可能會看出每次的加數只是再多加 1，因此下個數字是 21 + 7，也就是 28。這些數稱為三角形數（triangular number），代表你把石頭排成三角形所需的數量，每次增加一行就能排成更大的三角形。

但有沒有什麼捷徑，可以不用透過前面的 99 個數，就找到這列數字當中的第 100 個？事實上，高斯的老師要他把數字從 1 加到 100 的時候，他所面臨的挑戰正是這類難題。高斯找到了巧妙的捷徑，把數字兩兩相加，再算出答案。推廣到更普遍的情形，比如想知道第 n 個三角形數，那麼高斯的技巧就要變成下面這個公式：

$$1/2 \times n \times (n + 1)$$

高斯在布特奈先生的課堂上和三角形數初次相遇後，就對這些數字著迷不已。事實上，他在 1796 年 7 月 10 日的數學日記裡，就很興奮的用希臘文寫下：「我找到了！」（Eureka!）後面寫著這個式子：

$$\text{num} = \Delta + \Delta + \Delta$$

高斯發現了這個相當奇特的事實：每個數都可以寫成三個三角形數相加起來的和。舉例來說，1796 = 10 + 561 + 1225。這種觀察力可以帶來很有效力的捷徑，因為與其證明某件事對所有的數都成立，還不如先證明它對三角形數都成立，然後再利用高斯發現的「每個數都是三個三角形數的和」這個事實。

再來看一個題目。下面這個數列的下一項是哪個數？

1, 2, 4, 8, 16 . . .

不會很難，下一個數是 32。下一項是前一項的兩倍，這類模式叫做指數增長（exponential growth）。由於指數增長主宰了許多東西的增長方式，弄清楚這種模式如何演變就十分重要。舉例來說，這個數列一開始看起來很單純。在西洋棋盤與米粒的故事中，印度國王答應支付西洋棋發明人所說的價碼時，心裡當然也是這麼想。發明人的索價是在棋盤的第一格放一粒米，然後在接下來的每個棋盤格上放比前一格多一倍的米粒。第一排棋盤格看起來很單純，總共只有 $1 + 2 + 4 + 8 + 16 + 32 + 64 + 128 = 255$ 粒米，做一個壽司剛好。

但國王的僕人在棋盤上放的米愈來愈多，很快就把米用完了。把半個棋盤放滿，大約需要 28 萬公斤的米，而且這還算容易的。國王總共需要付給發明人多少粒米？這看起來就像布特奈先生會出給可憐學生的題目。辛苦的解法是把 64 個不同的數目加起來。誰想做這麼麻煩的工作啊？高斯會怎麼解這種難題呢？

做這個計算有個非常好的捷徑，但乍看之下我似乎是在跟自己過不去。捷徑一開始經常看似通往與目的地相反的方向。首先，我要替米粒總數命名：X。X 是我們在數學上最喜歡的名字之一，我也會在第 3 章解釋，名字本身就是數學家軍火庫裡的強大捷徑。

我準備先把我想計算出來的總數變成兩倍：

$$2 \times (1 + 2 + 4 + 8 + 16 + \ldots + 2^{62} + 2^{63})$$

這看起來似乎是在替自己找更多麻煩，但請繼續跟著我。我們把它乘開：

$$= 2 + 4 + 8 + 16 + 32 + \ldots + 2^{63} + 2^{64}$$

現在來到聰明的步驟了。我準備把 X 從算式拿走。起先看起來很像我只是在讓我們走回起點：$2X - X = X$。那這樣做有什麼幫助嗎？當我把已知的總和代入 $2X$ 和 X，會出現一點神奇的力量：

$$2X - X = (2 + 4 + 8 + 16 + 32 + \ldots + 2^{63} + 2^{64})$$
$$-(1 + 2 + 4 + 8 + 16 + \ldots + 2^{62} + 2^{63})$$

大部分的項會消掉！只有前半部的 2^{64} 和後半部的 1 沒有被消掉，所以只剩下

$$X = 2X - X = 2^{64} - 1$$

於是我不用做一大堆計算，只要做這個計算，就會發現國王必須付給西洋棋發明人的米粒總數是：

18,446,744,073,709,551,615

這比地球上過去一千年生產的米還要多。這個故事的寓意是，有時你可以讓兩件吃力的工作互鬥一番，留下某個更容易分析的東西。

國王付出了代價才明白，變兩倍開始時看起來很單純，後來就會急速增加，這正是指數增長的力量。申請貸款來

償還債務的人對這種效應最有體會，融資公司以每月 5% 利息提供的 1,000 英鎊貸款，乍看之下也許是救星，一個月後你只欠 1,050 英鎊，但問題是每個月都會再乘上 1.05，兩年後你已經欠了 3,225 英鎊。等到第五年，你的債務會高達 18,679 英鎊，這對借錢給你的人來說非常好，對借方可就不太好了。

一般人並不了解這種指數增長模式，就有可能讓它變成走向貧困的捷徑。發薪日貸款公司[1]成功利用指數模式不易解讀出後續發展會變成什麼情形，吸引弱勢客戶簽下最初看起來很令人心動的契約。我們必須在事前就知道翻倍這件事所帶來的危險，才能避免走向迷路又無助，沒有路可以回到安全地點的困境。

2020 年爆發的冠狀病毒疫情讓人類全都付出了代價，我們才知道指數增長的可怕速度，一切為時已晚。感染人數平均每三天加一倍，導致醫療照護體系不堪負荷。

另一方面，指數的力量也能幫忙解釋為什麼地球上（可能）沒有吸血鬼。吸血鬼每個月必須至少喝一次人血才能存活，問題是一旦盡情喝飽人血，受害者也會變成吸血鬼，所以下個月要找人血享用的吸血鬼數目會變成兩倍。

世界人口估計有 77 億人，如果吸血鬼的數目每個月都

1　編注：發薪日貸款是一種小額短期的貸款，因還款日會設定在借方的發薪日而得名。雖然跟銀行相比，發薪日貸款核貸與撥款的時間較為快速，但還款期一拖長，借方就會因高利息而面臨龐大債務。

會增加一倍，照這樣下去，一個吸血鬼在 33 個月內就會把全世界的人變成吸血鬼，這可說是翻倍的極嚴重後果。

這裡有個從數學家軍火庫拿出來的有用技巧，萬一你真的遇到吸血鬼，可用來避邪。除了傳統上使用的大蒜、鏡子和十字架之外，還有一種非常不尋常的方法可擊退吸血鬼，就是在他的棺材周圍撒罌粟子。

原來吸血鬼有計算癖，這種症狀會讓他不由自主想要計數。理論上，在德古拉數完他的長眠地周圍撒了多少罌粟子之前，太陽就會把他趕回棺材。

計算癖是一種嚴重的病症。研究電學而讓我們有交流電可用的發明家特斯拉（Nikola Tesla）就患有這種症候群。他著迷於可被 3 整除的數字：堅持每天要用 18 條乾淨的毛巾，還要數自己走了多少步，確定步數可以被 3 整除。

在虛構作品的計算癖描述中，最著名的或許是兒童電視節目《芝麻街》中的布偶角色「伯爵」（Count von Count），他可是幫助了好幾代觀眾踏上數學之路的吸血鬼。

• 都市的模式

下面是難度更高一點的數列。你能看出其中的模式嗎？

179, 430, 1033, 2478, 5949 . . .

訣竅是把每個數字跟它前面的那個數相除，這樣就會透露倍率差不多是 2.4，仍然是指數增長，但有趣的地方是這些數字實際上代表的東西。

這些數字是人口規模 25 萬、50 萬、100 萬、200 萬、400 萬的城市核發的專利件數。大家發現，當城市人口增加一倍，專利件數不會像你預期的那樣僅僅增加一倍。大城市似乎更有創造力，當人口加倍，創造力看來好像多增加了 40%。而且顯示出這種增長模式的不只有專利。

里約熱內盧、倫敦與廣州雖然有非常大的文化差異，但有個數學模式可以把世界各地，從巴西到中國的所有城市連結起來。

我們習慣用地理和歷史特徵來描述城市，強調紐約或東京這類地方的特色，但這些事實只是細節，是一些未作太多解釋的趣聞。若改用數學家的眼光看城市，超越政治與地理界限的普遍特徵就會開始浮現，這種數學視角能展現出城市的魅力……也證明了愈大愈好。

數學告訴我們，可以透過城市裡各個資源特有的神奇數字，來理解特定資源的增加情形。城市人口每增加一倍，社會經濟因素就會相應增大，但增加不止一倍，而是比一倍多一點。

對於許多資源來說，多增加的那一點大約是 15%，相當不可思議。舉例來說，如果你拿一座人口 100 萬的城市去和 200 萬人口的城市比較，除了會發現大城市的餐館、音樂廳、圖書館、學校數目多一倍之外，還會發現有些數字比你以為的單純翻倍再多 15%。

甚至連薪資也會反映出這種比例增減差異。就拿兩個工作內容完全相同、但所在城市規模不同的員工來說吧：住在人口 200 萬的城市，薪水平均會比住在人口 100 萬的城市高出 15%。把城市規模再加倍一次，變成 400 萬，薪水則再增加 15%。城市愈大，做同樣工作獲得的酬勞愈多。

只要能看出這類模式，就可能讓企業從投資中獲最大利益。城市雖然形形色色，但形態沒關係，規模才重要。加以理解後，意味只需要把公司搬遷到兩倍大的城市，就能賺到更多錢。

這種比例的增減現象既奇特又普遍，但發現者並不是經濟學家或社會科學家，而是理論物理學家魏斯特（Geoffrey West），他所應用的數學分析正是通常用來尋找宇宙基本定律的方法。

魏斯特出生於英國，在劍橋大學攻讀完物理學位後，又赴史丹福大學做研究，探究基本粒子的性質，但他上任聖塔菲研究所（Santa Fe Institute）所長之後，才促成了他在都市成長方面的發現。聖塔菲研究所專門為不同領域的人尋找方法，以結合並討論想法。若要解開自己研究領域中的謎團，捷徑經常需要繞道而行，穿過其他人看似無關的領域。

數學、物理學和生物學在聖塔菲交融醞釀，讓魏斯特想要知道，全球各地的城市有沒有共同的特徵，就像電子或光子無論在宇宙的哪個角落都有共同的性質。

我們可以相信，數學是宇宙基本定律的核心，能解釋重力或電學。雖然城市看起來是難以理解的人聚成一群，抱持各自的動機和欲望，從事各自的日常事務。但當我們試圖理解周遭世界，會發現數學不僅是控制世界及世間萬物的規範，還是支配我們本身的法則，即使是那些控制成千上萬人雜處在一起的力量，也有模式出現。

魏斯特的團隊自全球幾千座城市蒐集了大量資料，從德國法蘭克福的電線總數，到美國愛達荷州波夕城的大學畢業生人數，應有盡有。他們還記錄了加油站、個人收入、流感爆發、凶殺案、咖啡館，甚至行人步行速度的統計數據。

不過，並不是每件事情都會放在網路上。魏斯特必須設法攻克中文，試圖解讀中國各省城市的厚重資料年鑑。他們開始分析數字後，這個不為人知的法則漸漸浮現。如果一座城市的人口是另一座較小城市的兩倍，那麼不論這兩座城市在世界上的哪個地方，社會經濟因素都會額外增加這個神奇的 15%。

現在世界上有超過五成的人口居住在城市中，魏斯特的比例因子提供的這種額外指數增長量，非常可能是城市為何會這麼吸引人的關鍵。人口一旦聚集起來，獲得的似乎就會比投入的來得多，這或許就是人往大城市移動的原因。如果搬到一座兩倍大的城市，他們每樣東西都會突然多得到 15%。

這種比例增減效應也會影響到基礎建設，只是方向相反。把城市規模擴大一倍之後，你會發現基礎建設節省了，材料不需要兩倍：銅線、柏油碎石、汙水管的每人平均成本下降了 15%。和普遍看法相反的是，這暗示你所居住的城市愈大，你個人的碳足跡愈少。

很不幸的，這種數學擴大的不一定都是正面的利益，犯罪、疾病與交通也會按同樣的比例上升。舉例來說，假設你知道某座 500 萬人城市的愛滋病例數，那麼你會發現，要估算 1,000 萬人城市的愛滋病例數，就不是只把第一個數字加倍而已，還需要多加 15% 的病例數。又是神奇數字 15%。

這種跨越城市的普遍比例增減能不能找出原因來解釋？有沒有什麼法則是像牛頓萬有引力定律這樣，從蘋果、行星到黑洞的天地萬物都能適用？

為什麼城市取決於人口規模而不是實體大小呢？關鍵在於，組成城市的是居住其中的人，而不是建築物和道路。城市是真實演員演出文明故事的舞台，城市因充當促進人際互動的網路而有了價值。

這意味我們替城市建構模型時，不應該根據它是否建在島上、位於山谷或散在沙漠中，而應該根據城市居民的人際互動網路。城市互動所產生的網路品質，似乎具有魏斯特發現的普遍比例增減性質。這就是數學的力量：看出複雜環境核心的簡單結構。

如果我舉極端的情況為例，一旦城市發展到能夠讓人人都與其他人接觸，那麼你就可以理解，為什麼大城市會引發超線性增長。如果這座城市有 N 個市民，這 N 個人要跟不同的人握手，總共要握多少次？

握手次數是在衡量城市居民的頂端連接度。我們把這些人從 1 到 N 編號，然後排成一排。1 號市民與整排的人一一握手，總共握 $N-1$ 次。現在換 2 號市民出發了；他已經和 1 號市民握過手，所以最後會握 $N-2$ 次。一個又一個輪流下去，每個市民都比前一位少握一次手，握手的總次數就會等於 1 加到 $N-1$ 的總和。

我們又碰到了！這正是老師要高斯做的計算題。他的捷徑為這個總數產生了一個公式：

$$1/2 \times (N-1) \times N$$

當我把 N 加倍時，這種連接度會發生什麼事？握手的次數不是變兩倍，而是變成 2 的平方倍，即 4 倍。握手次數與居民人數的平方成正比。

這是個很好的例子，說明為什麼數學可以讓我們不必一再多此一舉。雖然我問的問題跟人際網路連結完全不同，但我發現我們已經在分析三角形數時獲得工具，能了解次數如何增長。

角色也許會經常改變，但劇本維持不變，只要理解了劇本，那麼不管在戲劇裡安插什麼角色，你都會有理解其行為的捷徑。在這個例子裡，市民之間的連結數會隨居民人數增長的平方來增長。

當然，我們沒有辦法讓城市裡的每個居民認識其他每個市民。比較保守的衡量標準大概是他們認識居住地的街坊鄰居，但這會是線性增加；整體規模並不重要。

人在城市裡的連結似乎介於這兩個極端之間。市民具有他們自己居住地的連結，加上整座城市裡一些更遠端的連結。隨著人口加倍，遠端連結似乎就會導致連接度額外再增長 15% 之多。

我在後面會解釋，這種網路在許多不同的場景中都會出現，結果也證明它是產生捷徑的有效架構。

• 使人產生誤解的模式

模式雖然有十分強大的力量，我們仍應謹慎運用。你可以動身踏上一條小路，覺得你或許知道要往哪裡去，但有時候這條小路可能會轉往某個奇怪又出乎意料的方向。就拿我在前面考你的數列來說吧：

1, 2, 4, 8, 16 . . .

要是我告訴你，這個數列的下一個數字不是 32，而是 31 呢？

如果我畫一個圓，在邊線上加幾個點，然後用直線把所有的點連起來，那麼這個圓最多可以被分成多少個區域？若我在圓上只畫一個點，就沒有直線，所以只有一個區域。再加一個點，我就可以畫出這兩個點的連線，並把這個圓分成兩個區域。現在加上第三個點。畫出所有的連線之後，我就有一個三角形的圖形，周圍有三個弓形：總共是四個區域。

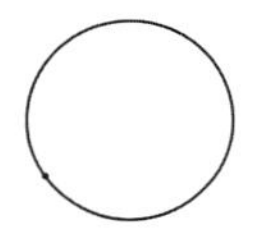
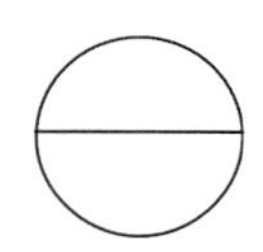
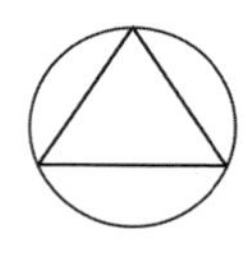
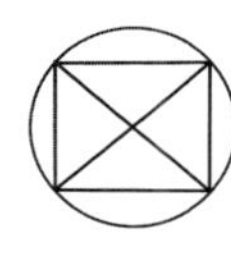

圖 1.1 前五個圓分割數。

如果繼續照這樣做下去，好像就有某個模式浮現出來了。下面的數據顯示了我在這個圓上再加一個點後的區域數目：

1, 2, 4, 8, 16 . . .

此刻的合理推測大概是，加一個點會讓區域數目增加一倍。問題是，我一在圓上加第六個點，這個模式就消失了；不管你怎麼試，連線分割出的區域頂多就是 31 個，不是 32 個！

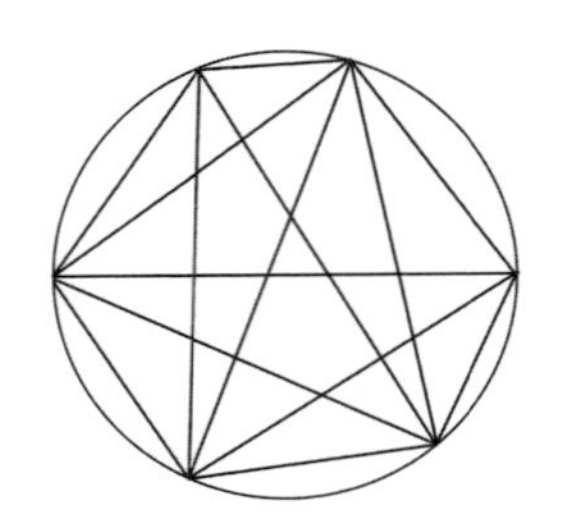

圖 1.2 第六個圓分割數。

有個公式可以幫你算出區域數目，形式只比單純翻倍複雜一點點。若圓上有 N 個點，那麼加這些點時所分割出的區域數最大值就會是

$$1/24(N^4 - 6N^3 + 23N^2 - 18N + 24)$$

這裡的重點在於，不能只靠數字本身，要知道你的資料在講什麼。一旦沒有深入了解資料的出處，資料科學就會引來危害。

再看一個跟這個捷徑有關的提醒。下面這個數列的下一項是哪個數字？

2, 8, 16, 24, 32 . . .

裡面有很多 2 的次方數，但是當中的 24 有點與眾不同。嗯，假如你可以說出 47 是這個數列的下一個數字，我建議你趕快去買彩券。這些數字是英國國家樂透在 2007 年 9 月 26 日開出的中獎號碼。

我們迷上了尋找模式，經常會在意想不到的地方看到模式。樂透彩券都是隨機的，沒有模式、沒有暗藏的公式、沒有成為百萬富翁的捷徑。但話說回來，我在第 8 章會解釋到，就連隨機的事物當中也有模式，而且可當作有潛力的捷徑來運用。遇上隨機性的時候，捷徑就是往後退，把眼光放遠去思考。

模式的概念可以充當捷徑，來理解某件事是不是真正隨機。模式的概念也跟數列是否容易記住有關。

• 通往好記性的捷徑

考慮到網路上每秒都在產生大量資料，許多公司會尋找巧妙的方法儲存這些資料。從資料中找到模式，實際上也就提供了壓縮資訊的方法，這樣儲存空間就不需要那麼多。這正是 JPEG 或 MP3 等技術背後的關鍵。

就拿黑白像素組成的影像來說吧。在任何一張黑白圖片中，也許某個地方會有一大塊白色像素。你不需記下每個像素是白色的地方、拿與影像資料同樣多的記憶體來儲存圖片，不妨走一條具有潛力的捷徑。你可以改記錄白色像素區域的邊界位置，然後加上用白色填滿區域的指令。我撰寫過執行填滿動作的程式碼，儲存空間通常比記錄此區域每個像素都是白色要小得多。

任何像這樣可以在像素中辨別出的模式，都能用來寫程式碼，比起一個像素接一個像素儲存資料，以程式碼來記錄像素所使用的記憶體少得多。以西洋棋盤為例好了，這個影像有非常明顯的模式，讓我們寫出程式碼說僅僅重複黑白格 32 次。即使是非常大的棋盤，程式碼也不會再大一些。

我認為模式也是人類大腦如何儲存資料的關鍵。我必須承認我的記性很差，我覺得這是我受數學吸引的原因之一。我很不擅長記名字、年代，以及我無法用邏輯了解的隨機資訊，而數學一直是我對抗糟糕記性的武器。在歷史方面，我完全不知道伊麗莎白一世去世的年代，如果你告訴我是在 1603 年，十分鐘後我就會忘記；在法語方面，我總是想不起來不規則動詞 aller 的所有形式；在化學方面，燃燒時呈紫色的是鉀還是鈉？但在數學方面，我可以從我在這個學科中發現的模式和邏輯重建出一切。看出模式，就不再必須擁有好記性。

我想這是我們儲存記憶的方式之一。記憶有賴於大腦辨識出模式與結構的能力，這種能力會幫助保留壓縮過的指令，再由這個指令重建記憶。我們來看一個小難題。請你盯著下面這個 6 × 6 方格線裡的抖動線條，然後合上書。你能讓它從記憶中重現嗎？關鍵不在於設法分別記住圖中 36 個方格的每一個，而是要找出幫你形成圖像的模式。

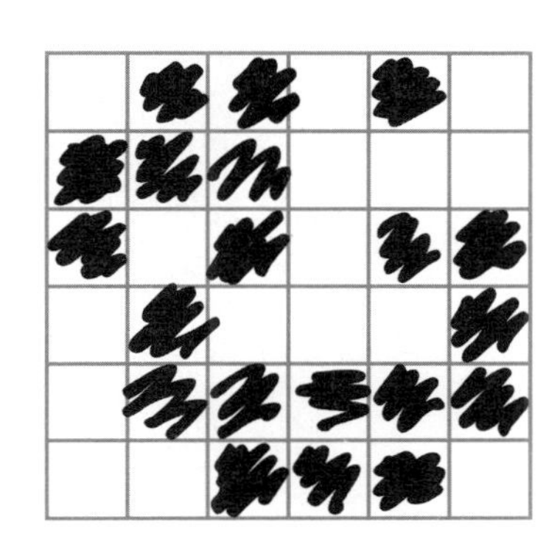

圖 1.3 你能不能記住抖動線條的位置？

儘管這個圖中有抖動線條的方格占比和 6 × 6 西洋棋盤上的黑格差不多，但因為缺少明顯的模式，所以很難記住它們的位置。這張圖是靠擲硬幣產生的，如果擲出正面，就把抖動線條標在一個方格上。從數學上看，擲硬幣會產生隨機的抖動線條排列，如果輪流擲出正面和反面，同樣有可能產生像棋盤的抖動線條模式。然而，棋盤的模式會讓它更容易記住。

辨識出圖中的模式後，就可以寫下重現圖片的方法。在數學上，這個方法就是所謂的演算法。藉由記住影像所需的演算法長度，能夠有效的衡量出影像裡所包含的隨機性。棋盤模式非常井然有序，它的產生演算法很短。由擲硬幣產生的影像所需要的演算法，可能要比記錄 36 個方格中每一個內容的程式來得長。

你會發現，當照片裡有明顯的故事，這張圖片的 JPEG 檔會比原始圖檔小得多，而在你設法使用 JPEG 演算法壓縮具有隨機像素的影像時，卻無法壓縮得比較小，原因就是沒有模式可幫忙。

無論人類或機器，任何人或任何東西都必須應用明顯的數學策略來熟記某件事物。記憶需要在我們設法儲存的資料中，找出模式、連結、關聯和邏輯。模式是通往好記性的捷徑。

• 爬樓梯

現在我們回到本章開頭提出的問題。如果爬樓梯的時候一次走一階或兩階，那麼爬一段 10 階的樓梯有多少種組合？這個問題有幾種方法可以著手。其中一種方法是隨意動筆寫下各種可能的情況。很顯然，沒有系統的方法勢必會遺漏一些選項，而且把所有的組合都寫下來也需要時間。有更好的策略嗎？

比較有系統的解決之道會像是：讓我們從一次走一階開始吧。這樣的話，只有一種方法可以爬完台階：1111111111。如果接下來我允許其中一步可走兩階呢？這表示總共要走九步：八步走一階，一步走兩階，而你可以選擇哪一步要走兩階。有九個不同的地方可走兩階。

這看起來是很不錯的策略。接下來，我可以考慮兩步兩階穿插著六步兩階的組合。這次總共會走八步。但我就必須算出，八步中有兩步要走兩階的選法有多少種。第一步兩階有八個位置可選，第二步只能從剩下的七個空位選擇，所以看起來像是有 8 × 7 種可能性。但必須小心，因為我計數了兩次；我有可能把第一步兩階選在位置 1、第二步在位置 2，或是兩者顛倒過來——結果會是一樣的，所以可能的選法總數現在就變成 (8 × 7)/2 = 28。這個數字實際上有個數學稱呼，叫做「8 取 2」[2]，寫成：

$$\binom{8}{2}$$

更廣泛的情況下，從 $N + 1$ 個數中選取兩個數的方法總數可用公式 $1/2N(N + 1)$ 算出來，這也是高斯替三角形數想出的公式。又是我們找到的那個捷徑！有個方法可以把從 $N + 1$ 個數取兩個數的問題轉化成計算三角形數的題目。我會在第 3 章解釋，把一個問題改成另一個問題為什麼常常成為解決問題的捷徑。

這些用來算出選取方法數的工具稱為二項式係數（binomial coefficient），實際上正是高斯和巴特斯助教在學校一起鑽研的代數公式之一。

2　編注：「n 取 m」可寫成 C^n_m，故常讀成「C n 取 m」。

不過，為了解決這個謎題，接下來我必須算出從七個位置選三個來放三步走兩階的方法數。雖然這看起來很有系統，似乎能很好的建構出可能的情況，但隨著一次走兩階的步數愈來愈多，它就需要我們想出台階位置選取方法的計算公式。從此刻開始，我們看來像是沿著這條路向前跋涉。這條路感覺不太像捷徑。

所以接下來要舉個更好的策略，它會用到我在這一章給各位看過的方法。對於像這樣的謎題，我發現考慮台階數比較少的情況是很有效的策略，先看看數字減少的方式有沒有模式存在。

以下是樓梯台階數 1、2、3、4、5 的可能情況，可以很快用手算出來：

1 階：1

2 階：11 或 2

3 階：111 或 12 或 21

4 階：1111 或 112 或 121 或 211 或 22

5 階：11111 或 1112 或 1121 或 1211 或 2111 或 122 或 212 或 221

所以可能的方法數是 1, 2, 3, 5, 8 . . .。現在你或許已經看出模式了。把前面兩個數相加，就會得到下一個數。你可能還知道這些數的名字呢，它們是費波納契數（Fibonacci number）！在十二世紀，有位數學家發現這些數字是自然界事物生長之道的關鍵，於是這些數字就用他的名字來命名。花瓣、松果、貝殼、兔子的族群數量，所有的數字似乎都遵循同樣的模式。

費波納契發現，大自然為了生長萬物，採用簡單的演算法。把前面兩個數字加起來的規則，是大自然建造貝殼、松果或花朵等複雜結構的捷徑。每個生物只使用本身建造的最後兩樣東西當作下一步行動的材料。

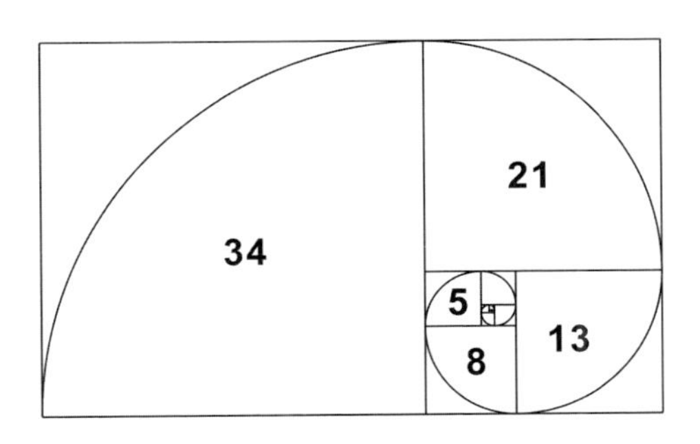

圖 1.4 如何利用費波納契數生成螺線。

利用模式逐漸形成結構，是自然界的重要捷徑。就拿大自然製造病毒的方法來說吧。病毒有非常對稱的結構，因為對稱性只需要簡單的演算法就能做出結構。如果病毒的形狀像對稱的骰子一樣，複製病毒分子的 DNA 只需做出幾個同樣的蛋白質，這些副本會構成表面，接著可在整個病毒中用相同的法則打造出結構。不必為了不同的表面下奇怪的指令。有了模式，製造病毒就會又快又有效率，有可能十分致命。

但只從這麼少的資料，真的就可以確定這個費波納契規則是爬樓梯的祕訣嗎？

事實上，這個規則確實解釋了怎麼算出接下來是 6 階的可能情況。把到第四階為止的所有可能走法都用一遍，最後加一步，一次上兩階；或是把到第五階為止的所有可能走法都用一遍，最後加一步，上一階。這就是走到第六階的所有方法，它是數列中前面兩個數的組合。

這道謎題的答案，就是算出數列中的第十個數字。

1, 2, 3, 5, 8, 13, 21, 34, 55, 89

不同的走法有 89 種。這個模式就是了解上樓梯走法有多少種的捷徑，就算題目是 100 階或 1,000 階，這個模式都會幫忙解開。

這些數字雖然是以費波納契的名字來命名，但他不是最早發現者。最早發現的人是印度音樂家。塔布拉鼓（tabla）的演奏者長久以來一直對炫技很感興趣，很樂於展現他們在鼓上擊出不同節奏的能力，他們從長短節拍中找出可以構成的各種節奏，久而久之就發現了費波納契數。

倘若長拍的長度是短拍的兩倍，塔布拉鼓演奏者可用這些節拍構成的節奏數目，就會和爬樓梯問題的答案相同。每次走一階對應到短拍，每次走兩階對應到長拍，那麼所有可能的節奏數目就可由費波納契規則算出來。這個規則甚至給了塔布拉鼓演奏者一種演算法，讓他們從前面較短的節奏繼續架構。

看到同樣的模式解釋如此不同的事物，有點令人興奮。對費波納契來說，這是大自然生長萬物的方式，對印度塔布拉鼓演奏者來說，這種模式產生了節奏。這個模式也解釋了一次走一階和一次走兩階上樓梯的走法數。金融界甚至有一些分析師認為，這些數字可用來預測下跌的股票何時會觸底反彈；這種金融界的模式稍微有些爭議，當然也並非普遍適用，但曾經讓一些投資人做出正確的抉擇。

模式可以顯露不同表象背後的根本結構，正是這股力量，才讓它像捷徑一樣強大。一種模式可以解決多個看似截然不同的難題，在面對新的問題時，通常值得查看它是不是已經找到解法的舊問題，只是換了新的相貌。

• 把捷徑串連起來

我忍不住替這個故事加一小段尾聲，因為它運用到前面的心血。我最初用來算出爬樓梯走法數的策略，把我帶往從 7 個物件選取 3 個的問題。其實數學家已經找到巧妙的方法，可讓算出所有這些選取方法的計算過程縮短，那就是所謂的巴斯卡三角形（Pascal's triangle，但也和費波納契數一樣，後來發現有人比巴斯卡還早發現這個三角形，這次是古代中國人發現的）。

巴斯卡三角形裡的規則跟費波納契規則類似，但是是把左上方與右上方的兩個數加起來，得出下一列的數。由這個規則很容易排列出巴斯卡三角形，但重要的是，它包含了我要找的所有選取方法數。

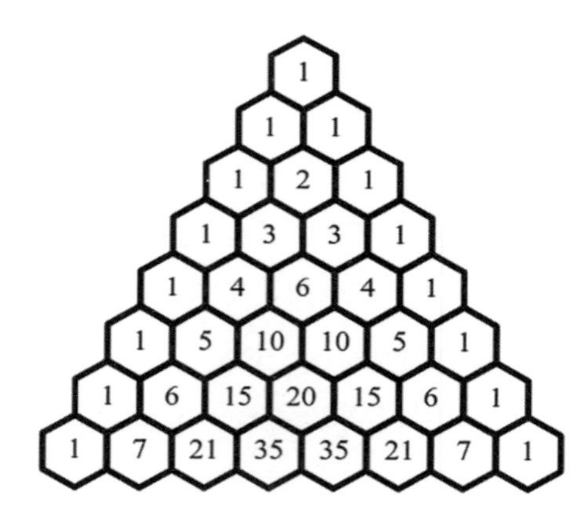

圖 1.5 巴斯卡三角形。

假設我開了披薩店，想誇口吹噓我的店有多少種披薩口味。如果我想知道從 7 種配料中選取 3 種的方法總數，我就去看第 (7 + 1) 列的第 (3 + 1) 個數，答案是 35。這是我得知自己可以製作 35 種披薩口味的捷徑。

一般來說，要從 n 個物品中選取 m 個，就去看第 $(n + 1)$

列的第 $(m+1)$ 個數，但因為這些選取方法總數也是解決爬階問題的方法，這就代表費波納契數其實隱藏在巴斯卡三角形中：只要把三角形裡對角線上的數相加，就會出現費波納契數。

這種關聯是我喜歡數學的原因之一。誰會想得到費波納契數居然隱藏在巴斯卡三角形中？然而用兩種不同的方式思考這個謎題，就讓我發現一條祕密通道，一條把數學世界裡兩個看似不同的角落連接起來的捷徑！看看三角形數與 2 的次方數是怎麼隱藏在巴斯卡三角形中的。三角形數在貫穿三角形的其中一條對角線上，而把每一列的數字全部相加起來，就會得到 2 的次方數。

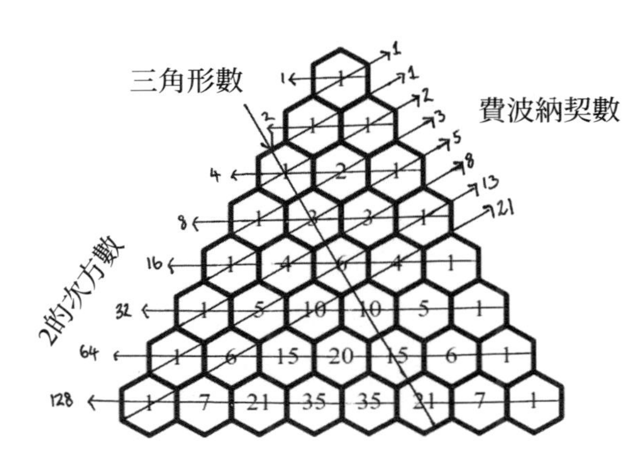

圖 1.6 巴斯卡三角形中的費波納契數、三角形數及 2 的次方數。

數學裡淨是這些奇特的通道，提供了我們可用來把一件事變成另一件事的捷徑。

從資料中尋找模式，不僅跟爬樓梯有多少種走法這樣的可愛問題有關，同時也是預測宇宙演變方式的關鍵，高斯預測出穀神星的軌跡時就發現了這道理。尋找模式對於了解氣候變遷來說極其重要。在企業嘗試應對未來的不確定因素時，模式對於提供企業優勢也很重要。模式可能還會讓我們對人類歷史的進展有所了解。在這個資料極其豐富的年代，網路上每天都會製造出 1 艾位元組（exabyte，10^{18} 位元組）的資訊量。需要探索的數字太多了，但只要看出模式，就會有通過這片廣闊數位原野的捷徑。

模式捷徑的目的就是去發現根本的規則或演算法，對於你想了解的資料來說，產生資料的規則或演算法才是關鍵。即使問題的規模擴大到看似失控，這種捷徑對你依然有利。階梯數也許會愈來愈多，但模式捷徑仍然會讓我們找到答案。

但模式不只能應用在數字上，生活中許多層面都有可以運用的模式，能把相關的理解從一個領域轉移到另一個領域。例如，精通樂器的重要環節是理解音樂裡的模式，對英國大提琴家克萊恩（Natalie Clein）來說，音樂模式可以幫助她在讀樂譜上的音符之前，預測出樂曲的可能走向。

我在後面將有機會和奧巴賀（Susie Orbach）談到心理治療中的捷徑。原來她運用了許多人類行為模式；她可以依據先前某位病人的病歷，拿從中學到的模式去幫助診所的新病人。但人比數字更棘手、更獨特一點，所以奧巴賀找到的這些模式必須謹慎看待。

一旦世界轉變成數字，模式就會處於最佳狀態，這樣的轉變在我們的數位世界中愈來愈常見，我們的數位足跡正不斷把人類行為轉化為數字。

只要找出數字中的模式，你就擁有可以預測人類下一步會做什麼的捷徑。

通往捷徑的捷徑

看出模式是航向未來的絕佳捷徑。

在股價中找到模式，你也許就會獲得投資方面的優勢。不論從哪裡取得數字，都要檢視資料中有沒有隱藏的模式。而且有模式的不只是數字，人也會有。在網球比賽中，看出對手擊球偏好的模式，你就會爲下一記穿越球做好準備。摸清大衆飲食習慣的模式，你的餐廳就可以迎合消費者的喜好，不會過度浪費不需要的食物。

從人類邁出第一步離開熱帶莽原開始，發掘模式就一直是我們的基本捷徑。

休息站：音樂

幾年前我決定學大提琴，但花的時間比我期待的還要久，所以我想找出任何有幫助的巧妙捷徑。如果說數學是模式的科學，那麼音樂就是模式的藝術。利用這些模式會不會是關鍵？

大提琴不是我學的第一件樂器。就在貝爾森先生講小高斯故事的那年，綜合中學裡的音樂老師問全班有沒有人想學樂器。含我在內有三個人舉手了。下課時老師把我們帶到樂器室，裡面除了三支疊成一堆的小號，幾乎空無一物，於是我們三個人只好吹小號。

我不後悔選了小號。小號是非常靈活的樂器。我初試身手是在郡內的管弦樂團表演，替本地的鎮民樂隊吹奏，甚至還嘗試了一點爵士樂。但當我坐在樂團裡默數休止符的節拍，等待下一個小號要吹奏的地方到來時，我會盯著前面似乎一直在拉奏的大提琴。我必須承認我有點羨慕。

現在我是個成年人了，決定運用我的教母在遺囑中留給我的一點錢買一把大提琴，再用所剩的錢當學費。但我有點擔心，像我這樣的成年人是否能學會新樂器。在我還是個孩子的時候，學樂器花的時間不會令我煩惱，我在求學，還有好幾年的時間可學習；但成年人來日沒那麼多，就會變得更加不耐煩。我希望現在就會拉大提琴，而不是七年後。學樂器有沒有什麼捷徑呢？

「想要成為任何方面的專家，必須練習至少一萬個小時。」葛拉威爾（Malcolm Gladwell）的《異數》（*Outliers*）讓這個理論流行起來。儘管做出原始研究的團隊說這曲解了他們的工作結果，但那本書提出，花一萬小時練習可能就足以讓你在自己的領域中獲得國際間的賞識，而這點引起了爭議。不過，在我能夠上台表演巴赫（Johann Sebastian Bach）的無伴奏大提琴組曲之前，真的沒辦法縮短一萬小時的練習時間嗎？如果每天練習一小時，總共要花超過二十七年的時間呀！

我決定求教克萊恩，她是我最喜歡的大提琴家之一。克萊恩在 1994 年的 BBC 青年音樂家年度大賽中，演奏了艾爾加（Elgar）的大提琴協奏曲，成為最年輕的首獎獲獎者之一，初次受到國際關注。她揚名國際的軌跡是什麼？

娜塔莉六歲時開始拉大提琴，但幾年後才認真起來。她告訴我：「十四、十五歲時，我試著每天練琴四到五個小時，有些人練得更久。有些孩子在十六歲時，每天大約練習八個小時。來自俄羅斯或遠東地區等地方的音樂專業人士，比我們西方人還要早接受這種訓練有素的勤奮練習形式。」

克萊恩解釋說，對於專精某件樂器所需的動作記憶與控制，這種訓練程度是必要的：「學習一種樂器時，當然必須投入最低限度的時數，譬如青少年時期每天得練到三、四個小時，不然你的身體就掌握不到動作要領。」就拿海飛茲（Jascha Heifez）來說吧。海飛茲是有史以來最傑出的小提琴家之一，最著名的事蹟就是他大半輩子每天早上都會練音階，總共好幾千個小時，只有練音階。

從這方面來說，大提琴家很像運動選手，如果不花時間訓練體能，就沒辦法跑馬拉松或在 100 公尺短跑奪冠。把身心調整到能夠快速拉奏出片段，這需要不斷反覆練習。我從我自己的練習知道，只有一遍又一遍重複練一個片段，讓身體幾乎在不需用大腦的情況下知道該做什麼，才有辦法演奏某些曲子。

但克萊恩想強調，光靠勤奮是不夠的。她說：「要反覆做對的事。練習一萬個小時是可以，但必須是方法正確的一萬個小時。不能只是練習而已。我都告訴我的學生，你必須在這一萬個小時裡把身體、心智、靈魂都放進去。」

勤奮練習看起來也許不像捷徑，但其實它是。我們多常因為做法不對、沒有盡最大的努力、或者只是未能領會投入這麼多時間的意義，而白白浪費時間做某件事？

在討論怎麼進行有效的練習時，你會常常聽到人們提及「心流」（flow）。心流是匈牙利心理學家契克森米哈伊（Mihaly Csikszentmihalyi）在 1990 年創造的術語，描述完全沉浸於任務中的心理狀態。他寫道：「人生中最美好的時刻不是那些順從、樂於接受、放鬆的時候……最好的時刻通常發生在為了達成困難而值得做的事情，身體或心智在自發努力下達到極限之時。」

心流存於極限能力與重大挑戰的交會點。如果你不具備能力，卻想嘗試難度太高的事情，最後就會陷入焦慮狀態；假設你的能力準備好了，事情對你來說又易如反掌，那麼你很可能會感到厭煩；但如果你具備能力又有合適的挑戰，就可以達到匯流點，或稱為「進入狀態」（being in the zone）。我們都很想達到那種狀態，很多人也寫過實現心流的指引，例如利用冥想、心流音樂、膳食補充劑、心流觸發方法、咖啡因。

但克萊恩對於取巧是持懷疑態度的。她說：「想要達到心流，就不能抄近路。你必須學習規則才有資格打破規則，而正是在打破規則的那一刻，你會發現這種解放以某種方式將你帶入心流。讓你進入啟發狀態的是紀律。」

儘管要成為樂器演奏家的體能訓練沒有捷徑可走，但因為演奏家花非常多時間練習音階與琶音[3]，我還是認為這些練習在他們演奏時提供了捷徑。如果你在樂譜上看到跟音階或琶音相似的音型，就不必讀每個音，而會用上你花大量時間學會的捷徑。

如果沒有捷徑能通往高水準的身體精細動作技巧，也許有捷徑能幫忙學會新曲子。克萊恩建議我看看音樂分析家申克（Henrich Schenker）的研究，碰巧我以前偶然翻過申克的著作，只是場合不同。

3　編注：琶音是將和弦組成音由高而低或由低而高依序演奏的技巧。

電腦科學家為了創作出令人信服的音樂，就使用了申克的研究工作，嘗試替人工智慧（AI）編寫程式。申克分析（Schenkerian analysis）的目標是要辨認出構成樂曲的深層結構，稱為基本架構（Ursatz），這有點像構成數列的模式。AI音樂生成試圖反轉這個過程，想從基本架構著手，然後加以充實，最後創作出音樂。但對克萊恩來說，這種分析方法提供了更有效率的方式，幫助她理解正在學的樂曲。

她說：「為了理解一首樂曲，申克喜歡把公式簡化、簡化、再簡化到最簡單的層次。你可以說這是理解樂曲結構的捷徑，視野要宏觀而不是微觀。」

結果發現，模式是音樂家用來應付樂曲裡各種難題的工具之一。我想知道這是不是熟記樂曲的有用捷徑？只要辨認出數列的基本結構，背東西時就不必只靠反覆演練。對克萊恩而言，熟記協奏曲只是反覆練習到它變成動作記憶，那是照紀律去訓練產生的結果；但對其他人來說，模式也許會發揮更大的作用。

克萊恩告訴我：「我的朋友霍羅登科（Vadym Kholodenko）是天才，有一次我看到他下午才視譜，那首曲子他以前只聽過一兩次，當天晚上就在音樂會上彈奏出來，甚至比下了三個月功夫練習的人還要好得多。他看出大的形貌，還有十足的把握相信自己做得到，隨後就把其餘的空缺填補起來了。他一定有宏觀的視野，並且相信宏觀比微觀更重要，這點是毫無疑問的。」

我的大提琴老師教我另一個學新樂曲的有趣捷徑。由於同一個音可以在不同的弦上奏出，所以在大提琴上拉奏出一個片段通常會有多種方法。第一種也是最明顯的一種方法通常很沒效率，你的手指必須在樂器上快速移動位置，但如果你從更為策略的角度去思考，就能找到其他方式拉奏出該片段，這也表示你不必上上下下不斷移動手指。「研究如何拉奏曲子」多少有點像是謎題：手指放在弦上的哪個位置會最有效率，可以讓你輕鬆拉奏？

克萊恩表示同意：「答案可能很有創意。我記得沒有人教過我，但我自己想出，如果能很常使用拇指，會是非常好的主意。用拇指真的對我很有幫助。有幾位大提琴家就這麼做，起頭的人是俄國傑出大提琴家沙弗蘭（Daniil Shafran）。我還以為我創造了什麼技法，但其實沒有。目標都是在解決問題，問題愈急迫，解決方法就愈有創意。」

儘管有這些管用的方法可應付音樂，但對克萊恩而言最根本的問題是，她所做的事沒有捷徑可走。她說：「要成為優秀的職業大提琴家，尤其又必須演奏獨奏作品、拋頭露面、感受自己是因一身技藝而站在聚光燈下，就是沒辦法抄近路。沒有捷徑。這也正是我喜歡這件事的地方。卡薩爾斯（Pablo Casals）一輩子都在練習，這是出了名的，在他九十五歲時有人問他：『大師，你為什麼還要繼續練習？』他回答：『因為我覺得最終我會拉得更好，我一直在進步。』我認為這就是讓你繼續前進的原因。一路艱苦卓絕，沒有輕鬆的時候。你必須對這件事感興趣，才能持續一輩子。你永遠無法達到巔峰。」

對許多專家來說，這解釋了為何捷徑不是真正的重點。就像克萊恩告訴我的：「捷徑的想法短期來看有點吸引力，但長遠來看並不吸引人。我認為要是有很多捷徑，我們可能就不太會有挑戰的欲望了。」

我意識到實現目標的欲望與能夠輕鬆實現目標之間有矛盾。如果太容易，就會失去滿足感。但我只是不想要無謂的埋頭苦幹。對我來說，當我卡住一段時間，思索接下來要如何到達目的地之後，浮現出來的那些捷徑最令我滿足。看見巧妙路徑的那一刻所釋放出的腎上腺素就是興奮劑，讓我深陷精進數學表現的旅程，不可自拔。但說到大提琴，雖然利用模式有所幫助，我明白就是沒有繞過勤奮練習的捷徑可走。

2

計算捷徑

謎題

你是食品雜貨店老闆，想用一組天秤計量出從1公斤到40公斤的所有重量。要做到這一點，最少需要多少砝碼？這些砝碼各有多重？

找到適當的簡略方法把想法表達出來，是加速思考的有力工具。我理所當然可以用七個符號，即 1000000，來描述一百萬的概念，但和這七個符號綁在一起的，是迷人捷徑的整部歷史，關於如何處理數字、如何有效率計算。

從古至今，如果你從事商業、建築業或金融業，只要知道某個更快、更有效率的方法，讓你比競爭對手更早算出答案，你就可以獲得優勢。我在這一章想與你分享幾個已發現用來處理數字和計算的巧妙方法，而有趣的是，即使在未牽涉到數字的情況下，這些捷徑仍是效力強大的策略。

經常有人認為，像我這樣做數學研究的人，一定都要做長除法算到小數點後很多位。現在的電子計算機該不會害我沒工作吧？

把數學家視為超級計算機是很常見的誤解，但這並不表示計算不屬於數學家的工作項目。許多巧妙數學的起點，都是為了尋找聰明方法來做四則運算的難題，比如高斯童年時想到的捷徑。我們有一整部歷史可以述說，人類是在嘗試用更有效率的方式做計算時發現了捷徑，就連我們今天拿來使用的電子計算機，也是依照數學家經年累月想出的一些聰明捷徑去設計。

我們往往認為電腦是全能的，什麼事都會做，但電腦也有極限。就拿高斯要從 1 加到 100 的難題來說吧，這對電腦而言當然不成問題，但是總會有對電腦來說也太大的數字，如果你要電腦從 1 加到那個數字，它也會逐漸陷入停頓。一般來說，電腦仍然要靠我們人類想出捷徑，只要在電腦的程式碼當中執行了這個捷徑，就會讓電腦變得更快。

我在這一章將會透露虛數的一種用法，儘管這用法令人相當吃驚，但這一點點看似深奧的數學提供了關鍵的捷徑，可讓電腦執行很多不同的任務，包括讓飛機以夠快的速度落地，不致在飛行中途墜毀。

• 計數的捷徑

我們書寫數字的方式可以決定，計算究竟是簡單的事，或是複雜的苦差事——最終還容易出錯。人類一個重要的進步時機就在於，體認到用合適的符號表示複雜想法是通往高層次思考的捷徑。

從歷史上看，每個文明似乎都意識到，書寫與記錄口頭語言是保存、溝通、運用新想法的有效方式。每當發展出新的語言文字，在思考如何記錄數字的概念方面通常也會出現巧妙的新方法。不過，找到較好數字書寫方式的那些文明，會發現有捷徑讓他們計算得更快、更有效率，並掌握資料。

位值系統（place-value system）的次方（又稱指數、乘冪）是數學家最初發現的捷徑之一。如果要數綿羊、日子之類的事物，你的第一種做法可能是替每隻羊或每一天做個記號，這似乎正是第一批人類計數的方式。有些可追溯到四萬年前的骨頭，側邊留有刻痕，一般認為這些刻痕是人類初次嘗試計數的例證。

這一刻已經很令人驚嘆。數字的抽象概念開始浮現。考古學家並不十分清楚刻痕的計數對象是什麼，但大家了解到，刻痕數目和綿羊數、天數、或隨便哪個可以數的東西的數目，都有某個共同點。麻煩之處在於，如果想要弄清楚骨頭上有 17 道還是 18 道刻痕，辨別起來可能相當棘手，因為你得從頭再數一遍。幾乎每一種文化都會在某個時刻靈光閃現，想到要替這些刻痕創造簡略的記法，以便輕鬆看懂。

幾年前還住在瓜地馬拉時，我對鈔票上發現的一系列奇怪的點和短線感到好奇，我問鄰居這是不是藏在當地貨幣裡的什麼古怪摩斯電碼，她解釋說確實是代碼，只不過它是每張鈔票代表的數字碼。

點與短線是馬雅文化中表示數目的簡略方式；馬雅人意識到人腦難以辨別超過四個刻痕的東西，因此他們記錄時並不是用愈來愈多的點，而是在碰到五的時候畫一條線貫穿四個點，就像囚犯倒數自己還有多少天可以出獄一樣。就這樣，一條橫線變成了五這個數目的簡略表示方式。

但如果你想繼續數下去呢？古埃及人想出了一長串象形文字來代表 10 的各個次方，實在令人欽佩。他們用牛的足枷（限制牛隻行動的東西）代表數目十，用繩圈代表一百，睡蓮代表一千，彎曲手指代表一萬，青蛙代表十萬，而用來代表一百萬的圖案是個跪在地上的男子，雙臂向上舉起，看起來像是剛中樂透似的。

這種簡略表示方式很高明，埃及書吏只要在紙草上畫出跪著的男子圖案就可以代表一百萬，不必在骨頭上劃一百萬道刻痕。這種記錄大數目的能力很有效率，是埃及崛起成為強盛文明的要素，不僅讓埃及能夠向百姓課稅，也能夠有效率的建設城市。

然而埃及人的系統仍有相當沒效率的地方。如果書吏想記錄 9,999,999 這個數目，就會需要 63 個圖案。把這個總數往上加一，就得要有人再想出一個小圖案來代表 10,000,000。瞧瞧現代的數字系統，我們只用七個符號就可以打發像 9,999,999 這樣的大數目，只用十個不同的符號（0, 1, 2, . . . , 9）就可以隨我們寫到多大的數目。關鍵是位值系統，這是三種文化在不同歷史時刻想出來的非凡捷徑。

第一個想出這條捷徑的，是埃及文明的競爭對手：巴比倫人。有趣的是，他們的文化不像埃及人或我們今天的做法。巴比倫人並不是採用 10 的次方數，而是 60 的次方數，他們一路往上數到 59 才覺得有必要重新組合。他們只用兩個符號寫出從 1 到 59 的數目：𒁹代表 1，𒌋代表 10。但這就表示，59 這個數目需要使用十四個符號。

他們選擇了 60，乍看之下好像完全沒有效率，但其實暗含了一種非常不同的捷徑。原因在於這個數可被很多數整除。由於 60 可用很多種方式分解，如 2 × 30 或 3 × 20 或 4 × 15 或 5 × 12 或 6 × 10，所以採用此系統的商人就有許多種分配商品的可能。60 的可整除性很高，也是最後我們用它計時的原因，一小時分成 60 分鐘及一分鐘分成 60 秒，就源自古巴比倫。

然而巴比倫人真正的突破，在於計數到 59 之後。這時你可以選擇開始創造新的符號，比如埃及人的做法，但巴比倫人有不同的想法。符號的意義會根據它與其他符號的相對位置來改變。在我們的現代系統中，數目 111 有重複了三遍的相同符號，而這個簡略表示法的妙處就在於，從右讀到左的第一個 1 代表一，第二個 1 代表十，第三個 1 代表一百，每當往左邊加一個數字，數值就會變十倍。

然而對巴比倫人來說，因為採用的底數是 60 而不是 10，所以每當你往左移動，數值會變成 60 的倍數，因此巴比倫人的 111 代表 $1 \times 60^2 + 1 \times 60 + 1 = 3661$。這是格外強大的捷徑。使用了 𒁹 和 𒌋 這兩個符號，你想表示多大的數目都可以——但不是每個數目都可以，還需要引進新的符號才行。如果你想記錄 3601 怎麼辦？這代表它沒有 60，因此需要一個表示「無」（nothing）的符號。在巴比倫人的楔形文字中，「缺少 60 的某次方」就用兩個小刻痕來表示：𒑱。

馬雅人也發現了這個書寫大數目的捷徑，他們已經有代表 5 的符號，即一條橫線，這樣三條線就可以表示 15，三條線與四個點表示 19。但接下來馬雅人覺得情況變得太凌亂，所以數字中的下一個位置表示 20 的次方數。因此，馬雅人的 111 代表 $1 \times 20^2 + 20 + 1 = 4041$。他們也領悟到在某些位置必須記錄「無」，於是使用了貝殼的符號。

馬雅人是出色的天文學家，也記錄了大範圍的時間。這種運用符號位置的數字系統很有效率，可以讓他們不需要一大堆符號就能談論天文數字。

不過，巴比倫人和馬雅人的系統都仍少了某樣東西：代表無的符號。這是第三種文化，也就是印度人，在發明位值系統時採取的創新做法。

我們今天使用的數字通常稱為阿拉伯數字，但這是個誤解，至少不是完整的故事。阿拉伯人學到了印度書吏採用的系統，然後帶到歐洲。這些數字實際上應該稱為印度－阿拉伯數字。印度數字使用從 1 到 9 的符號，每往左移動一位就要乘上 10 倍。他們還有代表無的符號，也就是零。

歐洲人看到這個想法的時候沒辦法理解，如果沒有東西可以數，為什麼還需要用符號來表示？但對印度人來說，無或空（void）是非常重要的哲學概念，因此他們很樂意給它命名或編號。

歐洲仍在使用羅馬數字和算盤做計算，但用算盤需要技能與專業知識，所以計算不是普通公民做得來的工作。計算讓當權者保有權力；算盤的計算過程不可考，只有計算結果，讓當權者可以濫用系統。

這就是為什麼當權者企圖禁止從東方傳入的數字。這些數字會給普通公民計算的機會，還有記錄這些計算的能力。引進這種處理數字的捷徑，可能就跟發明印刷機一樣意義深遠；它把數學帶到大眾手中。

• 數學黑魔法

今天，電腦和電子計算機是我們的計算捷徑，但五十歲以上的人說不定還記得學校教過的工具，可幫忙簡化麻煩的四則運算：對數表。幾個世紀以來，這是商人、航海家、銀行家或工程師的必用捷徑，這項工具會讓他們比設法直接做計算的競爭對手更具優勢。

對數的本領是蘇格蘭數學家納皮爾（John Napier）揭開的，我很想見一見納皮爾，不光是因為他想出了這個聰明的計算捷徑，還因為他聽起來像個狂人。

納皮爾出生於 1550 年，對神學和神祕學極為著迷，他會帶著一隻關在小盒子裡的黑蜘蛛在莊園裡遛達，他的鄰居相信他與魔鬼勾結。有一次他威脅要把鄰居偷吃穀物的鴿子關起來，鄰居認為他不可能抓得到，就決定看他吹破牛皮。隔天早上，鄰居看到鴿子乖乖的待在田裡，納皮爾來回走動，把牠們放入麻袋中，感到十分震驚。鴿子著魔了嗎？結果發現，納皮爾在豌豆裡摻了白蘭地，把鴿子弄醉。

納皮爾還會利用當地人相信他是巫師這件事。有次為了從員工當中揪出小偷，他告訴員工，他的黑公雞可以認出偷東西的人。他要員工一個接著一個走進房間摸公雞。納皮爾聲稱，黑公雞會在小偷觸摸到牠時大聲啼叫。當所有的員工都摸過公雞之後，納皮爾要他們伸出手。幾乎所有的人手上都沾到了煤灰，只有一人沒有。原來納皮爾先前在黑公雞身上抹了煤灰，他知道只有偷了東西的人不敢摸公雞。

除了神學方面的研究，數學也令納皮爾著迷，但他對數字的興趣只算是業餘愛好，他很惋惜自己因為要進行神學研究，沒有夠多時間進行計算。不過，隨後他想出一個聰明的策略，來迴避他設法費力做完的長串計算。

他把自己想出來的捷徑出版成冊，在書中寫道：

> 沒有什麼事物（心愛的數學學生啊）比大數的相乘、相除、取平方根和立方根更麻煩、更讓計算者困惑受阻的數學練習了，要費更多力氣做計算，結果耗掉的冗長時間多半又可能會犯許多難以找出的錯誤，於是我起心動念，或許能用某種現成可靠的技巧來清除這些障礙。

利用納皮爾發現的方法，可以把兩個大數相乘的麻煩工作變成兩數相加的簡單差事。以下這兩件事，哪一件你可以手算得比較快？

$$379{,}472 \times 565{,}331$$

或是

$$5.579179 + 5.752303$$

這種奇妙變形的關鍵，正是對數函數。函數像是一部小型數學機器，輸入一個數，然後根據函數的內部規則去處理，就會輸出一個新的數。對數函數收進一個數，輸出的數則是你一開始輸入的數需要以 10 自乘多少次才相同的次數。舉例來說，如果我輸入 100，對數函數就會輸出 2，因為如果我讓 10 自乘 2 次就會得到原來的 100；如果我把 100 萬輸入對數函數，輸出的數就是 6，因為 10 的 6 次方是一百萬。

輸入的數顯然不是 10 的某次方時，對數函數就有點難處理了。比方說要得到 379,472 這個數，我必須讓 10 自乘 5.579179 次；為了得到 565,331，我要讓 10 自乘 5.752303 次。因此就和許多捷徑一樣，會有很多工作必須事先完成，捷徑才有辦法執行。為了準備可查閱對數值的表，納皮爾花了很久時間，但對數表一旦準備好了，這個捷徑就會顯出自己的本領。

如果你有兩個 10 的次方數，如 10^a 和 10^b，想讓兩數相乘，答案很簡單，就是 10^{a+b}，只要把次方相加。這就表示我可以把對數值相加，$5.579179 + 5.752303 = 11.331482$，然後用納皮爾準備好的對數表計算出 $10^{11.331482}$，而不是去做吃力的 $379{,}472 \times 565{,}331$ 相乘運算。

這種用計算表來加快四則運算的想法並不是什麼新發現。事實上，古巴比倫人的一些楔形文字泥板似乎就曾有類似的用途，他們利用另一個公式算出大數相乘的結果。如果

我有兩個大數 A 和 B，代數關係式

$$A \times B = 1/4 \times \{(A + B)^2 - (A - B)^2\}$$

可把這種問題變成兩個平方數相減。儘管這種代數記法要到九世紀時才出現，但巴比倫人了解平方數與乘積之間的這種關係，也就給了他們計算 A 和 B 乘積的捷徑。你不用計算平方數，只要查閱某位書吏先前計算過的其中一塊平方數泥板就行了。

納皮爾在他的著作《神奇對數表的描述》（*A Description of the Wonderful Table of Logarithms*）中，描述了他想出的捷徑，隨著書中的想法傳播開來，這個捷徑確實逐漸讓讀者感受到驚奇。數學家布里格斯（Henry Briggs）是牛津大學新學院的第一位薩維爾（Savilian）幾何學講座教授（我自己也在新學院擔任教授），納皮爾對數的本領很吸引他，所以花了四天到蘇格蘭拜訪納皮爾，並寫道：「我從來沒讀過這麼令我愉悅、讓我驚奇的書。」

幾世紀間，對數表為科學家和數學家提供了處理複雜計算的捷徑，偉大的法國數學家暨天文學家拉普拉斯（Pierre-Simon Laplace）在兩百年後說，對數「縮短了做計算的苦工，讓天文學家的壽命延長一倍，還免除了冗長計算常有的誤差和反感」。

拉普拉斯的感言裡捕捉到有效捷徑的本質：它讓心思有

時間集中精力從事更有趣的活動。然而還要等到機器出現，科學家才真正擺脫單調乏味的計算。

• 機械式計算器

十七世紀的大數學家萊布尼茲（Gottfried Leibniz）率先體認到機器的本領是計算的捷徑：「優秀的人不值得像奴隸般浪費時間拚命計算，如果能使用機器，這種苦差事就會妥善的交給別人。」

萊布尼茲在偶然看到計步器後，腦海中浮現想法，描繪了他最後將發明出來的機器：「當我看到一種器具，不必思考就可以幫人計算步數，我的腦袋馬上就想到，所有的四則運算都能透過同類型的裝置來完成。」

計步器用到的概念很簡單，只要十個齒的齒輪轉動一圈後可以和另一個轉動一齒的齒輪齧合，就能用來記錄十步。這是齒輪中的位值系統。萊布尼茲的計算器叫做步進計算器（Stepped Reckoner），能夠做加法、乘法甚至除法，然而後來發現，要把他的構想化為現實卻是個難題，他寫道：「要是有工匠能照著我所想的模型製作出器具就好了。」

他把一個木製原型帶到倫敦，向皇家學會院士做了示範。虎克（Robert Hooke）向來以脾氣不好著稱，對萊布尼茲的示範頗不以為然，他把機器拆解開來之後，宣稱可以做出更簡單、更有效率的裝置。萊布尼茲並未因此打消念頭，最後終於雇用到技術純熟的鐘錶匠，製作出他斷言可實現計算捷徑的機器。

萊布尼茲有更宏大的憧憬，他想機械化的不只是四則運算，還有思考。他想把哲學論證化約成本身可以在機器上執行的數學語言。在他設想的時代中，如果兩位哲學家對某個理念有不同看法，他們只要讓機器來處理他們的歧見，就能找出誰對誰錯。

我去造訪萊布尼茲的家鄉漢諾威時，運氣很好，看到他的其中一台機器。那是一件很美的物品，能擁有它是幸運的事。有一段時間，這台原件塵封在哥廷根大學（高斯所在的大學）的閣樓裡，直到 1879 年有工人在屋頂想修補裂縫，偶然發現它藏在角落，才重新找回。

從萊布尼茲的機器開始，到最後發展出今天的電子計算機和電腦，但這並不是說電腦的能力沒有限度。如今我們往往會認為電腦非常擅長快速計算，所以什麼事都能做，就像《時代》雜誌在 1984 年記述的：「把適當類型的軟體放進電腦，你想要它做什麼，它都會做。」然而電腦有所極限，甚至有時也需要程式設計人員想出取巧的捷徑，來避免連電腦也要花宇宙壽命這麼久的時間去執行的計算工作。

各種最有趣的捷徑在電腦裡派上用場，其中之一應用了一種新的數，這種新的數看似與實際的計算世界無關，它就是「虛數」。

• 數學鏡中奇遇

你會解 $x^2 = 4$ 這個方程式嗎？可能你毫不費勁就給出答案 $x = 2$，因為 2 的平方是 4。如果你很聰明，也許還會給出第二個解，因為 $x = -2$ 也成立。把負數平方之後會得到正數，因此 -2 的平方也是 4。

上面的方程式很簡單。但如果要你解下面的方程式呢？

$$x^2 - 5x + 6 = 0$$

這可能就會讓不少讀者背脊發涼，因為它是個二次方程式，即帶有 x 平方項的方程式，學生在學校都得學怎麼解這種方程式。事實上，古巴比倫人已經提出一個可解出答案的通用算法了。儘管他們還沒有代數語言能表達他們的想法，但用現代的術語來說就是：如果你想求下面這個一般二次方程式的解

$$ax^2 + bx + c = 0$$

有個公式可以找到答案：

$$x = \frac{-b \pm \sqrt{b^2 - 4ac}}{2a}$$

所以如果要解的方程式是 $x^2 - 5x + 6 = 0$，就把 $a = 1$、$b = -5$ 及 $c = 6$ 代入這個公式，得到的解為 $x = 2$ 或 $x = 3$。

早在巴比倫時期，數學簡化繁重工作的本領就開始出現。發現這個公式之前，每個二次方程式都要手算求解，每一回書吏都在無謂的重複，沒意識到儘管數字不同，每回所做的事情其實都一樣。但到了某個時候，有位書吏發覺不論什麼數字，都有一個通用的算法行得通。

數學就從這一刻開始。數學的本領正是看出這無限多個方程式背後的模式。原本可能要做無數次的工作，透過模式顯示，本質上只需要費力做一次。只要學會求解一些方程式的演算法或公式，你就擁有解開無限多個不同方程式的捷徑。隨著數學誕生在巴比倫時代，我們也見證了為什麼數學真的是捷徑的藝術。

但是這個捷徑能解開所有可能寫出的二次方程式嗎？

試著挑戰一下解 $x^2 = -4$ 這個方程式怎麼樣？許多世紀以來，大家認為這個方程式是不可解的，畢竟計數用的數在平方之後一定是正數，它們的性質就是這樣。你必須讓 -4 的平方根有意義，否則巴比倫人的演算法或公式沒有任何幫助。

但在十六世紀中葉，發生了相當不可思議的事。1551年，義大利數學家邦貝利（Rafael Bombelli）在從事一項計畫，要排掉教宗國（Papal States）奇亞納河谷沼澤地帶的水。

一切進行順利，但後來工作受到干擾突然中斷。邦貝利無事可做，就決定寫一本談代數的書。先前他讀過義大利同胞卡爾達諾（Gerolamo Cardano）所寫的一本書，書中出現一些用來解方程式的新公式，激起他的興趣。

儘管古巴比倫人已提出解二次方程式的公式，但是像 $x^3 - 15x - 4 = 0$ 這樣的三次方程式呢？幾十年前，有幾位數學家就曾宣稱他們找到解開這些三次方程式的公式。當時的數學家不太喜歡在學術期刊上發表論文，更偏好在公開的數學對壘中爭論。

我腦中浮現一幅精采畫面：人們在週六下午前往附近的廣場，為參與科研論戰的本地數學家加油。其中一位數學家提出的公式顯然勝過當地其他人，這位數學優勝者的大名是馮塔納（Niccolo Fontana），他的綽號塔塔利亞（Tartaglia）更出名。他不願意洩露自己獲勝的祕密，合情合理，但最後還是被說服，向卡爾達諾解釋他的公式，前提是卡爾達諾不能公諸於世。

卡爾達諾忍耐了幾年，終於還是按捺不住，在他 1545 年出版的名作《大術》（*Ars Magna*）中列下這個輝煌耀眼的公式。邦貝利讀到卡爾達諾的《大術》，用公式去解方程式 $x^3 - 15x - 4 = 0$ 時，發生了相當古怪的情況：算到某個地方時，公式要他取 −121 的平方根。邦貝利懂得怎麼取 121 的平方根，很簡單，答案是 11。但 −121 的平方根是什麼數？

這並不是數學家第一次遇到這種需要取負數平方根的奇

怪場合，但通常他們在這種時候就放棄了。卡爾達諾遇到同樣的問題，沒繼續計算下去，因為沒有這種數。然而邦貝利保持鎮靜，繼續用卡爾達諾書裡的公式算下去，只是讓這個奇怪的虛數留在公式中。結果就像變魔法般，那些奇怪的數彼此抵消了，最後留下的答案是 $x = 4$。他把這個解代進方程式後，果真是對的。

為了走到 $x = 4$ 這個終點，邦貝利必須穿越這片虛數世界。就像穿過魔鏡，發現後面是一片陌生的新國度，那裡有一條路徑，盡頭處的大門可帶你回到平常數字的國度，走到你想去的終點。但如果不踏進這片虛數的世界，就沒有求解的途徑。

邦貝利開始猜測，這不只是什麼惡作劇，或許鏡子另一頭的那些數真的存在。只是，數學家必須鼓起勇氣，允許這些數進入他們的數字世界。

邦貝利的教科書促成了虛數的發現。最基本的數是 -1 的平方根，最後命名為 i。i 代表 imaginary，這是法國哲學家兼數學家笛卡兒（René Descartes）幾年後創造的一個貶義詞，他一點也不喜歡這些古怪又難以捉摸的數。

然而邦貝利卻讓世人看到它們的本領，他在自己的書中徹底分析了虛數要如何處理。如果你想解這些三次方程式，只要準備好穿過鏡子、進入虛數世界，你就可以取捷徑求解。由於它們跟我們做很多的實數不一樣，到最後，數學家開始稱它們為「複數」。

萊布尼茲對邦貝利的堅持印象深刻，稱他是了不起的分析藝術大師：「我們因此有了一位工程師，邦貝利。儘管卡爾達諾覺得負數的平方根毫無用處，但邦貝利將複數投入實際用途，這或許是因為複數給了他有用的結果。邦貝利是第一個探討複數的人……他對於複數計算規則的描述真是仔細，這點十分令人讚嘆。」

幾個世紀以來，數學家一直對虛數非常懷疑。如果你想要取 2 的平方根，儘管這個數展開後是無限小數，你仍覺得可以在直尺上看到它，就落在 1.4 和 1.5 之間。但 −1 的平方根在哪裡？你在直尺上看不出來。我的偶像高斯最後終於想出一個看見虛數的方法。

在高斯之前，數學家一直在使用的數都描述成是沿著一條水平線移動，負數往左走，正數向右走。高斯憑靈感決定朝新的方向出發：這些新的數在頁面上沿著垂直的方向移動。

在高斯的圖形中，數不再是一維的，而是二維的。結果證明這種新的圖十分強大，它的幾何結構反映了虛數的代數表現方式。我在第 5 章會解釋，好的圖示可以做為絕妙捷徑，來說明複雜的想法。

高斯是在證明某件跟虛數有關的離奇事實時，發現可以用來表示虛數的圖。如果取任何一個由 x 的次方構成的方程式，不只是 x 的三次方，不論是多複雜的方程式，這些虛數都可以用來找解。不必編造新的數，虛數已經強大到能夠解所有的方程式。高斯所做的這個重大突破，現在稱為代數基本定理（fundamental theorem of algebra）。

高斯的圖成為航行在這個奇特虛數新世界中的絕佳捷徑，但怪的是，高斯密藏他的二維圖。後來有兩位業餘數學家分別重新發現了這種圖，首先是丹麥人韋瑟（Caspar Wessel），接著是瑞士人阿岡（Jean Argand）。今天這種圖稱為阿岡圖——功勞歸屬很少是公正的。

法國數學家潘勒韋（Paul Painlevé）後來在他的著作《科學工作分析》（*Analyze des travaux scientifiques*）中寫道：

> 這項工作自然發展的結果，很快就讓幾何學家在他們的研究中樂意採納虛數和實數的值。看來，在實數定義域的兩個真理之間，最簡單且最短的路徑經常穿過複數定義域。

潘勒韋除了是數學家，還出任過法國總理。他在 1917 年的第一次任期只做了九週，但他解決俄國革命及美國參與第一次世界大戰帶來的衝擊，還有平息法國軍隊的叛變。

即使我沒有在工作中明確使用複數，我還是經常用上複數的哲學。像這樣的捷徑有點像科幻小說作家喜歡創造的蟲洞，帶你從宇宙的一邊穿越到另一邊。無論是哪種情況，都值得探討某個地方會不會藏有讓你達到目標的鏡子。

在我的數學研究中，我都在嘗試弄懂所有可能建構起來的對稱性，但奇怪的是，我發現處理這個難題的方法是去造一個新物件，稱為ζ函數（zeta function），這種函數出自完全不同的數學領域。然而，它讓我對自己的研究有不一樣的看法，如果我堅守對稱性的世界，就絕不可能會出現。我會在下一個休息站中，與企業家霍伯曼（Brent Hoberman）一同解釋，網際網路的問世提供了一個很棒的鏡中世界，踏進去就可以在許多商業交易繞過中間商。

有些時候，幫忙找到解法的蟲洞可能只是改變了你徒步穿越的地帶。在某個數學問題把我卡住時，我常會去聽聽音樂或練習大提琴，這是讓我胡思亂想的方式。等我回到桌前，我對問題的看法經常就不一樣了，很奇妙。用音樂把我自己帶進完全不同的周圍環境，很像獲准進入虛數世界，我能在這裡看看事情是否如潘勒韋所說的，通往預期終點的路徑比較短。如果路徑有其他選擇，能幫助你進入通往新思維方式的暗門，那麼都值得嘗試一下。

如今，虛數世界是弄懂各種概念的關鍵，要是沒有這個穿過鏡子的捷徑，我們幾乎不可能理解這些概念。量子物理學（探討極小事物的物理學）只有在轉譯成這些虛數的情況下才說得通；電子學中的交流電如果用 −1 的平方根來描述，會最容易處理。還有一個驚人例子能說明虛數提供的捷徑，就在全球機場協助飛機落地的電腦內部。

• BA 107……地面淨空，准許落地

我很幸運，幾年前有機會跑去英國其中一座重要機場的飛航管制塔台。飛機的迷你圖示在屏幕上來回舞動，看起來就像很好玩的電腦遊戲。但我很快就意識到，成千上萬人的生命就握在管制員手中。有人告訴我，在旁邊觀看時要非常安靜！但等我抓到機會，趁其中一位飛航管制員值班結束跟他聊聊，才知道他們的飛機降落系統是使用虛數，來讓雷達追蹤進場飛機的相關計算加快，我實在太驚訝了。

德國物理學家赫茲（Heinrich Hertz）是最早發現金屬物體會反射無線電波的人，他在 1877 年做實驗時發現這個現象，證明了電磁波存在。為了表示敬意，計量波振動得多快（頻率）的單位就用他的名字命名。

不過，這項科學發現所提供的潛在實用價值，卻是由赫茲的同胞胡斯梅爾（Christian Hülsmeyer）察覺。他在德國和英國取得一種電磁裝置的專利，認為這種裝置可以在能見度受到霧影響的情況下，協助船隻偵測其他船隻的存在。據說，有位母親的兒子在海上兩船相撞事故中喪生，胡斯梅爾目睹這位母親的悲痛後，決定設計出這種裝置。

1904 年 5 月 18 日，他在一座橫跨萊茵河的橋上進行實驗，展示他的發明。河中的船一航行到方圓三公里的範圍內，這個裝置就會知道。只不過，他的設備是領先時代的發現，而且他並未用數學計算，設備可探測出船的距離有多遠

及在什麼方向。接下來幾年，這個構想就專門留給凡爾納（Jules Verne）[1] 這樣的科幻小說作家。至於在現實世界中實行，還需要幾十年的時間，以及一場世界大戰。

「雷達究竟是誰發明的？」是很難回答的問題（雷達的英文字 radar，代表 radio detection and ranging，即無線電探向及測距）。戰爭醞釀期間，任何一個成功發展這個構想的國家在察覺敵機來襲方面顯然會有優勢，因此各國的雷達發展都是保密到家。

但毫無疑問的，蘇格蘭物理學家華生－瓦特（Robert Watson-Watt）是雷達技術的先驅之一。曾有人要他針對德國無線電波死光的傳聞發表評論，他很快就對這個說法不屑一顧，但這也讓他開始探究相關技術的可能性。他論證了數學要如何與無線電訊號結合起來，追蹤前來的飛機，由此建立起雷達站系統，可測出從北海飛向倫敦的飛機。現在普遍認為他的雷達網路在第二次世界大戰期間的不列顛空戰（Battle of Britain）中，給了皇家空軍極為重要的優勢。

無論是戰時還是平時，如果你在追蹤一架飛來的飛機，速度都非常重要。關鍵就在於找出捷徑，好根據從飛機反射回來的無線電波，算出飛機的位置。當中牽涉到的基本計算是三角學（我在第 4 章會解釋這個捷徑）。這門研究正弦及

1　編注：凡爾納是現代科幻小說的開創者，著作等身，有《地心歷險記》、《海底兩萬里》、《環遊世界八十天》等。後世將凡爾納與H・G・威爾斯、雨果・根斯巴克一同尊稱為「現代科幻小說之父」。

餘弦函數的數學可以描述經過傳播與隨後偵測的雷達波形。後來發現計算起來非常困難又耗時，但這正是虛數出手相救的時候。

十八世紀的瑞士大數學家歐拉（Leonhard Euler）發現，如果把虛數代入指數函數，會有稀奇古怪的結果；指數函數就是讓某個數自乘 x 次的單純函數，如 2^x。虛數代入指數函數的輸出是波函數的組合，看起來像極了用在雷達上的波。

在判斷史上最美等式時，許多數學家心目中的關鍵就是等式裡的連結。波函數與指數函數之間的連結產生一個等式，把數學史上最重要的五個數 0、1、i（−1 的平方根）、$\pi = 3.14159\ldots$ 和 $e = 2.71828\ldots$ 聯繫在一起（e 可能是數學中知名度僅次於 π 的數，第 7 章會更詳細介紹）：

$$e^{i\pi} + 1 = 0$$

先把 e 自乘「i 乘以 π」次，接著若把這個結果加 1，一切都會相消變成 0。虛數居然提供了這種在指數函數與波函數之間的連結，真是很不尋常。

因此數學家領悟到不必利用波函數的複雜數學去做計算，而可以用虛數把一切黏在一起，來簡化計算，加快計算速度。只要運用這些怪異的數，計算就會變成和指數函數有關，可以執行得又快又有效率。即使飛航管制員現在有現代電腦的神力可隨時使用，他們還是在利用同樣的虛數捷徑，才得以在世界各地的機場偵測到飛機，協助飛機落地。沒有這個捷徑，這些飛機恐怕就要在它們的位置計算出來前緊急迫降了。

這個例子非常生動的說明了潘勒韋的論點：「在實數定義域的兩個真理之間，最簡單且最短的路徑經常穿過複數定義域」。

• 二進位及其他進位

電腦在高效率計算過程中也利用了其他的捷徑，其中一種就是使用非常經濟實惠的數字書寫方式。我們在前面已經看到，十進位數的十個符號並不是唯一的數字表示法。我們不必像十進位那樣只用 10 的各個次方來表示數字，也可以選擇任意數字的各個次方。巴比倫人以 60 當底數，採用的符號從 0 一直到 59；馬雅人創造了一個以 20 為底數的數字系統，用來表示數字的符號則是從 0 到 19。考慮到我們有 10 根手指，選用 10 來表示數字，純粹是我們解剖構造上的巧合。

巴比倫人的系統可能也和我們的解剖構造有關。我們拇指外的手指有三個指節，所以你可以用右手拇指去指右手 12 個指節當中的一個。你一數完一組 12 個指節，就用左手的手指來計數或記錄，同時右手再從頭開始數一組 12 個指節。既然左手有 5 根手指，你就可以記錄 5 組 12 個指節，所以會有 60 個！

要表示數字 29，就要舉起左手的兩根手指，同時用右手拇指指著第五個指節（中指的中間指節）。

但電腦只有一根手指，運作原理基本上是開關的開或關。它們所需的系統只使用到兩個符號：0 表示關，1 表示開。雖然只使用這兩個符號，電腦仍然可以表示每一個數字。只不過，電腦位值系統裡使用所謂的二進位數字系統，當中各個位置不是代表 10 的次方，而是 2 的次方，所以 11011 這個數代表

$$1 \times 2^4 + 1 \times 2^3 + 0 \times 2^2 + 1 \times 2 + 1 = 27$$

既然我們已經找到把對話、圖像、音樂、書籍數位化的方法，這種使用二進位制的捷徑也就把周遭世界轉化成 0 與 1 的數字串。

二進位的概念也是解開本章開頭謎題的關鍵。食品雜貨店老闆只要用多少個砝碼就可以量出 1 到 40 公斤的重量？祕訣是不要用二進位來思考，而要用三進位（即三的各次方）。秤允許三種設定：右邊擺一個砝碼（+1）、左邊擺一個砝碼（−1）或沒有砝碼（0）。以三進位來思考的話，就有可能證明雜貨店老闆只需要四種砝碼，即 1 公斤、3 公斤、9 公斤和 27 公斤，來量出 1 到 40 公斤之間的每一種可能重量。

舉例來說，若要秤出 16 公斤重的麻袋，你就必須把麻袋連同 3 公斤和 9 公斤的砝碼擺在其中一個秤盤上，而另一個秤盤上只要擺了 1 公斤和 27 公斤的砝碼，兩邊就會剛好平衡。你用來表示數字的符號不是 0、1 和 2，而是 −1、0 和 1，因此 16 的表示法是

$$1(-1)(-1)1$$

代表個位是一，3 的位置是負一，9 的位置是負一，27 的位置是正一，而得到 $27 - 9 - 3 + 1 = 16$。

不管是數字還是其他複雜的想法，只要能夠找到用來表示概念的最佳記法，都會是你翻山越嶺找出答案的捷徑。可用三進位思考的雜貨店老闆，只買來四個砝碼就有辦法做好工作，而不知道這條捷徑的競爭對手，會發現自己把資源浪費在不必要的砝碼上。

通往捷徑的捷徑

不單單是在記數的時候，找出簡略的好辦法來表示複雜概念，從古至今一直是極為重要的捷徑。

如果你在聽課或開會期間做筆記，那麼你大概已經開始替不斷重複出現的關鍵觀念建立捷徑了。不過，有沒有比較好的方法能記下來，讓這些想法更容易運用？

有時候，某種形式的資料可能無法帶來啟發，但改變一下記錄資料的方式，就會浮現出新的見解。對數圖往往比原始數字提供更多和資料有關的訊息，也因此地震是以採用對數表示的芮氏規模來衡量。

別忘了留意鏡子，比如那些虛數，也許鏡子能帶你走出困住你的世界，並提供另一個世界，讓你利用捷徑走到終點。

休息站：新創公司

「以前我都對我的行銷主管說，如果你被逮捕，那就真的成功了。沒有一個人做到。」

創業育成中心新創工廠（Founders Factory）創辦人霍伯曼在最近的參訪時這麼告訴我。霍伯曼（必須提一下，他還沒有被逮捕）和福克斯（Martha Lane Fox）[2] 在 1998 年共同創辦了 lastminute.com，這是他最出名的企業，而他把成功歸功於遊走法律邊緣。霍伯曼認為打破遊戲規則是「創業心態」的一部分，也是他成功創業的捷徑。

新創工廠的辦公室有一種奇妙的活潑氣氛，牆上是寫滿潦草塗鴉的白板，與世界各地數學系可看到的白板並無不同。空間是開放式的，意味各個新創公司互相接觸，分享彼此的點子。還提供了食物、飲料和遊戲來激發創意。但霍伯曼相信，工廠裡打造的企業若要成功，最佳捷徑就是打破遊戲規則。

霍伯曼說：「歷史上許多企業家都是先違反規則，事後再求得原諒。Uber 經歷過、Airbnb 也經歷過，他們兩家公司都在違法。為什麼大家不能出租自己的房子？隨後社會就

2　編注：福克斯是英國商人、慈善家，自 2013 年出任上議院議員，BBC 第 4 台評為英國最有權勢的前一百位女性。

會思考這件事，然後說其實可以，為什麼不行呢？這就是他們的捷徑。」

違規對許多數學家來說是很管用的策略。數學規則說，一個數平方之後一定會是正數，但邦貝利勇於開始使用平方後是 −1 的數。一旦跳出遊戲規則，你就有機會接觸到一大堆有趣的新數學。古希臘數學家歐幾里得（Euclid）說，三角形的三個角加起來等於 180 度，但我們在後面會看到，有數學家提出新的幾何體系，當中的三角形違反了歐氏幾何的規則。違規的關鍵在於，所獲得的利益值得這麼做。

就像霍伯曼向我解釋的：「這幾乎是在重新定義這件事是什麼。這些規則可能過時了，也可能是調整太慢了。有時大家可能是在冒險重新界定自己的道德界限，認為對社會來說值得妥協。」

lastminute.com 成功的關鍵在於，它利用了航空公司、租車公司和飯店的閒置庫存，然後打造了比逐項購買更划算的搭售組合。霍伯曼是在學生時代第一次冒出這個念頭，有一次他想請女友過個開心的週末，就在最後一刻打電話到飯店，詢問隔天晚上還有多少套房，如果對方說五、六間，他知道不可能客滿，所以他提議用三折的價錢訂一間房。「三次當中有一次會成交。」

他開始納悶大家為什麼不這樣做，他開玩笑說：「他們都太英國人了。英國人不會這麼做。」他記起學生時代的經驗，意識到能夠以產業規模來賺錢，這就是 lastminute.com

的源起。不過，要在產業規模找出閒置庫存，就需要遊走在法律邊緣。霍伯曼也承認，lastminute.com 嚴格說來違反了電腦濫用資訊法（Computer Misuse of Information Act），有可能犯罪。

然而，挑戰法律界限是許多新創公司用來超越競爭對手的捷徑。臉書（Facebook）的口號「快速行動，打破陳規」讓它一炮而紅，正如執行長祖克柏（Mark Zuckerberg）曾經說的：「除非打破東西，否則你的行動都不夠快。」

維珍創辦人布蘭森（Richard Branson）把事業上的成功，歸功於他在 1970 年代初和法律的第一次交手，但在布蘭森的例子中，原因是他早年賣唱片時逃漏稅，必須償還六萬英鎊，罰款激勵布蘭森用更有系統的方法賺錢。他寫道：「雖然誘因五花八門，但不要關進監獄是我這輩子遇過最有說服力的誘因。」

但當新創公司把目光看向醫療保健這樣嚴格規範的產業，就比較難找出正當理由快速行動，打破陳規。醫療保健產業基於顯而易見的原因，會在嚴格規範的情況下運作，為了讓你的構想值得信賴，就需要在規範內行事。「沒有危害」的價值理念比想插手的渴望還重要，你並不希望在成功退場的過程中讓病人受害。

霍伯曼成功的另一個原因是，他利用了網路公司迅速發展初期，網際網路提供的絕佳捷徑。這個捷徑一而再，再而三讓人得以繞過中間商，在 lastminute.com 的例子中是旅行社。霍伯曼的另一家企業 MADE.COM 利用了類似的捷徑，這個網站的目標是讓消費者不用支付名師設計的價格也能買到出自設計師之手的家具。霍伯曼的共同創辦人李寧（Ning Li）看上一張價值 3,000 英鎊的沙發，但他偶然發現以前的同學是沙發製造工廠的負責人，他們生產那張沙發賺得的錢是 250 英鎊。這激發了他的靈感，繞過賺走很多錢的中間商，把消費者與製造商連結起來。

就像李寧說的：「家具產業有一種菁英主義心態，認為只有付得起 3,000 英鎊的消費者才有權擁有一張時髦、品質精良的沙發。但沒有任何理由應該這麼做。」網際網路讓這家公司縮短了供應鏈。

講到成立 lastminute.com 和 MADE.COM 這樣的公司，霍伯曼還認出另一個重要的捷徑：「無知。如果早知道事情有多困難，我根本不會創辦 lastminute.com。你不會想要知道太多。無知可以幫助你用不一樣的方式思考。」

霍伯曼的哲理讓我聯想到我很喜歡的歌劇角色。在華格納（Wagner）的《尼貝龍根的指環》四部曲中，不知恐懼為何物的年輕齊格飛成功殺死了巨龍法夫納，拿走牠看守的戒指，等到他初次遇見一個女子，才終於明白恐懼是何物！

年輕人會那麼成功解開懸宕已久的重要數學難題，我認為不知道恐懼也許是原因之一。我們當中許多人明白，該害怕像黎曼猜想（Riemann hypothesis，關於質數的重要未解難題）這樣的數學野獸，於是就認為瘋子才會去嘗試解決這麼困難的問題。如果一代又一代的數學家都失敗了，我還能提供什麼呢？巨龍仍未殺死。你需要一點無知加上一點傲慢，不會被這個問題的歷史嚇倒；同時要有自信，為什麼不能由我來解開這個偉大的未解謎團？

霍伯曼還認為，完美主義對成功來說可能是另一個殺手。亞馬遜（Amazon）的理念一直是：不要建造閃閃發光的宮殿，然後要消費者「快來看！」，而是把基本的城堡建造好，讓消費者搬進來，告訴你需要用什麼東西去改善。如果你準備要上市的產品有七成把握了，那就上市，邊走邊修正，如果等到有九成九的把握，就太晚了。

這種理念確實有限制，例如其他公司一旦開始仰賴臉書平台，任系統癱瘓的代價就會變得更高，如果平台太不可靠，公司可能就不再使用你的平台。祖克柏在 2014 年提出了一種新理念：「以穩定的基礎設施快速行動。」祖克柏笑著說：「這也許不像『快速行動，打破陳規』那麼琅琅上口，但它是我們現在的營運方式。」

如果講到數學，完美主義就被認為是必要的了。大部分的數學家認為，就算發表一個完成了 99% 的證明也沒有用，因為最後那 1% 有可能很要命。不過，或許我們數學家太執迷於完美主義了，分享不完整的想法也許是值得做的事，而不是保密不讓人知道。牛頓阻礙了進展，某種程度上高斯也是，因為他們擔心跟人分享不完整且可能是離經叛道的想法。

臉書創辦人與他的妻子普莉希拉・陳（Priscilla Chan）博士成立了陳和祖克柏基金會（Chan Zuckerberg Initiative），其核心目標就是要改變科學研究圈內的這種風氣。陳和祖克柏基金會的宗旨是要在不同研究團隊間營造更好的網路，他們認為這可以解決目前因害怕分享進行中的研究，而受到阻礙的一些醫學難題。

霍伯曼現在已是新成立新創公司的重要投資者，但他仍然認為，在知道哪些公司可以資助方面，完美主義並不安全。

他說：「我認為本能是另一條捷徑，我們在入股公司時會走捷徑。大概在開會五到十分鐘後，我們就會做出最佳決策。雷克（Johannes Reck）的旅遊網站 GetYourGuide 現在是市值超過十億的企業，我和雷克會面，十分鐘後我對同事說：『今晚你一定要來跟他見個面。』因為這個人有點特別。成功的法國醫療保健公司 alan.eu 也是如此，我看得出負責的那個人是天才。我只需要這些，我嘗試帶進那家公司的許多好朋友都做太多分析了。」

從我們的談話可以清楚感受到，霍伯曼十分喜歡善用任何能讓他成功退場的捷徑。

他說：「我覺得捷徑非常棒，如果我的孩子沒去思考捷徑，我會罵他們一頓。常常你會看到有人在排隊，排了三排，結果每個人都去站第一排。如果你跑去三公尺遠的第三排，就會節省十分鐘，但大家並不會這樣做，大家不會思考，你要怎麼找出跑到隊伍最前面的方法，或是去找另一排或自闢一排？人生就像一連串這樣的決策，你應該要一直嘗試尋找捷徑。」

3

語言捷徑

謎題

在耶誕節到新年期間，我很喜歡唱〈耶誕節的十二天〉這首歌。「耶誕節的第一天，我最愛的人送給我……一隻梨樹上的鷓鴣。」在接下來的每一天，你都會收到前一天的禮物加上額外幾份禮物：

第一天：1隻鷓鴣

第二天：1隻鷓鴣+2隻斑鳩

第三天：1隻鷓鴣+2隻斑鳩+3隻法國母雞

以下類推

這樣說來，到耶誕假期的第十二天，我最愛的人總共送了多少禮物給我？[1]

1 編注：依照歌詞，第十二天會收到十二個打鼓的鼓手、十一個吹笛的吹笛手、十個跳躍的貴族、九個跳舞的女士、八個擠牛奶的侍女、七隻游泳的天鵝、六隻下蛋的鵝、五個金戒指、四隻鳴叫的鳥、三隻法國母雞、兩隻斑鳩、和一隻梨樹上的鷓鴣。

在我以數學家自居時，我所發現的最強大捷徑之一是，找到合適的用語來討論問題。很多時候，我們會用一種讓人摸不清情況的措辭去表達這個問題，只要能找到另一種說法，把這道謎題轉化成新的用語，答案就會突然明朗許多。換個語言，我們就可以從企業銷售資料的含糊數字中，辨認出奇特的相關性。

人生的大部分時間都是一場遊戲，但把這場遊戲轉化成你知道如何得勝的遊戲，可以給你絕佳的優勢。在我仍是見習數學家的時候，發現了最令我興奮的啟示之一：把幾何轉換成數字的詞典可提供捷徑通往超空間——也就是我成為專業數學家之後一直在探索的多維宇宙。

除非找到合適的語言來描述，否則科學及其他領域有愈來愈多的概念看起來好像根本不存在，「湧現」（從組成成分產生的性質）的概念就是一例。舉例來說，如果講水的個別分子 H_2O，很難描述水的溼潤性質。

儘管科學似乎暗示，你可以把一切化約成這些基本粒子的行為及決定其行為的方程式，但這種語言通常完全不能描述現象。一群鳥的遷徙不能用組成鳥身體的原子運動方程式來描述。若堅持用個體經濟學的語言，就不容易了解總體經濟學；即使個體經濟變化是造成總體經濟現象的原因，但使用個別財貨本身的語言，仍然不可能理解利率上升對通貨膨脹的影響。就連自由意志與意識的概念，實際上也不能藉由神經元和突觸的討論來描述。

找到不同的措辭來談論情緒狀態，可以從根本上改變你的感受。與其說「我很難過」（這種說法很像是把你和悲傷硬生生畫上等號），你大可改說「悲傷與我同在」，於是悲傷忽然有機會繼續前進。正如十九世紀的美國心理學家詹姆斯（William James）所寫的：「我這代人最重要的發現是，人能藉著轉變心智態度來改變生活。」

然而語言的力量不單單影響個人，語言在現實世界的社會結構中也扮演十分重要的角色。社會可以透過命名讓事物露面，而民族國家的概念既是從語言中變出來的，也是由地理或一群人變出來的。

轉換語言有時意味著，某些能用某種語言清楚表達的想法，改用另一種語言卻變得難以描述。德文的名詞有性別之分，所以可以玩一玩在英文中玩不了的文字遊戲。詩人海涅（Heinrich Heine）寫說，覆蓋著白雪的松樹愛慕一棵晒黑的東方棕櫚；在德文中，松樹是陽性名詞，棕櫚是陰性名詞，但這種細微變化在翻譯成英文後就消失了。

有時情況也會反過來。用英文可以講「他的車和她的車」，但用谷歌翻譯譯成法文時會攪在一起，變成「sa voiture et sa voiture」（他的車和他的車），因為車子的性別比車主的性別重要。在俄文中，你所能想像出各種類型的雪和暴風雨都有不同的用字。有些語言只有五個表達顏色的詞，但英語的相關用詞有很多。我在前面強調過，模式（pattern）對我來說是重要的概念，然而當我嘗試把 pattern 這個字翻譯成法文時，卻發現沒有一個詞能夠描述它在英文裡代表的許多層面。

我的偶像高斯也對語言差異的重要性深深著迷。在學校裡，老師對他運用拉丁文和閃電般迅速精通古典文學的能力印象深刻。事實上，接受布朗施維克公爵資助的高斯，差點就選擇讀語文學（研究語言史的學門），而不是數學。

我自己走上數學這條路的歷程也有點相似。小時候我想當間諜，以為語言是和全世界特務同行溝通的重要技能，所以在讀綜合中學時報名了校內所有的語言課：法語、德語、拉丁語，甚至開始收聽 BBC 的俄語廣播課程。

只不過，我在外語學習方面不像高斯那麼有天分，這些語言在我看來全是不規則動詞和奇怪的拼字。間諜生涯夢碎，我變得非常沮喪。

此時貝爾森先生給我一本書，書名叫做《數學的語言》（*The Language of Mathematics*），我才明白數學也是一種語言。我覺得他看出我正渴望一種沒有不規則動詞、一切都解釋得通的語言，但他也知道，我抗拒不了這種語言描述周遭世界的強大說服力。

我在這本書裡發現，數學方程式可以述說行星橫越夜空的故事，對稱性可以解釋泡泡、蜂巢或花朵的形狀，數字是和聲學的關鍵。如果你想描繪宇宙，你需要的不是德語、俄語或英語，而是數學。

《數學的語言》還告訴我，數學不只是一種語言，而是許多種語言，它很擅長創作詞典，可把一種語言轉換成另一種，好讓捷徑在新的語言中出現。

數學史上不時會有類似的輝煌時刻。

• 數學語法

目前為止我給各位看了許多模式，而在解釋這些模式時其實隱含一個很棒的數學捷徑，也就是代數。代數用的技倆是把特定情況變成一般情況，意思是在考慮不同的情況時，不用每次都得開創新的路徑。我不必依次考慮每一個數，而可以讓字母 x 代替任何一個數。

我變個小戲法給你看。請你默想一個數字，然後把這個數加倍，然後加上 14，再把你算出來的這個數除以 2，接著減去你一開始想的那個數——我保證現在你心裡想的數字絕對是 7。

有一部叫做《消失的數字》（*A Disappearing Number*）的舞台劇，找我擔任顧問，故事在講印度數學家拉馬努金和劍橋大學的數學家哈代（G. H. Hardy）合作無間的關係，我們在一開場就用了這個小戲法。這個戲法每天晚上都讓觀眾驚訝得倒吸一口氣，彷彿我們施魔法似的猜出他們在想什麼，觀眾的反應始終令我驚訝不已。當然，所發生的不是魔法，而是數學。只要利用代數的概念，就能了解你是怎麼受到數學的控制。

代數是貫穿數字運作方式的基礎語法。代數有點像是執行程式的編碼，無論你把什麼數字輸入這個程式，它都會處理。

發展出代數的人，是智慧之家（House of Wisdom）的主持者花拉子密（Muhammad ibn Musa al-Khwarizmi）。位於巴格達的智慧之家設立於 810 年，是當時最重要的知識中心，吸引了來自世界各地的學者，研究天文學、醫學、化學、動物學、地理學、煉金術、占星術和數學。

穆斯林學者蒐集並翻譯許多古代文獻，很有效率的為後代保存古籍，如果沒有他們介入，我們可能根本不會了解希臘、埃及、巴比倫和印度的古代文化。然而，智慧之家的學者不滿足於只是翻譯別人的數學，他們還想創建自己的數學。這種想要新知識的渴望，催生出代數的語言。

即使不知道自己在做代數，你大概也可以自己看出代數模式。小時候我學九九乘法表，就開始注意到藏在這些計算結果底下的幾個奇特模式。譬如問問自己 5 × 5 等於多少，然後看 4 × 6，這兩個答案之間有什麼關係？現在再看 6 × 6，然後是 5 × 7。接著看 7 × 7 和 6 × 8。希望你已經看出第二個答案總是比第一個少 1。

對我來說，發現這樣的模式可把學乘法表的無聊事變得稍微有趣一點。一般預期乘法表的學習方式是死背，而這些模式幫助我縮短了中間的過程。但這個模式會不會一直持續下去？如果我隨便拿一個數字來平方，它一定會比把左右兩邊的數字相乘多 1 嗎？

我曾嘗試用文字描述這個模式，但伊拉克在九世紀誕生了代數這個新的數學語言，同樣的事用代數可以描述得更清楚。令 x 為任意數，接下來，如果你把 x 平方，它會比 $(x-1)$ 乘以 $(x+1)$ 多 1，或寫成算式：

$$x^2=(x-1)(x+1)+1$$

這種代數語言還讓數學家得以說明，為何不論你選擇什麼數字，這個模式都會持續下去。把 $(x-1)(x+1)$ 展開，就得到 $x^2-x+x-1=x^2-1$，加 1 之後就會得到 x^2。

「令 x 代表任選的數字。」用同樣的方法，就能讓你破解那個數字 7 的簡單魔術。訣竅是把各個指示轉換成代數。

想一個數字：x。

把它加倍：$2x$

加上 14：$2x+14$

除以 2：$x+7$

減去你一開始想的那個數：$x+7-x=7$

現在你心裡想的數字是 7。

重點在於，不管你一開始想的是哪個數字，它都有效，即使你打算展現聰明，想了一個虛數。

我從數學魔術師朋友班傑明（Arthur Benjamin）那裡學來另外一個戲法，只要懂代數就能理解這個把戲的運作原理。

擲兩顆骰子，然後把擲出頂面的兩個點數相乘。接著把每顆骰子底面的點數相乘，再把骰子 A 頂面的點數與骰子 B 底面的點數相乘，然後把骰子 A 底面的點數跟骰子 B 頂面的點數相乘，最後再把所算出的四個數字加起來，答案永遠是 49。

班傑明在這裡利用了一個漂亮的事實：骰子頂面和底面的點數加起來永遠是 7。把這件事實與一些代數結合起來，你的答案就一定是 49，也就是 7 的平方。

$$x \times y + (7 - x) \times (7 - y) + x \times (7 - y) + (7 - x) \times y = 7 \times 7 = 49$$

但代數不只能讓你耍把戲變魔術，它還掀起空前的新發現浪潮。數學家現在不只擁有單字，還明白了能夠把單字拼湊在一起的語法。代數賦予我們描述宇宙如何運作的語言。

萊布尼茲談到代數的強大本領時說：「這個方法省掉了心智和想像力的工作，在這方面我們尤其必須節省。為了減輕想像力的負擔，它讓我們得以用字母代替東西，這樣就能用很少的力氣去推斷。」

• 照亮黑暗迷宮

十六世紀的義大利科學家伽利略（Galileo Galilei），意識到代數語言理解自然界的本領，曾寫下一段很有名的文字：「如果不先學會理解這種語言，認識它的書寫符號，就無法了解宇宙。它是用數學語言寫成的，所用的書寫符號是三角、圓和其他幾何圖形，沒有這些符號就一個字也看不懂；沒有這些，就會像在黑暗迷宮中徘徊。」

在宇宙的諸多故事裡，他希望讀懂的是，了解物體如何落地的難題。東西掉到地上或飛過空中的方式有什麼規律嗎？因為物體通常掉落得太快，要蒐集物體從高樓掉落的資料很困難，但伽利略想到聰明的點子，可放慢實驗速度，方便他蒐集所需的資料。他不是讓東西落下，而是去探討球滾下斜坡的方式，這對他來說速度夠慢，可以記錄球每過一秒滾動了多遠。

斜面必須夠平滑，球才不會因摩擦力減速。伽利略希望盡量接近球在空間中落下的情形。他搭起光滑的表面，開始記錄球每秒行進的距離，馬上就發現有個非常簡單的模式浮現出來了。如果球在一秒後移動了 1 單位的距離，那麼在下一秒它會滾過 3 單位的距離，再下一秒是 5 單位的距離。隨後的每一秒，球都在加速，滾過更多地方，但它走過的距離只有奇數。

等到伽利略考慮行進了一段時間的總距離，物體落地方式的祕密就曝光了。

行進 1 秒後的總距離 = 1 單位

行進 2 秒後的總距離 = 1 + 3 單位 = 4 單位

行進 3 秒後的總距離 = 1 + 3 + 5 單位 = 9 單位

行進 4 秒後的總距離 = 1 + 3 + 5 + 7 單位 = 16 單位

你注意到模式了嗎？總距離永遠是平方數。但為什麼奇數會與平方數有關呢？把數字轉換成幾何，就可以找到答案。

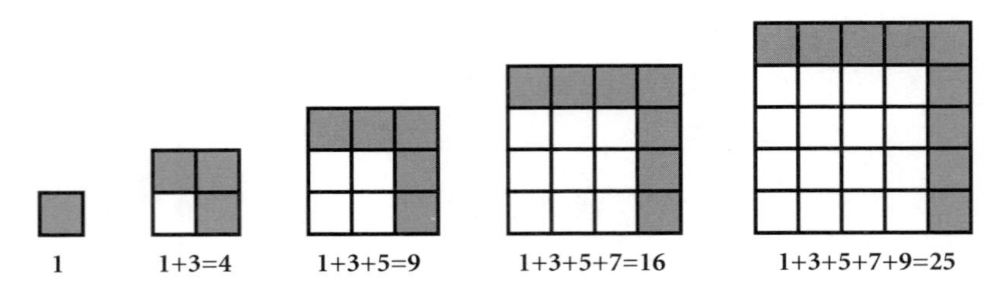

圖 3.1 把平方數與奇數聯繫在一起。

為了讓正方形愈來愈大，我必須把數列中的下一個奇數包在前一個正方形的周圍。突然間，平方數與奇數之間的關係一目了然。這種從幾何而非算術角度看事情的方式是一種捷徑，威力強大。

現在伽利略就能寫出一個公式，來表示球落地的總距離：在 t 秒後，走過的總距離會與 t 的平方成正比。關於重力的基本平方律已經顯露出來了。伽利略發現的這個等式，最後會讓我們有能力算出砲彈發射後的落點，以及預測行星繞行太陽的軌跡。

• 耶誕節的第 *n* 天

運用幾何來說明奇數與平方數關聯的巧妙技倆，也可以當作解決本章謎題的捷徑。為了算出我最愛的人在耶誕假期送了多少禮物給我，我可以走遠路，把許多斑鳩和跳躍的貴族全加起來。

不過，本題的捷徑是把算術問題轉變成幾何問題。我先來說明要怎麼從幾何的角度表達我每天收到的禮物數目。每天的總數就是我們在模式章節遇到的三角形數，我已經解釋過高斯怎麼透過配對來解決這些數字。

但還有一種方法可以縮短苦工，就是從幾何的角度看問題。把禮物排成三角形，鷓鴣擺在最上面。計算構成三角形的禮物數量有點棘手，如果我把兩個三角形擺在一起呢？那我就會有一個矩形。計算矩形中的東西數量很容易，就是底乘以高。三角形是答案的一半。

這種解題的幾何捷徑，本質上就是運用高斯把數字配對的技巧，只是喬裝打扮得稍微不一樣。但幾何角度讓我可以寫一個簡單的公式，去計算這個數列中的任何一個數。如果我想知道第 n 個三角形數，我就把兩個禮物三角形放在一起，擺成一個大小為 $n \times (n+1)$ 的矩形。現在只要除以 2，就可以算出三角形裡的禮物數目：$1/2 \times n \times (n+1)$。

但我每天累計收到的禮物總數是多少？下面是從第一天開始的累計總數：

1, 4, 10, 20, 35, 56 . . .

把三角形數按順序相加起來，就會得出下一個數字，所以為了算出第七個數字，就要把第六個數字加上第七個三角形數：第七個三角形數是 28，因此這個數列中的第七個數是 56 + 28 = 84。只不過，有沒有什麼聰明的捷徑，不必依序加上三角形數就可以算出第十二個數，也就是整個耶誕假期收到的禮物總數？

訣竅又是把數字變成幾何。想像一下，所有的禮物都裝在大小相同的盒子裡，那我就可以把收到的禮物盒堆成底面是三角形的尖塔（這次不是平面的三角形）。最上面的禮物盒裝著一隻梨樹上的鷓鴣，第二層有三盒：一盒裝有鷓鴣，另外兩盒裡是斑鳩。每當收到當天的新禮物，我就擺進禮物塔底部。既然我把數字變成形狀了，有沒有什麼辦法弄清楚禮物塔裡有多少個盒子？

居然有辦法，很不可思議吧。就像我把兩個三角形擺在一起做成長方形，六個同樣大小的尖塔也有可能擺成底面為長方形的一堆。（若要堆成長方體，你必須稍微挪動禮物盒在各個尖塔中的擺法。）如果禮物塔有 n 層，這個長方結構體的大小就會是 $n \times (n+1) \times (n+2)$，但我用了六個尖塔拼成這個結構體，每個尖塔內的禮物數目可寫成這個式子

$$1/6 \times n \times (n+1) \times (n+2)$$

那麼到了耶誕節的第十二天，我最愛的人送給我多少禮物呢？把 $n = 12$ 代入上面的式子，就算出 $1/6 \times 12 \times 13 \times 14 = 364$。這相當於一年裡每一天都收到禮物，只有一天除外！

圖 3.2 六個尖塔組成一個長方體。

• 笛卡兒的詞典

我向來喜歡利用圖片來讓人看出數字說不清楚的東西，但請務必小心，眼睛所見有時並不是真的。就拿下面這張圖來說吧。

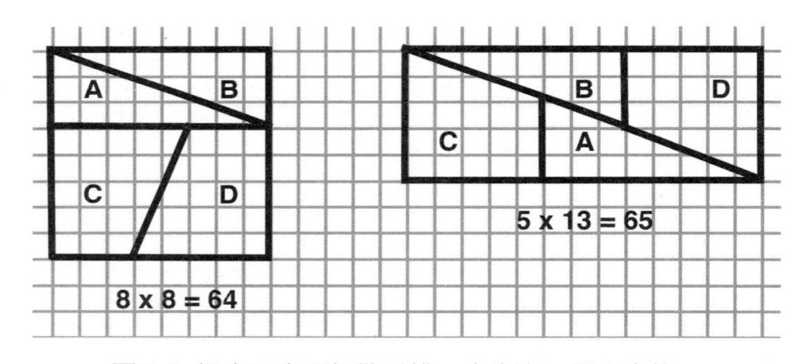

圖 3.3 把大正方形打散重排，會多出一個小方格。

看起來像是我把左邊的正方形打散，重新排成漂亮的長方形了。但等一下，正方形的面積是 64，而長方形的面積是 65，多出來的一小塊是從哪裡來的？從這張圖很難看出，第二個形狀裡的那條對角線其實不是直線，四個小圖形的邊緣並未剛好對齊，留下了的空間恰好裝進一個單位的正方形。

就像笛卡兒所說的名言：「感官知覺會帶來感官欺騙。」在看過這個把戲之後，我想我不會再百分之百相信自己的眼睛，只有在真正能夠透過代數語言解釋一種模式或關聯的情況下，我才真的感到滿意。如果我放在正方形周圍的那些奇數，發生了類似的鬼把戲怎麼辦？

為了看出這些視覺上的騙局，倒轉捷徑的方向可能管用，也就是把幾何轉換成數字。笛卡兒是構思出數字與幾何互譯詞典的數學家之一，除了代數，這本詞典也是重要的語言學發現之一，它讓我們找到在宇宙中航行的捷徑。

事實上，我們在看地圖或 GPS（全球定位系統）時，都非常習慣用這本詞典。將坐標方格疊在城市或地區上，只要兩個數字就能確定某個地點在方格上的位置，這就代表我可以定位景觀中的任何地點。而 GPS 所使用的方格，橫軸是赤道，縱軸是貫穿英國格林威治的經線。

舉例來說，如果我想去參觀笛卡兒出生的房子，那麼以下的 GPS 坐標就會把我帶到一個叫做笛卡兒的小鎮（這是在他過世後命名的，並不是離奇的巧合）：北緯 46.9726497 度，東經 0.7000201 度。地球上的每個位置都可以轉換成兩個這樣的數字。這顆行星的幾何結構轉化為兩個數字了。

笛卡兒在他的《幾何學》（*La Géometrie*）中，介紹了用坐標來描述幾何學的強大想法。為了紀念提出這種轉換的人，這些數字現在稱為笛卡兒坐標，不但可以用來定出地表上的幾何位置，還可以定出任何影像中的幾何位置。笛卡兒的詞典釋放了幾何與代數彼此轉換的方法。

當我想要描述某個物體在空間中移動的方式，就能看出這種轉化的威力。球一拋出去，當這顆球與拋球者有一定距離，我就可以用兩個數字描述這顆球的離地高度——有個數學方程式把這兩個數字結合在一起。假設 x 是球在水平方向上的行進距離，令 v 是球從手中拋出去時在垂直方向上的速率，u 是水平方向上的速率。如果 y 是離地高度，上述這些要素就會產生離地高度的算式：

$$y = (v/u)x - (g/2u^2)x^2$$

字母 g 代表的數字稱為重力常數，它決定每個行星以多大的重力將這顆球拉向地面。

不論球拋得多快多高，這個方程式都同樣有用，你只需改變 u 和 v 的值，這兩個數很像轉動一下就能改變軌跡形狀的刻度盤。這個模式貫穿了所有的球飛越空中的方式，一旦注意到這個模式，就能預測球會在哪裡落地。

這個方程式是 x 的二次方程式。如果你是足球選手，而你想知道該往哪裡站，傳過來的球才會落在你的頭上，讓你頂球進門得分，那你就必須知道如何解出這個方程式裡的 x。我在上一章解釋過，古巴比倫人兩千年前就找到解二次方程式的算法了。

但這些二次方程式描述的可不只有球的軌跡。如果你去看商品價格隨著供需的變動情形，就會發現經常也可以用這種方程式來描述。一旦數字用這種方程式描述，我們就可以知道怎麼找到經濟平衡點，也就是商品在供給等於需求時的定價。套用伽利略所說的，未能使用方程式語言標示資料的公司，會在黑暗迷宮中徘徊，同時間他們的競爭對手卻會大賺利潤。

如果你有一組資料點，尋找可以把這些點連結在一起的方程式很有用。找到之後，你可能就會有個很棒的捷徑，讓你預測接下來會發生什麼事。

這些模式的通用程度令人意想不到。在拋球的例子裡，誰拋球、球如何拋或拋向哪裡，都無關緊要。就算換了一顆球，方程式仍然有相同的一般形式。

但在用方程式擬合資料[2]時務必小心，如果你的資料是上個世紀的美國人口數，用一個二次方程式（形式如同追蹤拋球軌跡的方程式）來逼近可能就很好，但如果你用到 x^{10} 那麼高次的複雜方程式，就會得到精準的資料擬合。這似乎會慫恿人相信比較複雜的公式是更好的預測指標，唯一的麻煩是，這個方程式預測美國人口會在 2028 年 10 月中旬驟減到零。或許方程式真的知道我們不知道的事情。

對於以為只要利用大數據的力量就可以做科學的人來說，這個故事算是提醒。資料可以暗示有模式，不過仍然必須再結合縝密的思考，看看為什麼模式會由某個方程式決定。伽利略發現了隱藏在重力背後的二次法則，隨後由牛頓的理論分析來解釋，顯示為何二次方程式是恰當的方程式。

2 編注：用曲線將資料點連接起來。

• 通往超空間的捷徑

把幾何轉換為數字的想法，不但讓我們能夠在三維的宇宙中航行得更有效率，還提供了入口，通往我們永遠看不見的世界。在我穿越捷徑藝術的數學旅程中，最令人振奮的一刻就是發現我可以研究超空間。我永遠忘不了那一天，第一次讀到數學語言有強大的本領，可以建構出四維空間中的立方體。

這解釋了太空船怎麼走捷徑穿過第四個維度，從宇宙的一頭到達另一頭。它也解決了宇宙要如何既是有限，但又沒有圍牆的難題。它甚至讓人得以解開在三維中無法解開的結。

但這本詞典促成的不只是太空旅行。只要把資料標示在更高維的世界中，隱藏的結構就出現了。把資料繪製成圖，原本應該標繪在超空間中的東西就會以二維影子呈現，這樣的捷徑可以清楚顯示這些二維影子令人難理解的微妙之處。所以請繫好安全帶，跟我一起踏進超空間吧。

要到第四個維度，必須從第二個維度啟程。假定我想用笛卡兒的坐標詞典描述一個正方形：我可以說它是四個頂點分別位於 (0,0)、(1,0)、(0,1) 和 (1,1) 的形狀。你可以看出，平面二維世界只需要兩個坐標軸就能確定每個位置，但如果我還想把海拔高度包括進來，可以加第三個坐標軸。用坐標描述三維的正方體，也需要第三個坐標軸；正方體的八個頂

點可以用 (0,0,0)、(1,0,0)、(0,1,0)、(0,0,1)、(1,1,0)、(1,0,1)、(0,1,1) 及 (1,1,1) 這些點來描述。

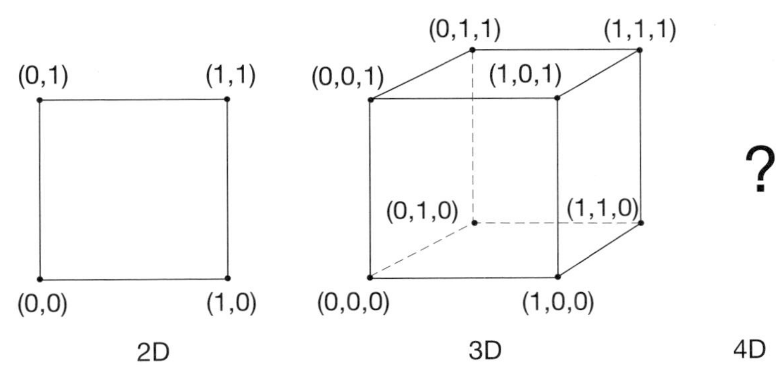

圖 3.4 用坐標製作超立方體。

笛卡兒詞典的其中一面有形狀和幾何，另一面有數字與坐標。問題在於，如果我設法越過三維的形狀，視覺方面就沒有更多選項了，因為沒有第四個有形的維度。十九世紀的德國大數學家黎曼（Bernhard Riemann）是高斯在哥廷根的學生，他體認到笛卡兒詞典的美妙之處：詞典的另一面會繼續運作。

為了描述四維的物件，我只要加上第四個坐標軸，去掌握東西在這個新的方向上移動了多遠。我雖然永遠不可能實實在在做出一個四維立方體，但還是可以用數字把它精確描述出來。它有 16 個頂點，從 (0,0,0,0) 開始，然後延伸到位於 (1,0,0,0)、(0,1,0,0) 的點，再向外拉到最遠的點 (1,1,1,1)。

數字是描述這個形狀的代碼，只要用這個代碼，我不必親眼看見就能探究這個形狀。

而且不是到此為止，你還可以走進五個、六個甚至更多個維度，在這些世界中建構超立方體。舉例來說，N 維空間中的超立方體會有 2^N 個頂點，從這些頂點各會冒出 N 條邊，而每條邊我都計算了兩次，所以 N 維空間中的正方體會有 $N \times 2^{N-1}$ 條邊。

我對四維立方體的喜愛，勾起我想要在這個奇特多維宇宙中找出更多形狀的興趣，在多維宇宙裡創作出新的對稱物件變成了我的愛好。好比如果你去參觀格拉納達美麗的阿爾罕布拉宮（Alhambra Palace），你會很喜歡那些藝術家在牆壁上玩弄的美妙對稱花招。但這些對稱有沒有可能去理解？對我來說，如果想理解乍看之下視覺效果似乎非常強的東西，捷徑就是把對稱轉化為語言。

十九世紀初出現了一種用來理解對稱的新語言，稱為群論，想出群論的是一位非凡的年輕人，法國革命家伽羅瓦（Évariste Galois）。在還未完全領悟自己的發現有什麼潛力之前，伽羅瓦的生命就不幸提早結束了，嗚呼哀哉。他為了愛情和政治與人決鬥，結果中槍而亡，年僅二十歲。

雖然阿爾罕布拉宮兩面牆上裝飾的圖案可能非常不同，但對稱數學可以清楚說明這兩面牆有相同的對稱性。這就是伽羅瓦新語言的強大本領。

對稱可以描述成，我對一個物件做了動作，而這些動作會讓物件看起來像我沒有做任何動作。伽羅瓦明白，對稱的基本特徵是各個對稱之間的相互影響，如果你替對稱命名，所有的對稱性就會有根本的語法，這種語法是開啟對稱世界的捷徑。圖案會消失，換成一種表示對稱互相影響方式的代數上場。

透過群論，十九世紀末的數學家就能夠證明，可以畫在阿爾罕布拉宮牆壁上或其他任何地方的對稱設計最多只有 17 種類型。我自己的研究又把這段旅程延續到超空間去，設法了解在多維空間中密鋪阿爾罕布拉宮牆的方法有多少種。這棟建築不是用磚塊砌成，而是語言。

我們可以在平凡的三維世界中瞥見這些超現實的形狀。位於巴黎拉德芳斯，由丹麥建築師馮．施普雷克爾森（Johan Otto von Spreckelsen）建造的大拱門（La Grande，又稱新凱旋門），實際上是四維立方體的影子，立方體中的立方體。達利（Salvador Dalí）的畫作《超立方十字架受難》（*Corpus Hypercubus*）描繪基督受難，釘在四維立方體的三維展開圖上。

甚至還有一款電玩遊戲，承諾讓玩家體驗四維宇宙中的生活。這款遊戲稱為 Miegakure，是設計者博許（Marc ten Bosch）花十多年獨創出來的成果。玩家會在螢幕上面對一道牆，看似是讓他們無法在三維環境中前進，但這道牆可以轉向第四個維度，朝這個新方向前進，就能發現一個平行世界，提供捷徑繞過牆壁。這款遊戲聽起來很特別，我巴不得它快快發行，但我懷疑進度之所以延後很久，部分原因純粹是遊戲開發者用三維腦袋嘗試把這些四維世界編寫在一起，過程錯綜複雜。

• 在遊戲（對局）中獲勝

我非常熱愛遊戲，喜歡的不只四維古怪遊戲。我在世界各地旅行時很愛蒐集遊戲。不過，儘管這些來自世界不同角落的遊戲看起來截然不同，往往卻是披著不同外衣的同一個遊戲，這點總會令我大為吃驚。我從中領悟到，許多遊戲如果可以改成另一種表面上不一樣的遊戲，玩起來就會變得更簡單。

生活中有許多挑戰基本上都是變相的遊戲。相互競爭的兩家公司之間可能會彼此合作，這種結果正是囚犯困境（prisoner's dilemma）對局的例證，而三方較勁的狀態有可能藏著猜拳遊戲。

如果你看過《美麗境界》這部電影，可能還記得羅素克洛飾演的納許（John Nash），納許是賽局理論（或稱對局論、博弈論）的發明人之一，電影裡有場戲令人印象深刻，納許在酒吧裡把追求美女的挑戰變成賽局。賽局具有規則，而數學很擅長應付規則。數學已經發現，在賽局中獲勝的捷徑之一就是把賽局變成完全不同的東西，這時必勝策略會變得一目了然。

我最喜歡的例子之一，是個叫做 15 的兩人遊戲，玩家必須輪流從 1 到 9 選出數字，目標是選到三個加起來等於 15 的數字，對方選走的數字你不能使用。你必須讓不多不少三個數字相加得到 15，如 1 + 9 + 5，而不能選 6 + 9。這個遊戲挺難的，因為你必須掌握住運用所選的數字加到 15 的不同方法，還要阻止對手比你早加到 15。這很值得你和朋友玩一回合，看看要掌握不同的可能情況有多難。

這個遊戲的捷徑把它變成截然不同、卻很容易玩的遊戲，也就是圈圈叉叉，又叫做井字遊戲。差別是必須在魔方陣（magic square）上玩這個遊戲。

2	7	6
9	5	1
4	3	8

上面這個魔方陣的性質是每一行、每一列或每條對角線的數字和均為 15。如果你在這個方陣上玩圈圈叉叉，實際上就等於是在玩 15 遊戲，只不過，跟把數字加到 15 的算術相比，圈圈叉叉遊戲的幾何學簡單多了。

Overleaf 這個遊戲也是如此，一旦你發現合適的觀察方法，就會變得很容易玩。看看下面這個城市間道路圖，地圖中的所有直線都是道路（因此一條路上可有 2、3 或 4 座城市）。

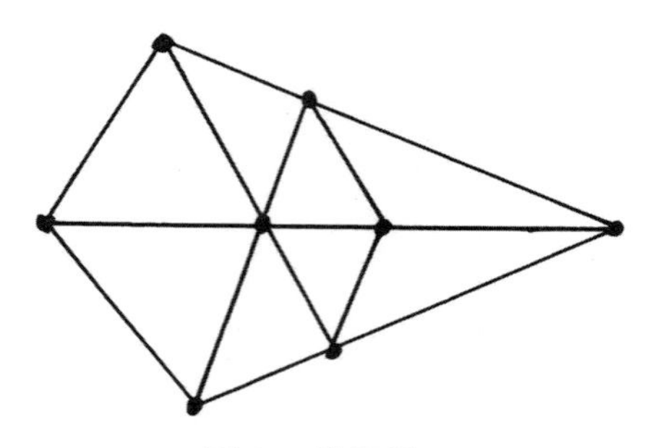

圖 3.5 道路網。

你們輪流宣告道路擁有權，誰先擁有通過一座城市的三條道路，誰就獲勝。這個遊戲同樣值得一玩，可以去琢磨任何一種可能的策略。但這個遊戲事實上也是變相的圈圈叉叉，如果你用以下這些數字標記道路，又會變成是在魔方陣上玩井字遊戲。

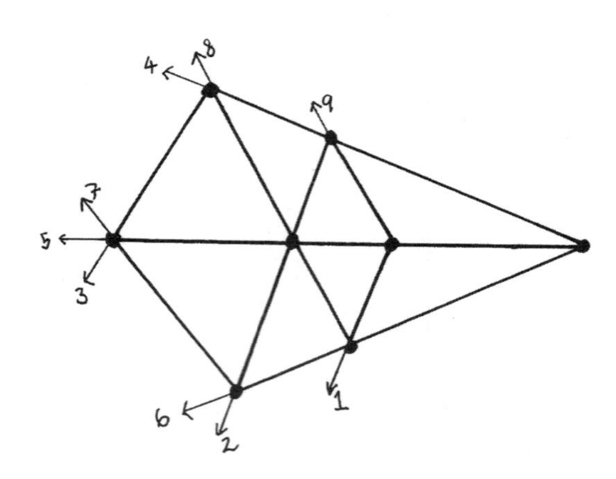

圖 3.6 標了魔方陣數字的道路網。

還有一個經典遊戲，在轉化成另一種語言之後也會變得清楚易玩，那就是拈（Nim）遊戲。有三堆豆子，玩家輪流從其中一堆取走隨便多少豆子，拿走最後一顆豆子的人獲勝。一開始三堆豆子的數目可以任意決定。

比方說，假設三堆中各有 4、5 和 6 顆豆子。有沒有什麼策略能讓你穩贏不輸？祕訣是把每堆豆子的數目換算成二進位數。回想一下，上一章講過，十進位數使用 10 作底數，而二進位數是以 2 當底數，所以在二進位中，4 表示為 100，因為它是一組 2^2。同樣的，$5 = 2^2 + 1$，用二進位表示就是 101，而 $6 = 2^2 + 2$ 是 110。現在要用一個奇特的規則來幫助你看出誰輸誰贏：把這些數字加在一起。將同一行數字相加，但採用 $1 + 1 = 0$ 的規則，所以

$$\begin{array}{c} 100 \\ 101 \\ 110 \\ \hline 111 \end{array}$$

你的策略一定是從其中一堆豆子取走豆子，讓這個總和變成 000。結果證明每次都有可能做到這點。好比我從有 5 顆豆子的第二堆取走 3 顆，就剩下 2 顆豆子，2 的二進位表示是 010，再加總一次，會得到 000：

100
010
110
———
000

最棒的是，無論你的對手接下來做什麼，都不得不把這個總數變更成某個有 1 出現的數，如果有 1，他們一定還沒有贏。但你每次都有策略可用，把總和復原成 000，到了某刻，這會讓你真的從桌子上拿走所有的豆子，成為贏家。

即使豆子數或堆數有變動，二進位數的語言都可把這個遊戲轉化成一個你必勝的遊戲，只要記住你的二進位數。如果一開始的總和已經是一串 0，就一定要讓對方先拿，你後拿；如果有 1 出現，就要先拿，使總和變成 0。

結果發現，這種使用二進位數的語言來掌握遊戲狀態的策略很有用，能解決一大堆類似的遊戲。

玩玩看下面這個叫做烏龜翻身（turning turtles）的遊戲。一排烏龜隨機擺開，有些烏龜背朝上，有些肚子朝上。（如果你家裡沒有烏龜，可以改用硬幣。正面是背朝上的烏龜，反面是肚子朝上的烏龜。）你們輪流把一隻背朝上的烏龜翻過來，變成肚子朝上（或把硬幣從正面翻到反面）。另外，如果願意，你們還可以接著把剛翻身變成肚子朝上的烏龜左邊的一隻烏龜（或一枚硬幣）翻身，而這隻烏龜或這枚硬幣有可能變成背朝上（正面），也有可能是肚子朝上（反面）。

舉例來說，想想 $n = 13$ 枚硬幣的序列：

反正反反正反反反正正反正反

在這個序列中的可能翻法之一，是把位置 9 的硬幣翻到反面，同時把位置 4 的硬幣翻到正面。

遊戲規則是，把最後一隻烏龜翻到肚子朝上（或最後一枚硬幣翻到反面）的玩家就贏了。這乍看之下跟拈遊戲一點也不像，但骨子裡其實是同樣的遊戲。

背仍朝上的烏龜數相當於堆數，而從左邊開始編號的烏龜位置則是每一堆的物品數目。在我們這個用了 13 枚硬幣的例子中，有 5 堆硬幣，每堆分別有 2、5、9、10 和 12 塊石頭。把位置 9 的烏龜翻到肚子朝上（或硬幣翻到反面），同時把位置 4 的烏龜翻回背朝上，就相當於從 9 塊石頭的那一堆拿走 5 塊石頭。儘管乍看之下毫不相干，但讓你玩拈遊戲穩贏的二進位數語言，現在轉化為烏龜翻身遊戲的策略。

雖然你可能永遠不會玩到烏龜翻身的遊戲，但玩贏這個遊戲的核心哲理值得記起來。面對難題時，有沒有方法把它變成你已經知道怎麼處理的東西？有沒有可用的詞典，讓你把難題轉換成另一種使答案一目了然的語言？你也許會在某種語言中被牆困住，但換了語言、轉移到平行世界去，可能就會出現一條捷徑，讓你悄悄繞到牆的另一邊。

通往捷徑的捷徑

如果一個問題看起來很棘手，試著找一本詞典，把敘述轉換成另一種可能更容易透露出答案的語言。

如果你剛燃起對 DIY 的熱情，結果你做出來的成品跟期待有落差，也許你必須把你繪製的圖改成數字，看看測量值能不能透露爲什麼東西沒像你希望的那樣裝配起來。如果滿是數字報表的商業計畫就是沒有傳達出影響力，看看照片或圖示是否可以促使他人了解你的洞察力。倘若你把公司的財務狀況輸入另一張試算表，一點巧妙的代數能不能替你節省一些時間？你跟競爭對手在現實世界裡的爭鬥，是不是一場你已經知道必勝策略的變相遊戲？

這一章的啟示就是，去尋找幫助你進階思考的適當語言。

休息站：記憶力

雖然成功學會了數學的語言，但我一直很沮喪，因為我學不好那些更變幻莫測的語言，比如我為了成為間諜而努力學習的法語或俄語。儘管高斯也擱下對語言的熱愛，轉向數學生涯，但晚年還是重拾學習新語言的挑戰，例如梵文和俄語。經過兩年的學習，六十四歲的高斯已經把俄語學得很好，能夠讀普希金（Alexander Pushkin）[3] 的原著。

以高斯為榜樣，我決定嘗試再學一次俄文。我遇到一個問題是如何記住奇怪的新單字。我的記憶捷徑是看出模式，但假如沒有模式怎麼辦？我想知道其他人有沒有利用什麼替代的捷徑。如果要找人指點，還有誰比記憶大師兼語言學習新企業憶術家（Memrise）的創辦人庫克（Ed Cooke）更適合呢？

要獲得記憶大師的稱號，必須能夠在一小時內記住一個 1,000 位數字，在下一個小時，你面臨的挑戰是記住十副紙牌的順序，最後你有兩分鐘的時間記住一副牌。這聽起來的確像是相當無用的技能，但我知道如果你能設法學到這個技能，那麼記住一串俄文單字應該是小事一件。

3 俄羅斯詩人、劇作家、小說家。許多人認為他是俄羅斯最偉大的詩人、現代俄羅斯文學的奠基者，更有人尊稱他為「俄國文學之父」。

考慮到 1,000 位數字是隨機挑選的，尋找模式的策略就不會有太大幫助。那麼庫克應付 1,000 個隨機挑選數字的捷徑是什麼？原來是某個叫做記憶宮殿（memory palace）的方法。

庫克說：「捷徑是把難記住的事情轉換成比較容易記住的替代物。我們會記得感官上的、視覺上的、可觸碰到的、喚起情感的事物。所以你想要做的就是，轉化成像這類會徵召初步腦力的東西。」

「若要記住 1,000 位的數字，我的做法是在空間周圍安排許多影像，讓每個影像都代表一個數字。如果我想回憶像 7,831,809,720 這樣的數字，那通常是很難記住的，因為它們只是數字，聽起來幾乎一樣，沒有什麼意義。但在我的腦袋裡，78 是曾在學校霸凌我，讓我穿著四角褲用一條腿倒吊在樓梯間的傢伙，這是非常難忘的一刻，比數字 78 難忘多了。」

每一個兩位數字都變成一個人物。套用庫克的私人語言，31 是「雪鐵龍廣告中身穿令人難忘的黃色內衣」的超模克勞蒂亞．雪佛（Claudia Schiffer）。為影像多添一點顏色很重要。「影像愈是鮮活怪誕，記憶力就愈好。」數字 80 是臉部非常好笑的朋友。97 是板球選手弗林托夫（Andrew Flintoff）。20 是庫克的父親。

庫克說：「我在十八歲左右存放了這本數字詞典，所以我十幾歲時的想像、我的心情、我在雜誌上讀到的美麗人物、我的家人、我最好的朋友，都以不變的形式記錄下來。」

儘管庫克說得沒錯，但在大多數人眼裡，數字看起來的模樣就像是數字。身為漫遊數字世界的數學家，我知道一旦投入愈來愈多時間，就會開始懂得每個數字的特徵，它們開始有自己的個性。

據說印度大數學家拉馬努金了解每一個數字，彷彿私交很好。跟他一起做研究的哈代，有一次到醫院探望他，一時想不出要說什麼話撫慰這位數學家，就回憶說他坐的計程車車牌號碼相當無趣：1729。拉馬努金聽了立刻回答：「不會啊，哈代，這個數字非常有意思，它是可用兩種寫法表示成兩個立方數之和的最小整數。」$1729 = 12^3 + 1^3 = 9^3 + 10^3$。但大部分的人跟數字之間沒有這種親密的情感，穿著黃色內衣的超模可能會比立方和更難忘記。

不過，庫克是怎麼使用這組人物記住 1,000 位數字的呢？關鍵是把那些人物放在空間中。「如果你想做出非常非常長串的資訊鏈，就需要一個讓你投射影像的支柱，而我們剛好有超凡的空間記憶潛能。哺乳動物已經發展出不可思議的導航能力，有辦法記住全部的空間。即使自己不這麼認為，我們還是非常擅長這件事，在複雜的建築物裡四處走動幾分鐘之後，我們就能記住它的布局。因此，我們可以用這種強大的技能，背負起代表數字的影像。這種捷徑就叫做建造記憶宮殿。」

記憶宮殿不僅是故事，也是穿越空間的故事，而後者是關鍵。「跟單純的故事比起來，記憶宮殿的優勢在於故事比較容易中斷。你不只要利用純粹的空間位置，也要讓敘述合乎邏輯，這會給你帶來額外的負擔，因此會稍微多費一些想像力。」

幾年前我看過庫克建造這樣的宮殿。我們都參加了在蛇形藝廊（Serpentine Gallery）舉辦的「記憶力馬拉松」（Memory Marathon），這項週末活動是為了探索記憶概念，我記得他帶現場觀眾繞著整個藝廊走了一圈，利用他看到的景物創造出一座記憶宮殿，讓觀眾用來記住歷任每位美國總統的名字。每個名字都轉換成非常鮮活的意象，例如亞當斯（John Adams）總統變成亞當與夏娃在馬桶上保持平衡的意象，john 這個英文字也是「廁所」的俚語。接著他把這些意象放在園區的各處，觀眾如果要記住總統，只須在腦袋中重走一遍（我們的大腦似乎非常擅長做這件事），然後用途中各地點放置的搞笑意象來回想起總統。

運用空間記憶似乎是記住長串事物的絕佳捷徑，不管是數字、總統還是任何一個你想努力牢記的清單，都能適用。空間記憶是很棒的方案，因為靠硬背的方式死記，難度似乎會升高得愈來愈快，前 10 個還算容易，接下來的 10 個比較難了，超過 100 個之後幾乎就不可能記得住。但正如庫克向我解釋的：「空間記憶無比特別的一點是，它的難度似乎呈線性升高。我可以在一分鐘左右記住一副牌，如果又檢查一下，也許就需要兩分鐘，問題是它是線性升高的，所以我可以在一個小時記住 30 副牌。」

當我指出，對我的讀者來說也許記住一副牌並不是他們迫切需要獲得的技能，庫克也熱心強調紙牌並不重要。無論你想記住什麼，這個策略都有效。他向我解釋說，他在沒有做筆記的情況下演講時，也會使用同樣的策略；把演講內容變成到你熟悉的地方去，例如你的房子，然後把你想說的重點放在每個房間裡。在你講述時，你會發現只要走過自己在腦海中建起的記憶宮殿，記住演講內容就容易多了。

「在記憶宮殿中，隨著我們踏上旅程，動作場景會不斷前進，正因為有了激發新記憶的新情境，就減少了記憶互相干擾的危險。」

這種把兩位數字轉換為視覺意象的技法，也是我的魔術師朋友班傑明能夠做出高超計算技藝的關鍵。班傑明曾訓練自己能夠心算出兩個 6 位數字的乘積，他所用的技巧之一，是利用一點代數把 6 位數字拆成可以單獨相乘的部分，但為了能夠繼續計算，他就必須把這些數字存入記憶中，稍後再調出來使用。

班傑明發現，一旦他想記住這個數字，就會干擾他的計算過程，這就好像數字記憶與計算過程發生在大腦相同的位置。因此他想出了一個特殊的代碼，把數字換成文字。跟記住文字有關的大腦區域，似乎不會被接下來的數值計算擾亂，所以在需要文字的時候可以去回想，然後把文字轉換回數字。

我和庫克的談話發生在英國封城期間，原因是新冠肺炎疫情。庫克回憶說，促使他展開最後要成為記憶大師的任務，是在他十幾歲時的另外一次醫療封鎖，他發現自己要在醫院裡待三個月，無事可做。「一部分動機是把技藝擴展到合理結論的樂趣。那時我還是學生，聚會時玩的把戲就是在酒吧記下一長串數字和幾副牌，試圖賺幾瓶免費的香檳。於是我開始向室友吹噓，我覺得自己可能是世界上記紙牌速度最快的人之一。他們回嗆：『屁啦，艾德！證明給我們看！』我就是這樣跑去參加那些記憶比賽。」

要記住數字串或在沒有準備小抄的情況下演講，記憶宮殿也許有用，但對於我想學好俄文的夢想呢？庫克在他的語言學習提案公司憶術家利用的是這個方法嗎？我最後會找到學習新語言的祕密捷徑嗎？

庫克說：「靠反覆練習和測驗。我們透過反覆說，向大腦證明這是值得記住的東西。重要的事情往往會反覆說。測驗也十分重要，因為記憶是心智活動，你練習得愈多，心智活動就會變得愈鞏固。」

我說句老實話，這些聽起來不像捷徑。但庫克還沒說完。

「第三件事是記憶術或幫助記憶的東西。假設我遇到 ostanovka 這個困難的俄文字，意思是『公車站』，我要怎麼弄懂這個字？嗯，何不把它跟我自己的語言中我認識的字聯繫起來。如果我們想把事情印在腦中，就必須把它編織到現有的關聯網路裡。於是 Osta 聽起來像英國汽車製造商 Austin，他們生產了夠多車子，給了我 novka，所以我要坐『公車』，就要去『公車站』。」

這聽起來大有可為。就反覆練習和測驗這兩部分，顯然意味我沒辦法在一個小時學會俄文，但記憶術確實有可能是捷徑，能幫忙記住一串先前記不住的俄文單字。針對學習語言的捷徑，庫克還有最後一個指點，這是他從祖母那裡學來的。

「學習語言最好的方法是在床上。如果你很著迷，非常積極，很認真且又全心投入，你就會學得非常快。」

4

幾何捷徑

謎題

愛丁堡有十個人，倫敦有五個人，兩座城市相距400英里。這些人應該在哪裡碰面，總路程才會最短？

本書大部分章節所談的捷徑都是抽象的概念，在心理上縮短我走到目的地的路程，但這一章，我想考慮一些有形的捷徑。

如果你想在實際的土地上從甲地走到乙地，並標出能讓你更快到達目的地的路徑（即使這些路徑的方向乍看之下是錯的），那麼了解這片土地的基本幾何外形會有幫助。

縱使不是要規劃實際的旅程，你面臨的挑戰有時也可以轉化為幾何的呈現方式，幾何當中的通道或替代道路會轉化成原問題中的捷徑。舉例來說，一大群人能夠集體尋找出通過地形的捷徑，而像臉書和谷歌（Google）這樣的數位科技公司，已經把這個方法的原理轉化成在我們每天走過的數位地形中尋找捷徑，再加以利用；我稍後會解釋。

繪製有形的捷徑也成為高斯晚年的愛好。雖然在學生時代因為嘗試數字而愛上了數學，但他也喜歡幾何的挑戰，卻不僅限於歐氏幾何的抽象圓形與三角形。高斯在四十多歲時報名參與了一項非常實際的任務，要替當地政府籌劃漢諾威王國的土地勘測，對這麼一位熱愛抽象數學概念的人來說，這還真是稀奇。

就像高斯曾寫的：「永恆真理的科學因定理取得名副其實的進展，世上一切丈量結果都比不上定理。」他參與的工作，並不是求學時就吸引他的精準美麗數論，而是一大堆因設備故障或人為疏失而錯誤百出、雜亂又不準確的丈量結果。據說最後他製作出來的漢諾威地圖並不是特別準確。

然而他花在丈量漢諾威國土的時間，確實促成了革命性的發現，新的幾何體系就此誕生。

• 從甲地到乙地

1492 年，哥倫布啟航尋找通往東印度群島的捷徑，從此青史留名。傳統貿易路線需要翻山越嶺，長途跋涉，也就限制了每趟路所能攜帶的貨物。商人渴望找到海運路線，有些人相信存在一條繞過非洲的航線，但有些人以為印度海被陸地包圍，用這種方式到不了，即使有辦法繞過去，許多人還是認為這太花時間。哥倫布相信，如果他往西航行，就會從另一邊抵達中國和印度，從而開闢出一條更順暢的航線，將歐洲與東方貿易換得的香料和絲綢帶回。

他坐下來做了一下計算。他認為，從加納利群島到東印度群島意味只要西行 68 度。他相信這段距離是 3,000 海里出頭。如果你想到從倫敦出發，繞過非洲再航行到波斯灣（又稱阿拉伯灣）是 11,300 海里，那麼西行 68 度絕對是一條捷徑。很不幸的，哥倫布的數學運算犯了幾個關鍵錯誤，這表示如果要走另一條路的話，他就嚴重低估了需要航行的真實距離。

自從古代就有人估計地球的周長，公元前 240 年，希臘數學家埃拉托斯特尼（Eratosthenes）已算出這個長度大約是 25 萬斯塔德（stadion，複數 stadia）。1 斯塔德有多長？「你拿什麼計量單位當標準？」是計算距離時會遇到的問題。在埃拉托斯特尼的時代，長度的單位是斯塔德，也就是一座運動場的長度，問題是希臘的運動場有 185 公尺長，而在埃拉托斯特尼居住與工作的埃及，運動場比較短，只有 157.5 公尺。如果我們姑且相信埃拉托斯特尼，採用埃及運動場的長度，那麼算出的估量結果與地球的實際周長 40,075 公里只差了 2%。

然而哥倫布卻採用了比較新的數值，也就是由中世紀波斯地理學家法甘尼（Abu al-Abbas Ahmad ibn Muhammad ibn Kathir al-Farghani，或稱 Alfraganus）算出來的估計值。哥倫布以為法甘尼在計算中使用的里是羅馬里，相當於 4,856 英尺，實際上法甘尼採用的是阿拉伯里，有 7,091 英尺那麼長！

哥倫布還算幸運，並沒有航行到一半就耗盡糧食和必需品，受困在大海中央，而是偶然發現了巴哈馬群島中的一座小島，還把小島命名為聖薩爾瓦多。有相當長一段時間，哥倫布都沒有發覺自己弄錯，以為自己到了東印度群島，而把島上的居民稱為印度人。

事後證明，通往東方的真正捷徑是人類親力開闢出來的。拿破崙遠征埃及期間已經心血來潮，想在地中海與紅海之間開鑿運河，但由於一些錯誤更明顯的計算值，法國人竟然認為紅海比地中海高十公尺，為了避免地中海沿岸國家淹沒，就必須興建複雜的船閘系統。最後證明，這個提議對法國政府來說太昂貴了。

一發覺兩邊的海平面實際上一樣高，開鑿運河的構想很快就有了強大的聲勢。1869 年 11 月 17 日，這條捷徑終於啟用，儘管法國握有控制權，但最後是英國的船隻率先通過蘇伊士運河。啟用前夕，英國皇家海軍紐波特號砲艦（HMS *Newport*）艦長在暗夜和沒有燈光的掩護下，引導砲艦穿過等待進入運河的船隊，停泊在隊伍的最前面。大家醒來準備慶祝運河啟用的時候，發現紐波特號已經擋住通往紅海的航道，為了讓船隊通過，唯一的辦法就是讓英國砲艦先行。儘管表面上受到英國海軍訓斥，紐波特號的艦長私下還是接受海軍部道賀他成功吸引了目光。

蘇伊士運河使倫敦到波斯灣的距離縮短了 8,900 公里，讓航程減少了 43%。這條捷徑的重要性可從列強爭奪的次數來判斷，其中最著名的發生在 1956 年，埃及總統納瑟（Gamal Abdel Nasser）從英國手中奪取運河控制權，引發了蘇伊士運河危機。今天，全球 7.5% 的海運要通過這條運河，每年為埃及國有的蘇伊士運河管理局賺進五十億美元。

另一條同樣重要的捷徑在 1914 年啟用，船隻從此不必繞過南美洲的合恩角（Cape Horn）。巴拿馬運河連接大西洋和太平洋，通行這條運河的船隻實際上必須通過好幾個船閘，原因倒不是運河兩邊的海平面高度不同，而是因為後來發現花費極高，沒辦法挖掘得那麼深，只好讓通行巴拿馬運河的船隻橫渡人工湖。

• 環遊世界

既然史上第一次環球航行到十六世紀初才完成，埃拉托斯特尼在公元前 240 年又是用什麼方法，這麼準確估算出地球周長呢？他顯然不可能用捲尺繞地球一圈。他的替代做法是先測量地球表面上的一小段距離，再利用一些巧妙的數學運算，省去必須測量整段長度的麻煩。

埃拉托斯特尼掌管古代最好的亞歷山卓圖書館，在幾個科學領域都有極有趣的貢獻，包括數學、天文學、地理學、音樂等等。不過，儘管他有新穎的工作成果，同時代的人卻瞧不起他的能力，還給他「第二名」（Beta）這個綽號，暗示他不是第一流的思想家。

他提出的聰明想法之一是，用有系統的方式產生一系列質數。為了找出從 1 到 100 之間的所有質數，埃拉托斯特尼提出以下的程序。從 2 這個數開始，刪掉隨後所有 2 的倍數，只要在數字表中刪除每走 2 步遇到的整數就行了。接著走到 2 以後還沒刪掉的下一個整數，顯然是 3，現在要有系統的刪除每走 3 步遇到的所有數字，就刪掉了 3 的所有倍數。這個方法在此刻開始顯出自己的本領。整數表中還沒有刪掉的下一個數是 5，重複我們在前面兩個數所用的方法，把每走 5 步遇到的數字全部淘汰掉。

這個程序的要訣是：移到下一個還保留著的數字，然後往後面刪掉這個新數字的所有倍數。如果你做得很有系統，把 7 的倍數都淘汰之後，就會產生一個小於 100 的質數表。

這個程序極為聰明，省去了必須考慮很多的麻煩，非常適合電腦執行，但若要大量產生質數，它的問題是很快就會變得效率低落。它是思考的捷徑，可以讓你像機器般產生質數表，但這不是我想在本書裡頌揚的那種捷徑。我想要的是發掘質數的聰明策略。

不過，我要給埃拉托斯特尼的地球周長計算工作打高分，因為太巧妙了。他聽說斯溫尼特（Swenet）城裡有一口井，太陽每年會有一天在它的天頂。太陽在夏至正午直射井底，不會在井邊投下任何影子。斯溫尼特就是今天的亞斯文（Aswan），離北回歸線不遠，北回歸線位於北緯 23.4 度，是我們發現太陽能夠從頭頂直射的最遠位置。

埃拉托斯特尼知道可以利用這個和太陽位置有關的資訊，在夏至這天進行實驗，讓他算出地球的周長。雖然這樣他就不必用捲尺繞地球一圈，但這項實驗還是需要走走路。他相信亞歷山卓位於斯溫尼特的正北方，於是在夏至那天，他在亞歷山卓豎起一根竿子。兩地的經度實際上差了 2 度，雖然沒有百分之百準確，不過我要為他的實驗精神鼓掌。

那天，太陽直射斯溫尼特，沒在那口井投下影子，但卻讓亞歷山卓的竿子產生一道影子。埃拉托斯特尼測量了影子長度和竿子長度，就能畫出一個具同樣比例的三角形，然後量出角度，這會告訴他亞歷山卓在地球周長上與斯溫尼特距離多遠。他量出的角度是 7.2 度，也就是一整個圓的 1/50，現在他只須知道亞歷山卓到斯溫尼特的實際距離。

他沒有親自走到斯溫尼特，而是雇了一位專門丈量距離的人員，稱為測距員（bematist），他們會在兩座城鎮之間走直線，當中只要有任何偏差都會把估算搞砸。丈量結果會用更大的計量單位來記錄：斯塔德。結果，亞歷山卓在斯溫尼特以北 5,000 斯塔德，倘若這是繞地球一整圈的 1/50，那麼地球的周長就會等於 250,000 斯塔德。

今天我們並不確定，埃拉托斯特尼所雇的測量員到底是用多少步來計量他的斯塔德，但就如我在前面解釋過的，這個丈量結果好極了。用一點幾何學，他就省去了雇人走地球一圈的需求。

幾何學的英文字 geometry 正源自這個實驗，因為拆解之後，它是意指「丈量地球」的希臘文：geo = 地球，metry = 丈量。

• 三角學：通往天際的捷徑

古希臘人不只用他們的數學丈量地球，他們還明白數學也能用來丈量天空，而讓這件事有辦法做到的必要工具，既不是望遠鏡也不是精密的捲尺，而是三角學這門數學。

埃拉托斯特尼在做估算的時候，這件工具已經發揮一點作用了。三角學是研究三角形的數學，在解釋三角形各個角與邊的關係。這門數學給了古代數學家一條非凡的捷徑，不必離開舒適的地球表面就可以丈量宇宙。

舉例來說，阿里斯塔克斯（Aristarchus of Samos）在公元前三世紀就已經使用三角學，算出地球到太陽與地球到月球的相對距離。要做到這一點，他只須在月半圓的那天測量月球到地球到太陽之間的角度，三者形成三角形的三個點。此時地球到月球到太陽的角度正好是 90 度（見圖 4.1）。

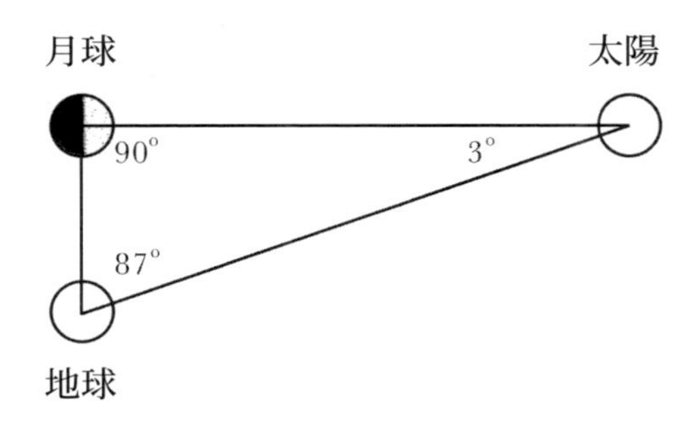

圖 4.1 用三角形丈量太陽系。

接著，他畫出這個已測得角所構成的三角形，就能算出地月距離與地日距離的比值，因為在他所畫的小三角形上也是同樣的比值。能夠領悟到不管三角形多大或多小，這個比值都維持不變，實在很聰明。事實上，這個比值就是阿里斯塔克斯所測量角度的餘弦值。

若想算出的不是距離的比值，而是實際距離，那就需要一個角度及一個長度。後來發現妙計，找出地球與月球和太陽之間實際距離的人是希巴克斯（Hipparchus），一直以來我們也把他視為三角學的開創者。他的方法就是利用一連串的日食和月食，特別是在公元前 190 年 3 月 14 日觀測到的日食。

希巴克斯和埃拉托斯特尼一樣，也利用了從地球上兩個不同位置得到的觀測結果。在赫勒斯龐（Hellespont，達達尼爾海峽的古稱）觀測到的是日全食，但在亞歷山卓是日偏食，月球僅遮掩了五分之四個太陽。就像埃拉托斯特尼一樣，希巴克斯現在也有了可在地球上測量的距離。知道兩城之間的距離，加上測量到的日食角度，他就能利用三角學算出月球到地球的距離。

這個三角學捷徑的威力非同小可，它讓希巴克斯開始準備製作第一個三角函數表。你可以在三角函數表中找某個角度，如果你畫出的直角三角形帶有這個角度，這些表就會告訴你三角形各邊的相對長度。數學家甚至也在這裡發現捷徑，這樣就不必畫出一大堆三角形再開始量長度和角度。

取一個三邊等長、三個角均為 60 度的正三角形。現在從頂角畫一條線，把那個角平分成 30 度，並與底邊以 90 度相交。60 度角的餘弦值，就是剛畫出的直角三角形中，構成 60 度角的兩條邊長的比值。因為新三角形中的鄰邊長度是原先正三角形邊長的一半，所以很容易得知比值是 1/2。

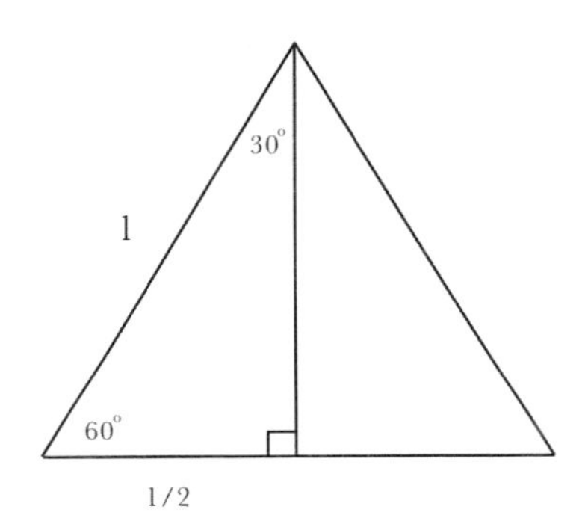

圖 4.2 60 度角的餘弦值。

然而數學家發現一個巧妙的公式，把三角形某個角的餘弦與半角的餘弦聯繫起來，這樣我們就有可做出更多計算的工具。

$$\cos(x)^2 = 1/2 + 1/2\cos(2x)$$

使用這些捷徑，就可以製作出許多角度的餘弦函數表，而這些函數表也成了探索夜空時最有效率的丈量工具。這些表也是測量地球的捷徑，高斯在勘測漢諾威土地時就使用過，甚至今天的測量員也要運用這種數學上的捷徑。

舉例來說，若想求出一棵樹的高度，你很難拿尺從底部量到樹梢，這時測量員會換個方法，走到一段距離外，測量地面到樹梢的角度。有了這個角度，再加上測量員很容易量出自己到樹底的距離，然後查出正切值（即直角三角形中兩個短邊，在此處是指樹高和測量員到樹底之距離的比值），這樣測量員不用爬梯子就能知道樹的高度。

要展現以三角學當捷徑的威力，測定一公尺的長度是相當漂亮的示範。想到它本身就是度量單位，你可能會覺得測量一公尺有多長是很稀奇古怪的工作，然而這個故事要從一公尺到底是指什麼的第一個定義開始說起。

• 公尺有多長

自從最早的古代文明開始興建城市，我們就需要計量單位幫忙協調工事。最初的形式可追溯到古埃及人，他們用身體部位當計量單位；一肘（cubit，或稱腕尺）是指從手肘到中指指尖的長度。在採用公制之前的度量衡中，顯然也使用身體部位，英尺（foot）就是很明顯的例子。許多歐洲語言中會用同一個字代表英寸和拇指，而碼（yard）與人類一步跨出去的長度息息相關。相當有趣的是，在撒克遜人定居大不列顛的時代，用來丈量土地的計量單位叫做桿（rod），定義是週日早上離開教堂的前 16 個人的左腳總長度，但我們的腳形形色色，這樣的量測值就會因人而異。

英王亨利一世（Henry I）嘗試解決這個問題，堅持採用國王自己的身體當作標準，他下令一碼應該等於國王把手臂伸直後，拇指尖到鼻尖的距離。但這顯然也會有問題，因為每當新的君主即位，一碼的長度就可能變動。

法國大革命的帶頭者認為，應該建立一套人人都能使用、更講求平等的度量衡制。伽利略已經證明，單擺的擺動取決於擺長，與擺重或振幅無關，所以最初就有人提議把一公尺定為單擺來回擺動一次需時兩秒的擺長。但事後證明，擺動還會受重力強度影響，而世界各地的重力大小不一樣。

於是，大家決定把一公尺定義為北極到赤道距離的一千萬分之一。儘管原則上人人都可以測量這個距離，不過大家很快就看出採用此定義不切實際。

梅尚（Pierre Méchain）和德蘭伯（Jean-Baptiste Delambre）這兩位法國科學家，受命測量北極到赤道的距離，再帶著他們發現的一公尺長度返回巴黎，但就像埃拉托斯特尼領悟到不必丈量整段距離，他們決定勘測敦克爾克到巴塞隆納的距離，這兩座城市大致位於同一條經線上，隨後他們也可以像埃拉托斯特尼一樣把計算結果放大，算出赤道到北極的距離。

德蘭伯從北部的敦克爾克出發，梅尚負責南段，從巴塞隆納啟程，兩人同意在兩地之間、位於法國南部的小城羅德茲（Rodez）碰面。但他們要如何進行估算呢？首先他們需要採用同樣的標準長度單位，才可以用來進行勘測。但即使如此，他們還是無法沿著敦克爾克到巴塞隆納的整條路程擺放這些長度單位。

三角形和三角學就在這裡發揮本領了。德蘭伯登上敦克爾克的教堂塔樓，望向鄉間，尋找另外兩個可形成三角形頂點的高點。他需要測量從教堂塔樓到這些點其中之一的距離，這件苦差事是免不了的。但從那之後，他就可以用三角形中兩個角的測量值，算出三角形另外兩邊的長度。

為了量角度，他使用一種稱為波爾達重複圓（Borda repeating circle）的儀器，這種儀器有兩個裝在共用軸上的望遠鏡，還附了一個可測量兩望遠鏡夾角的刻度盤。德蘭伯把望遠鏡分別對準他在教堂塔樓上確認的兩個高點，接著只需讀取望遠鏡間的夾角。

走到這個三角形的另一個高點，他就可以得知第二個角度，接下來會由三角學接手，告訴他兩個未知邊長有多長。但真正聰明的地方在此。他現在已經知道了三個邊的長度，而他從敦克爾克教堂塔樓上找的兩個高點可看到另一個高點，就會連成一個新的三角形，與原本的三角形共用一個邊。因為他已經知道新三角形的其中一條邊長，這就代表他用波爾達重複圓儀量出新三角形的兩個角度後，就可以算出未知的兩條邊長。

這是一條絕妙的捷徑。兩位科學家從敦克爾克到巴塞隆納一路連出三角形，這樣就只需要測量其中一個三角形的一條邊長，而從那之後，剩下的事情都交給角度去完成了。三角測量的科學是勘測土地的絕佳捷徑，只要從高點標記出三角形的三個角，就可以舒舒服服的量出角度，不須步測距離或用尺量。

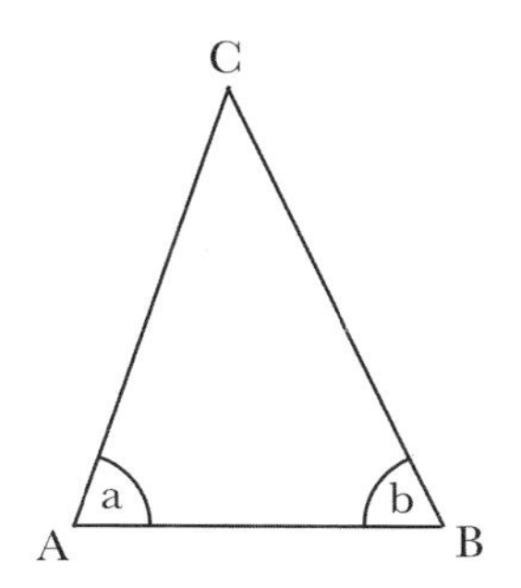

圖 4.3 知道 A 與 B 的距離及角 a 和角 b 後，你就能利用三角學算出從 C 到 A 和 C 到 B 的距離。

然而登上高點用望遠鏡看還是有危險。當時並不是拿著望遠鏡和奇特器材測量土地的理想時機，一場革命正風起雲湧，兩位科學家貫穿法國進行測量，途中必須承受當地人多次攻擊，因為他們懷疑這兩人從塔頂和樹梢暗中監視。

德蘭伯在巴黎以北的貝拉希斯（Belle Assise）因涉嫌從事間諜活動被逮捕，如果不是間諜，為什麼會帶這麼奇怪的裝備爬上塔樓？他努力解釋自己在替巴黎科學院丈量地球的大小，但有個醉醺醺的義勇軍打斷他的話說：「不會再有科學院了，我們現在一律平等。你要跟我們一起走。」歷經了七年，德蘭伯和梅尚終於帶著一公尺的長度凱旋而歸。

大家鑄了一根鉑棒，長度與他們的計算結果等長，從 1799 年起標準公尺就存放在法國的檔案室裡。但從某種意義上說，這和亨利一世的碼有同樣的問題。儘管依照公尺的定義，任何人都能去量測，但科學家不會自己著手測量北極到赤道的距離，畢竟到法國複製一份公尺原器還是比較容易。

• 從倫敦到愛丁堡

德蘭伯和梅尚決定要在哪裡碰面時，選敦克爾克和巴塞隆納兩地的中點顯然是有道理的。不過本章開頭謎題中的那15 個人呢？如果有 5 人在倫敦，10 人在愛丁堡，他們想讓總路程減到最少，15 人團應該在哪裡相會？答案是愛丁堡，不可思議吧。乍看之下，你可能會認為既然團員以 2 比 1 的比例拆成兩組，他們應該會在倫敦到愛丁堡的三分之二路程相遇。可是若在愛丁堡以外的地方碰面，距離每多出 1 英里，愛丁堡組總共要多走 10 英里，倫敦組卻只會節省 5 英里。

在更一般的情形下，如果 15 個人分散在倫敦到愛丁堡沿線的隨機地點，那麼捷徑就是讓他們前往位於中間的那個人，也就是從倫敦（或從愛丁堡）出發後遇到的第八個人。基於同樣的原則，距離 8 號位置的人每多 1 英里，有一組會節省 7 英里，另一組會多走 7 英里（所以這些人扯平了），但 8 號位置的人總路程會多出 1 英里。

如果設定成比這更為一般的狀況，譬如 15 人分散在街道呈棋盤式布局的紐約市呢？若由東往西掃視，你們應該在遇到的第八個人所站的大道上會合，但若從南掃到北，就要選擇第八個人所在的街上，要注意的是，這個人通常不會和東西向掃視時遇到的第八個人一樣。

如果你想找網路線的最佳網路交換點，而且希望讓使用的網路線數減到最少，就有必要做這種分析。然而還有一種奇特的策略，可讓我們找到穿越實體空間和數位空間的捷徑，這種策略在以前就曾使用過，甚至連當今科技領域也在使用。

• 欲望小徑

十五世紀的探險家尋找幾何捷徑，讓他們有效率的抵達世界的另一頭。我們在日常生活中也常常尋找可以更快走到目的地的捷徑。在倫敦，都市規劃師在離我家最近的公園裡鋪設了縱橫交錯的柏油碎石小徑，指引市民穿越公園。規劃圖在紙上看起來可能好得不得了，但我們的公園提供的證據卻顯示不是這麼回事，除了柏油碎石路，你還會發現一條踩踏過草地的光禿禿土徑，大家已經判斷出：有更快的路線能穿過公園。

都市規劃師通常喜歡彼此垂直的柏油碎石路，但我們在走路時選擇對角線，這樣就不必繞過直角，更為合理。要從甲地走到乙地，人類寧可走斜邊。你會一而再，再而三看到草地上這些踩平的小徑，這些都是人為了走到目標所抄的近路。

像這樣抄近路斜切過直角的捷徑，可以在紐約曼哈頓找到有趣的例子。彼此平行和垂直的街道布局，絕對是人為規劃的標記，但很奇怪，有一條街道斜斜穿過道路棋盤格，那就是百老匯大道，它從左上角到右下角貫穿曼哈頓的直角。

原來這實際上是歐洲移民出現以前，原住民旅人所採用的古捷徑。百老匯大道沿著樺樹皮鄉村之路（Wickquasgeck Trail）的路線，一般認為這條古路是當時北美洲原住民聚落之間最短，且又避開沼澤和丘陵的路線。歐洲移民到來時，把這條捷徑保留為貫穿曼哈頓的路線。旅人從曼哈頓島的一頭走到另一頭踩踏出來的這條小路，現在用柏油碎石保存下來，供紐約市的汽車和行人使用。

這些由大眾踩出來的捷徑在英文裡有個名字：desire path（欲望小徑），有些人稱之為 cow path（牛徑）或 elephant trail（大象路），因為它們通常是由跟人一起走的牲畜開闢出來的。《彼得潘》的創作者巴利（J. M. Barrie）形容這些路徑是它們自己創造出來的，因為你根本不曾看到有誰在鋪路。沒有人刻意決定弄平草地，清出道路，這些小徑就像巴利形容的，彷彿自己產生般逐漸形成。

有些欲望小徑相當古怪，似乎是讓路徑變得比應有的長度還要長，看起來一點也不像捷徑，但如果仔細觀察，就會明白這是為了避免某樣東西而產生的路徑。通常不太清楚是要避免什麼，不過稍微深入了解一下當地文化，你可能會發現關鍵是某種迷信。比方說，許多人不會從梯子下方走過，認為這樣不吉利，他們寧可繞過梯子。梯子通常不會擺放太久，所以很少因此出現永恆的欲望小徑，但在俄羅斯，大家對於兩根彼此斜靠的柱子也有類似的迷信；俄羅斯舊時的路燈通常放置在像這樣的柱子頂端，你就會時常發現一條避免走在柱子之間的永恆欲望小徑。

有些都市規劃師意識到他們可以拿這些捷徑當作捷徑。規劃師不想要規劃好柏油碎石路後才發現沒有人走，於是想到一個聰明的點子，讓當地居民去他們想去的地方，標出欲望小徑，等到路線以這種方式自然形成，規劃師就可以在上面鋪設柏油碎石。

密西根州立大學利用學生的腳步，決定 2011 年校內新建建築物的穿行路線，鳥瞰這些小路，會覺得很像糾成一團的繩線，沒有哪個設計師會事先選擇這樣的路線。但在讓學生的腳發言（走路）之後，最終形成的路徑布局產生了一個路網，對所有想穿越校園往返課堂的學生都有利。

建築師庫哈斯（Rem Koolhaas）在設計芝加哥市伊利諾理工學院的校園時，也採用類似的策略。

降雪也是了解行人和駕駛人如何運用城市的有效途徑。居民踩過大部分的雪，餘雪的模式可讓市政當局有機會了解，道路或公園有哪個部分未用於穿越城市。這也可以讓都市規劃師有機會把土地另作他用，譬如安全島或都市公共藝術作品的設置空間。

「讓大眾產生素材，接著從中汲取價值。」你會發現商業領域一再運用這種捷徑。就某方面而言，臉書、亞馬遜、谷歌就是企業觀察欲望小徑的例子，這些公司蒐集、利用我們的數位資料，而我們會踏出數位欲望小徑，然後再把那些常有人走的捷徑提供給它們。

舉例來說，推特（Twitter）並沒有主動推行標籤（hashtag，#）的概念，最初是看到使用者用它來分類整理他們的推文。事實上，標籤的發起人似乎是矽谷工程師莫希納（Chris Messina），這位使用者在 2007 年 8 月提議使用標籤，他想用一種方法快速找到對自己的推文主題感興趣的其他使用者。標籤正是偷聽大家談論彼此興趣的妙招。追隨莫希納踏上這條數位欲望小徑的人愈來愈多，推特才終於領會使用者開闢出來的這種捷徑，它在 2009 年成為推特的官方路徑，鋪上了柏油碎石——如果你打算那樣說的話。

• 測地線[1]

如果去看世界地圖，並標出你認為從馬達加斯加飛往拉斯維加斯的最短路徑，第一個直覺可能是在地圖上畫一條連結這兩個地方的直線，畢竟你覺得這看起來很像是人（或鳥）可能會順著飛過的欲望小徑。但它並沒有把地球的曲率

1 編注：測地線又稱大地線、短程線、捷線，指兩點在空間中的局域最短路線。

考慮進去。真正的欲望小徑必須將球體表面納入考量，長度最短的路徑會先飛越英國，再到格陵蘭上空，跟你原先在平面地圖上畫出的直線離得很遠。

圖 4.4 從馬達加斯加到拉斯維加斯的最快航線要途經英國。

如果在球面上取兩個點，它們之間的最短路徑會是一條稱為大圓的線。它很像一條通過兩極點的經線。事實上，如果你取一條經線，然後環繞全球四處移動，直到它通過你想連結的兩個點，這條線就會是通過它們的大圓。

一旦開始探討這些捷徑在全球各處的影響，就會發現一些相當奇怪的特性。就拿北極、厄瓜多的基多和肯亞的奈洛比這三點來說吧，後面兩個城市幾乎位於赤道上，這三點之間的最短路徑會畫出一個在地球表面上的典型三角形。傳統歐氏幾何中的三角形內角和等於 180 度，但檢查一下這個球面三角形的內角和，會發現加起來遠超過 180 度，畢竟基多和奈洛比所在位置的兩個角已經各為 90 度了（因為從極點出發的經線會與赤道的交角是 90 度），通過這兩座城市的經線在北極的夾角是 115 度，所以這個三角形的內角和等於 90 + 90 + 115 = 295 度。

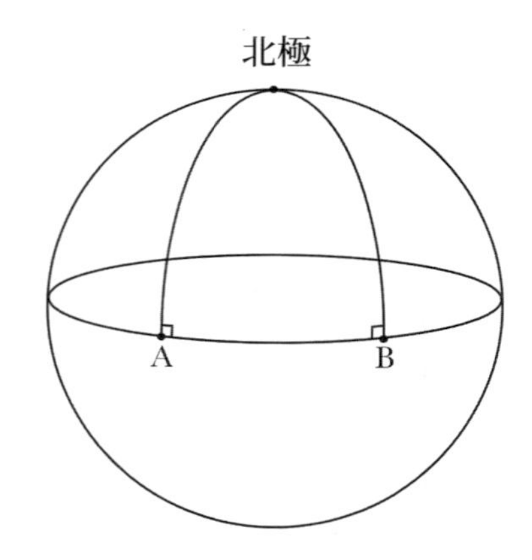

圖 4.5 球面上的三角形內角和超過 180 度。

還有一些幾何形狀，會讓三角形的內角和小於 180 度。舉例來說，在所謂的擬球面（antisphere 或 pseudosphere，看起來像側面彎曲的圓錐）上，兩點間的最短路徑也會構成內角和小於 180 度的古怪三角形。這些幾何形狀具有所謂的負曲率，而像地球這樣的球面有正曲率，至於跟我一開始所用地圖類似的平面幾何形狀，曲率為零。

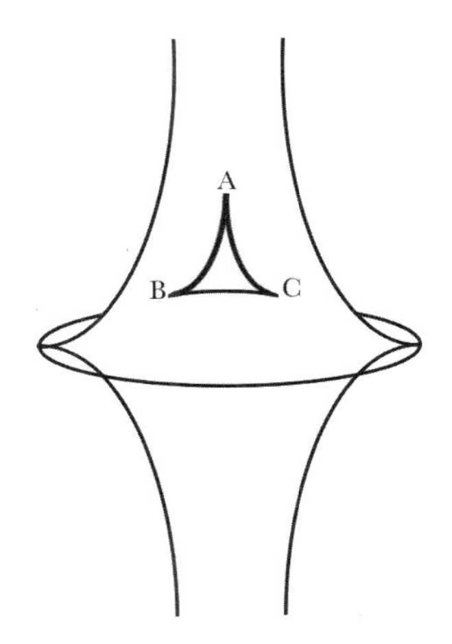

圖 4.6 擬球面上三角形的內角和小於 180 度。

發現彎曲幾何體系，是十九世紀初令人興奮的數學發展之一，但某種程度上也引發了三位數學家之間的爭執，他們都聲稱先找到的人是自己。1830 年代，俄國數學家羅巴切夫斯基（Nikolai Ivanovich Lobachevsky）和匈牙利數學家鮑耶（János Bolyai），首度同時公開提出這些新幾何的想法。鮑耶父親對兒子的發現特別刮目相看，極力向自己的好朋友高斯誇耀，不過高斯在寫給鮑耶父親的回信中，措辭頗為尖酸：

> 如果我一開始就說我不會稱讚這項成果，你當然會詫異片刻，但我說不出別的話了。稱讚它就等於在稱讚我自己。事實上，這項成果的全部內容，你兒子走過的路，他所獲得的結果，和我思考的問題幾

乎不謀而合，過去三十或三十五年來，那些問題一直占據我部分的心思。

原來高斯許多年前在勘測漢諾威的時候，其實就發現了這些表面布滿奇特捷徑的彎曲幾何形狀。他的丈量工作就像梅尚和德蘭伯測量公尺一樣，也需要對土地進行三角測量。對這位大數學家來說，這份差事雖然乍看像單調乏味的雜務，卻促成了深刻的理論見解。

高斯曾經推測，有沒有可能地球表面不但是彎曲的，連空間本身的幾何形狀都可能是彎曲的。他決定在他丈量土地期間，用一些三角測量測試在哥廷根住處周圍三個小山頂之間傳播的光束，會不會構成一個內角和不等於 180 度的三角形。

光喜歡走捷徑，總會找到兩點間的最短路徑，因此如果內角和不等於 180 度，就代表光束是沿著彎曲的路徑穿過空間。高斯希望證明三維空間其實是彎曲的，就像二維的地球表面一樣。結果他看不出任何差異，便捨棄了自己的想法，因為他覺得數學是要用來描述我們在周圍所見的宇宙，而這些新的彎曲幾何形狀違背了這樣的信念。他跟少數朋友討論過這個研究，但要他們發誓保守祕密。

當然現在我們知道，高斯處理的範圍太小，察覺不出空間的曲率。愛因斯坦提出的新重力理論和時空幾何，再次吸引大家檢驗高斯的想法。

愛因斯坦發現，空間中兩物體之間的距離可能會隨觀測者是誰而變動；如果你以接近光速的速率行進，距離看起來會比較短。時間似乎也要視觀測者而定，事件的發生順序可能會根據觀測者的移動方式而改變。愛因斯坦的重大突破是，領悟到我們必須在三個空間維度與一個時間維度組成的四維幾何中，一併考慮時間和空間，在這個新的時空幾何中測量距離，會導出一個彎曲的形狀。

愛因斯坦不像牛頓那樣把重力定義為一種力，而是把重力重新定義成時空幾何的彎曲。依據他的洞見，我們不應把重力想成一股將物體吸引在一起的力，而可以重新思考為，質量很大的物體會扭曲空間結構。重力是物體通過這個幾何結構的捷徑，物體之所以做自由落體運動，實際上只是找到了這個幾何結構中從一點到另一點的最短路徑。

於是，行星繞太陽運行不是想成天體像綁著繩子一樣，被引力拉住，而只是一顆球沿著四維時空幾何結構的側面往下滾。這個想法看起來很古怪，但愛因斯坦有辦法檢驗。光就像行星一樣，應該也會找到穿過空間的最短路徑，而愛因斯坦的理論暗示，如果光要從一個質量很大的物體附近經過，最短路徑會是繞過該物體、朝向它彎曲的弧線。

英國天文學家愛丁頓（Arthur Eddington）領悟到，有一個方法可以驗證這個想法，就是利用預計在 1919 年發生的日食。理論預測，來自遙遠恆星的星光應該會因太陽的重力效應而彎折，愛丁頓需要日食來擋住太陽的眩目光芒，好讓他看到天空中的星星。正如愛因斯坦的理論所預測，星光似乎確實在大質量物體的附近彎折了，於是證實最短路徑不是直線，而是曲線。

空間的彎曲變形或許也可以提供穿越宇宙的捷徑，繞過愛因斯坦廣義相對論暗示的一些限制。愛因斯坦明白宇宙有速限，那就是光在真空中的速率，沒有任何物體能夠超越光速。如果你想從銀河系的一頭到達另一頭，這點就會產生問題。

穿越銀河系需要時間。許多科幻小說家面臨的大問題是：如何讓筆下的人物從一個事件發生地點到另一個，又不用浪費好幾年的運輸時間？祕訣通常是使用蟲洞（wormhole，又稱蟲孔、蛀孔），這是愛因斯坦場方程式的特殊解，提供時空幾何結構不同片段之間的假想捷徑。蟲洞有點像穿山隧道，只不過它連結的是通常需要橫越宇宙上百萬年的兩個點。

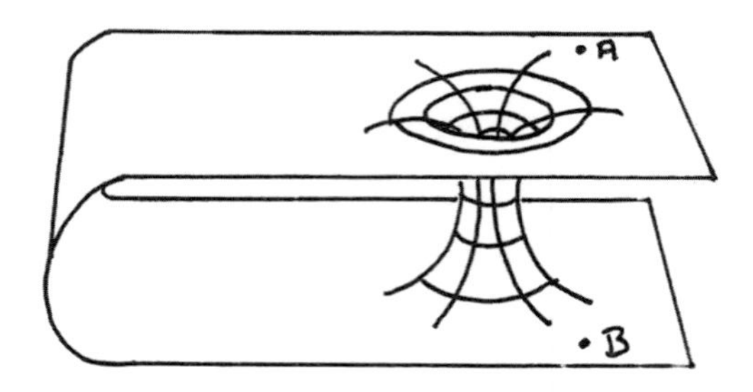

圖 4.7 從 A 到 B 的路線有周遊宇宙的遠路，或穿過蟲洞的捷徑。

因此，高斯的想法是正確的，光線從哥廷根的一座山頭行進到另一座山頭時會取彎曲的路徑當捷徑，只是必須在更宏大的範圍進行觀測，才看得到這個效應；要勘測不是漢諾威，而是我們的銀河系。

值得稱讚的是，愛因斯坦始終不諱言，十九世紀的數學家開創了讓他能夠發現相對論的幾何學。他寫道：「高斯對於近代物理理論的發展，特別是對於相對論的數學基礎，有極大的重要性。事實上……我可以毫不猶豫的承認，讓自己全神貫注於純幾何問題，在一定程度上會是件樂事。」

通往捷徑的捷徑

如果你計畫從甲地到乙地，記住光線找到最快路徑的方式通常是值得的：有時繞道而行有好處，因爲比較長的路途反而比較快。

房子的周邊有時候可能很難測量，因爲你無法把捲尺擺在適當的位置，但也許可以量出角度。正弦和餘弦一直是很棒的捷徑，不但能丈量夜空或地球表面，還可以測量乍看起來似乎達不到的地方。

都市規劃師讓群衆找到捷徑的策略，或許不只能應用於從公園的一頭走到另一頭；避免自己獨力完成所有工作的可能捷徑是，讓大衆引導你找到最佳解決方案。

休息站：路途

我喜歡走路。慢步可讓我用一種在快速生活步調中經常受到忽略的方式，去體驗風景和大自然。

散步並不是從甲地走到乙地，而經常是從甲地走到甲地，往往繞一大圈才走回起點，樂此不疲。我兒子在年紀還小的時候，覺得這樣很荒謬。有一天我們到郊外散步，才走了半英里（約八百公尺），我兒子突然看到從我們剛才穿越田野的那條路，岔出了一條小徑，小徑的另一頭可以看到我們的房子。「老爸！我看見一條捷徑耶！你看，我們只要走這條路就會到家了。」

但對我來說，走路也是一種捷徑，每小時走三英里（將近五公里）似乎是最適合思考的速度。就像盧梭（Jean-Jacques Rousseau）在《懺悔錄》（*Confessions*）中所寫的：「我在走路時才能沉思，一停下腳步，就會停止思考；我的心智只和雙腳一起工作。」散步是我獲得數學啟示的捷徑，為了讓潛意識用不同的方法探討問題，我就必須繞路走。

英國作家麥克法倫（Robert Macfarlane）在他的《故道》（*The Old Ways*）這本書中，談到徒步走路與思索的關係。他描述維根斯坦（Ludwig Wittgenstein）徒步走過挪威鄉間時，有了重大的哲學思想進展，這位哲學家寫道：「在我看來，我的內心生出新的思想。」但就如麥克法倫指出的，透露出線索的是維根斯坦決定用來描述那些新思想的字。維根斯坦用的德文字是 Denkbewegungen，直譯出來就是「思想運動」。麥克法倫形容成「在沿著小徑（weg）移動的過程中成形的思想」。

麥克法倫喜歡旅行、待在野外、縱走和海外遊歷，他的著作都是對徒步旅行的優美讚頌，所以我非常想跟他談談他與捷徑這個概念的關係。我們有沒有可能因為一直在尋找捷徑而錯過某些東西？

他說：「凱恩戈姆山（Cairn Gorm）位於我最鍾愛的蘇格蘭東北部山脈中，我可以搭乘登山纜車到達山頂，並且覺得這是登頂的最快路線，不過它帶來的滿足感和樂趣幾乎是零。但我會花兩天徒步走上同一座山的山頂，想必這將是我去過最特別的地方之一。」

麥克法倫跟我說起蘇格蘭神祕主義者兼登山家莫瑞（W. H. Murray）。第二次世界大戰期間，莫瑞被囚禁在戰俘營，儘管身體無法旅行，但他在腦海裡走過了蘇格蘭高地，並在蒐集起來的衛生紙上寫下這句話：「無論一個人的心靈是負有重擔或舒坦輕鬆，他內心自然會想振作向上。」他的文字描繪了身處這些地方的力量。

麥克法倫的偶像還有現代派作家兼詩人雪柏德（Nan Shepherd）。麥克法倫說：「雪柏德在 1940 年代所寫的回憶錄《山之生》（*The Living Mountain*）末尾，寫到這些她所稱的存在時刻是在『連續走上幾個小時，讓感官維持一定運作，走到渾身通透』的情況下創造出來的，與吳爾芙和華茲華斯等人所寫過的相呼應。這是最絕妙的說法。這些山丘與匆忙沾不上邊，我想她是這麼說的。所以在那個模式下，捷徑絕對是跟啟示背道而馳的。」

然而麥克法倫提醒我，今天我們為了消遣去走的許多路徑，最初都是在新石器時代踩出來的捷徑。生活在物質條件匱乏下的人必須權衡精力消耗、資源等等，如果找到了一條更短的路，他們不太可能放棄不走，無論這條路是否像長路一樣提供了類似的沉思機會。

但不一定都是如此。麥克法倫指出，新石器時代的文化有時會把過多的資源，用在不單純為了生存效益的項目上。對此，他告訴我一個美麗的故事，故事關於在英國湖區昆布利亞郡（Cumbria）小蘭岱爾山谷（Little Langdale）開採出來的手斧，透露並非所有的新石器時代路徑都是提升效率的捷徑：「在那個山谷的低處有非常好的手斧岩石外露，所以他們有可能利用這些去獲取想要的工具。但很明顯，他們決定攀登到更高、更難爬的吉默壁（Gimmer Crag）上面。」

我很好奇，明明去容易到達的地方也可以取得同樣的石頭，他們為什麼會去難到達的地方。

他說：「器物一旦與某個地方分離，就會帶著地方的氣息，所以史前時期同時走遠路和抄近路是有原因的。」

接著麥克法倫反問我。數學裡有沒有不走捷徑卻非常有成效的例子？

我認為猜想（conjecture）是一例。猜想就像山頂，我不想在書末找解答，那樣就會像坐登山纜車到凱恩戈姆山的山頂。登頂的滿足感要看我走到山頂花了多少天，甚至多少年。但另一方面，我並不想只為它而在無聊的野外跋涉，有些徒步路程感覺就像是苦差事。

在數學上，簡單到令人厭煩的事情，和複雜到根本不可能理解發生什麼狀況的事情，兩者間有很奇怪又微妙的緊張關係。卡維提（John Cawelti）在他的《冒險、懸疑與愛情》（*Adventure, Mystery and Romance*）一書中，描繪了文學中這種緊張關係的特質，但同樣適用在數學上：「如果我們尋求秩序和安穩，結果很可能是無聊乏味、千篇一律。但為了求新求變而捨棄秩序，就會帶來危險及不確定性……文化史可以詮釋成追求秩序及逃避無聊之間的不穩定緊張關係。」

有時你必須走很遠的路才到得了山頂，這本身也是樂趣的一部分。費馬最後定理（Fermat's Last Theorem）讓世世代代的數學家努力了三百五十年，踏上陌生、只有內行人理解的國度，才終於找到抵達終點的方法。不過，那些繞路和非捷徑都是這個證明的一部分樂趣。我們被迫發現迷人的新數學領域，要是沒被逼著去面對無法通行的數學沼澤，這些疆域也許就不會有人涉足。

如果證明很短，甚或頗為無聊，那麼我們賦予費馬最後定理的價值是否會少得多？這是個有意思的議題。例如黎曼猜想（Riemann hypothesis）這樣偉大的未解決猜想，它的光環得自本身提供的挑戰，以及我們為了解決這些猜想而必須投入的工作。我們說偉大的猜想就像攀登聖母峰，要不是基於登頂的難度很高，我們或許就不會那麼看重獲得解決的成就了。

我試圖向麥克法倫描述，我認為我在數學上喜歡的事情，與其說是在荒野中跋涉，還不如說是在山前受困，想尋找穿越的方法，然後因為發現一道縫隙、一條地道，是讓我穿越這座山的捷徑，而感到異常興奮。

他說：「瞧瞧你的雙手，在描述你必須做的事和你看起來的樣子時，就像是個攀登者。你看起來像攀岩者，不是步行者；我講的是運動攀登，和登山有點不一樣，而登山又跟爬郊山不同。」

麥克法倫喜歡攀岩的挑戰嗎？

他說：「我的技巧很糟，但有很多年我非常喜歡攀岩。攀登者會談到攀登的關鍵點，每次的偉大攀登都會有一個關鍵移動，這聽起來跟你形容的解題過程很類似。我們稱它們為抱石問題（boulder problem）。你會從簡單的開始，一遍又一遍，接著來到關鍵點，然後你就墜落了。它會甩開你，讓你不太能做出那種動態的凌空跳躍。後來做到的時候，真是興奮得要命；我就遇過幾次。這是一項解決問題的活動。」

我確實承認，克服數學上的抱石問題時，興奮感有可能會逐漸產生挫折感。在我們碰面之前，我才看了紀錄片《赤手登峰》（*Free Solo*），這部電影記錄了霍諾德（Alex

Honnold）沒有繩索輔助，徒手攀爬優勝美地國家公園酋長岩（El Capitan）的驚險過程。攀登過程大約有八個關鍵點，可說是攀岩界的黎曼猜想。難度最高的部分就稱為抱石問題，要攀爬過一連串困難的細瘦岩點，有些只有鉛筆那麼寬，而且隔得很遠。需要做個像空手道側踢的古怪動作，去越過近乎垂直的岩壁。此刻一失手就會摔死，他沒有機會一試再試。

整個攀爬過程讓我印象深刻的其中一件事是，爬上岩頂的最短路徑當然不是直線。為了找到可攀爬的攻頂方法，霍諾德採取的路線往往不得不在中途往下爬，遠離終點。攀岩中的最短路線一定是非常奇怪的線條，沿著山壁彎曲而上。

我想知道決定你採取哪條路線登上山頂的考量是什麼。速度最快？景色最美？還是難度最高？要攀登聖母峰，有十八條具有名字的路線，其中幾條還沒有人攀登過。絕大多數的人攀登的路線有兩條：南坳（South Col）和北坳（North Col）。英國登山家馬洛里（George Mallory）在嘗試攀登北坳路線時喪生，他應該會說那是「景色美的路線」。景色很美的路線未必是難度最高的路線，只是因其美而聞名。

數學家也談論漂亮的證明，因此這點很有意思。讓路線很美的特質是什麼？麥克法倫的說法是：「美通常是一種作用，基於移動或路線本身的連續性，所以你不一定需要橫越到左邊，再繼續走下一條脊線之類的。這也與岩石的性質有關，岩石是不是很不易碎，堅硬無比。如果你要形容，它名副其實就是你會在空中畫出的優雅路線。途中還有危險。美麗的路線結合了這一切。此外還有一條難度最高的路線，虎線。再來就是所謂的陡攀（direttissima），最筆直的路線。」

陡攀這個用語出自義大利攀登家科米奇（Emilio Comici），他曾說：「但願有一天我能闢出路線，在峰頂讓一滴水落下，而我的路線就經過這裡。」這條路線也代表了所謂的直接下滑線（fall line），斜坡上最完美的下坡坡度，也就是水自然流下所會選擇的路線。

下滑線向來是麥克法倫在天候可能轉壞或天色快暗時，抄一些捷徑快速下山的要訣：「當你因為遇上天氣不好，特別是即將天黑，而必須快速下山，這時你就會開始找下滑線，因為理論上這是通往地勢最低處的最短路線，那個地方可能是安全的避難所。」

但也必須考慮下滑線可能帶來的危險：「下滑線或許會把你帶下峭壁，我知道你不希望如此。我可以想到很多我得迅速往下走，又要忙著權衡直接下滑線和其他風險評估的場合。這讓我做出了一些妥善的決定和一些錯誤的決定。捷徑可能是奇蹟，但同時也是危險。」

我想知道他有沒有哪次特殊的場合是因這種捷徑而得救。

他說：「有一次我順著小雪崩往下滑，這是我遇過最棒的下滑線之一。我們從蘇格蘭的一座山上下來，時間已經很晚了，我們走到陡峭的雪坡，要是沒有雪，我們顯然不可能走過。可是雪感覺像把地面弄平坦了一點，解決了腳下的一些問題，而且它是像大顆砂糖一樣的軟雪，所以不會形成難以應付的雪崩。」

我必須承認這聽起來仍然很可怕。雪崩通常不是你想在山腰上遇到的事情。

「我們可以看出，它差不多會讓我們安全下滑兩百英尺左右，所以我們就趴在斜坡上，然後讓雪帶著我們下滑。它讓我們安全但溼漉漉的停在起點下方垂直距離兩百英尺的地方，真是太棒了。那次的風險評估很好，是我所走過最興奮刺激的捷徑之一。」

5

圖示捷徑

謎題

昆汀・塔倫提諾執導的電影《霸道橫行》(*Reservoir Dogs*)中使用的哪首歌曲如下圖所示：

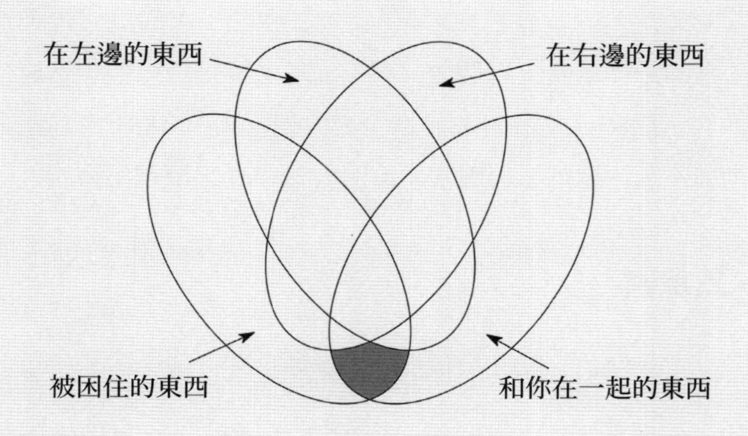

圖 5.1 發出樂聲的文氏圖。

如果像大家所說，一張圖勝過千言萬語，那麼圖片或許真的是最好的捷徑。達文西似乎就是這麼想的：「詩人在想出辦法用文字形容畫家瞬間即可描繪的事物之前，就會不敵睡意與飢餓。」文字是比較新的發明，但從人類這個物種開始演化，我們就一直在發展解釋視覺圖像含義的能力。

舉例來說，推特透露，附有圖片或影片的推文受到關注的機會，是純文字推文的三倍，這或許可以解釋為什麼 Instagram 這類更視覺導向的社群媒體應用程式，日益成為企業想要快速有效提供內容時的首選平台。比起你想用的文字，精心設計的圖片能做為絕佳的捷徑，更有效的傳遞訊息。

在數學上也是如此，有時一張圖片能傳達方程式傳達不了的概念。幾個世紀以來，數學家一直把 –1 的平方根視為異常的奇怪東西。到最後，高斯的虛數圖把這些數描繪成二維的示意圖，讓這些數成為主流。但一直到 1855 年高斯去世前不久，用圖呈現數字的政治力量才真正顯現出來。

• 玫瑰圖

1854 年 11 月，南丁格爾（Florence Nightingale）抵達位於土耳其斯庫塔里（Scutari）的醫院，眼前的景象把她嚇壞了。克里米亞戰爭已經爆發一年，這間醫院負責照料在戰場上受傷的英國部隊。建築物坐落在汙水池上，毫無衛生可言，也沒有適當的衛生設施。整個地方非常骯髒，人滿為患。

南丁格爾立刻著手改善環境、設置洗衣房、改善日用品、提供有營養的糧食。但沒有用，儘管她盡了最大的努力，死亡率還是持續升高。病人和傷患受到南丁格爾和西科（Mary Seacole）等其他護理師的悉心照顧，但光靠護理工作是不夠的。

這場難以取勝的仗打了幾個月後，有兩個人來到這裡：霍亂專家薩瑟蘭（John Sutherland）博士，和衛生工程師羅林森（Robert Rawlinson）。經過一番勘查，他們發現根本的問題是供水系統。死掉的動物阻塞住供水系統，人的糞便從廁所滲漏到水槽中。羅林森和薩瑟蘭把所有穢物清出去，就開始看到情況改善。

由於衛生委員會（這是其他人對他們的稱呼）介入，所有的軍醫院很快有所改善。不到一個月的時間，死於傳染病的人數少了一半，不到一年，數字下降 98%，從 1855 年 1 月的 2,500 多人，減到 1856 年 1 月的 42 人。

戰爭結束後，南丁格爾認真思考了先前十八個月的經歷。她接受戰爭時在戰場上失去生命，但無法接受病死的人數遠遠超過戰死的人數。傷亡數字令她感到絕望：有 18,000 人死亡，其中很多生命原本可以挽救。她面臨的難題是要如何持續改善軍醫院，才不會再發生這樣的悲劇，但她知道，讓有關當局了解根本改革的緊迫性，並不容易。

南丁格爾設法覲見維多利亞女王和她的顧問，最後讓他們明白，為什麼有必要調查這麼多軍人死在醫院裡的原因。其實女王和政府並不想對這場戰爭進行任何進一步的調查，但南丁格爾此時名聲顯赫，因此政府決定請她寫一份機密報告，提交給剛成立的皇家委員會。她想協助，但應該寫些什麼呢？更重要的是，她要怎麼呈現在斯庫塔里看到的驚恐和悲劇？

南丁格爾擔心政府忽視她的數字，她也明白基本事實，如果想號召政府採取行動，就必須抓住他們的目光。於是她設計了一種圖，現在稱為玫瑰圖（rose diagram），萃取出數字背後的訊息。

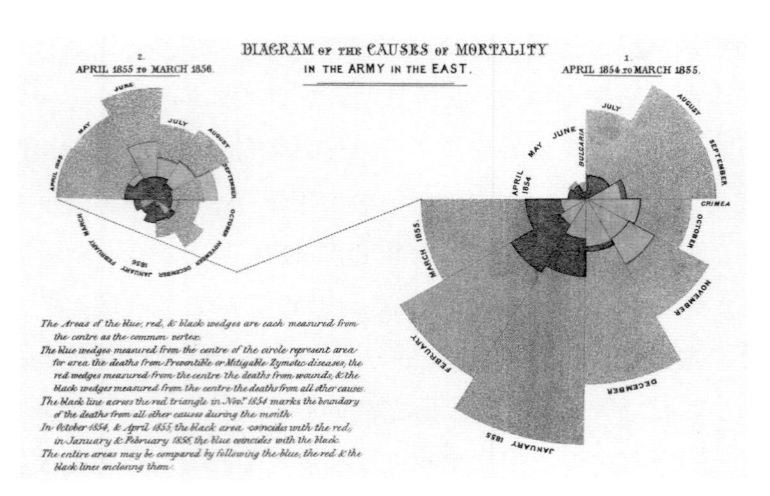

圖 5.2 南丁格爾的玫瑰圖。

這張圖由兩朵玫瑰組成。南丁格爾在右邊的玫瑰描繪出交戰的 1854–5 年，並根據死亡原因呈現每個月的死亡士兵數，左邊的小圖則顯示出 1855–6 年的死亡數。重點是每種顏色的面積。中心區域她用紅色著色（在我們這裡的圖中是呈深灰色），代表因受傷而死亡，黑色代表死於其他原因，如凍瘡或意外。然而死於痢疾、斑疹傷寒等傳染病的人數，如大片從中心向外長出的藍色玫瑰花瓣所示（在這裡是呈淺灰色），卻多到難以置信。

南丁格爾沒有提供死亡數字，但藍色區域的面積仍然令人坐立不安。到 1854 年冬天，死亡人數愈來愈多——直到 1855 年 1 月，單月就有超過 2,500 人死亡。

然而第二朵玫瑰顯示情況不一定會如此。左圖裡小了許多的藍色區塊透露，醫院衛生條件改善是讓死於傳染病的人數大幅減少的因素。

這個圖比報告裡的所有文字都有效，它迫使英國有關當局認清，軍事醫療場所讓數千名士兵白白送命。它的醒目視覺吸引力同時說服了理智與情感，啟動了從此改變醫療照護的改革過程。

圖片就是要先抓住目光，再引起大腦的注意。南丁格爾寫道，那些無法經由公眾耳朵傳遞到他們腦袋的事，透過眼睛應該會有所影響。它提供了一種捷徑，可通往隱藏在數字中的訊息。

最近我從哥倫比亞大學流行病學教授利普金（Ian Lipkin）那裡得知這則故事的現代版，同樣是讓政府透過圖像去了解健康風險。許多年來，利普金一直是政府因應流行病的顧問，但他告訴我，最初他嘗試向美國政府解釋流行病的可能衝擊，並沒有引起任何回應。他那七百頁篇幅的詳盡報告大概沒人讀過，所以他準備了一份非常精簡的版本，但還是沒有回應。

最後他意識到必須換個媒介。他製作了一部電影，代替報告中的文字，也就是《全境擴散》（*Contagion*）。這部片由麥特·戴蒙和葛妮絲·派特洛主演，就像南丁格爾的玫瑰圖在維多利亞時代引發的效應一樣，片中病毒殺死這麼多人的視覺衝擊，讓美國政府惶惶不安，開始採取行動。

南丁格爾的玫瑰圖證明，用圖像呈現能讓人更快了解複雜的問題，但這樣的圖示並不是第一次出現，事實上可能是普雷菲爾（William Playfair）的著作給了她靈感。普雷菲爾的《商業與政治圖冊》（*The Commercial and Political Atlas*，出版於1786年）附了44張圖表，大多是以我們熟悉的 x 軸、y 軸形式畫出時間和其他數值的對應關係。但其中一張圖稍微不同，它是一種很早期的長條圖，記錄蘇格蘭和各國間的進出口貿易——不是用圖形，而是以長條代表各個數值。這可能是南丁格爾本人曾經看過並考慮過的圖表類型。

普雷菲爾認為，我們的大腦已經演化到能更準確的解讀圖像中的某些訊息：「在所有的感官中，眼睛對於事物所能呈現出的東西，會產生最生動、最準確的概念；而當對象是不同數量之間的比例時，眼睛有極大的優勢。」

在今天這個非常強調視覺的時代，我們不斷接收描繪數字的圖示。若能用圖表解讀藏在數據中的祕密，就能成為功能強大的政治及商業工具，但如同良好的圖表可以讓人理解得更快，糟糕的圖表有可能徹底使人誤解。

有些新聞機構出了名的會濫用圖表來傳遞政治訊息。瞧瞧下面的長條圖。這張圖用來說明，美國前總統小布希的減稅法案如果終止，對稅收明顯造成極為不利的影響。差異乍看起來很大，除非你注意到縱軸是從 34 而不是從 0 開始。改用從 0 開始的軸重畫一張圖，差異就小了許多。

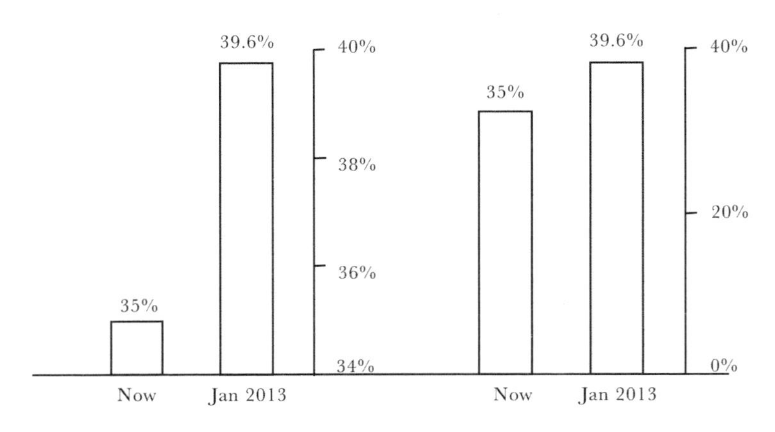

圖 5.3 對於減稅影響的兩種不同看法。

下面是濫用長條圖的另一個典型例子：

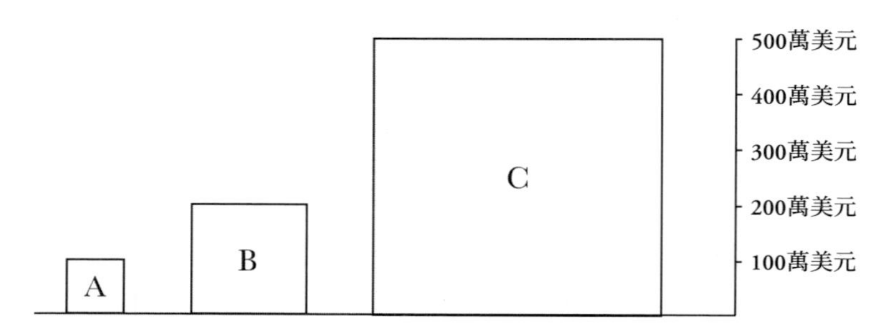

圖 5.4 公司銷售額的騙人圖表。

這張圖意在呈現C公司相對於B公司或A公司的優勢，但在記錄資料方面，重要的只有圖示的高度，然而把圖示的寬度也放大，就會徹底誇大該公司的重要性。雖然C公司的銷售額是A公司的5倍，但C公司的圖示需要用25個A公司的圖示才能填滿。

就某些方面來說，南丁格爾的玫瑰圖少了一個手法。她設計時是想讓玫瑰的面積與數字一致，但因為花瓣的面積會朝各個方向放大，所以最後反而減少了衝擊力。如果她用長條圖取代玫瑰，對應到藍色區塊部分的高度，會與其他部分形成更鮮明的對比。

•繪製地圖

地圖大概是圖表捷徑的完美範例。地圖不是它所繪製土地的複製品。首先，重點在於，它是已勘測土地的縮小版。儘管如此，許多特徵還是不得不捨棄。然而把地景好好繪製出來，選擇要納入的必要特徵、捨棄不必要的，就會有一條找到路線的好捷徑。

我一直很喜歡卡羅（Lewis Carroll）在他最後一部小說《希爾薇和布魯諾完結篇》（*Sylvie and Bruno Concluded*）所講的故事，提及有個國家在繪製地圖時，沒體會到捨棄資訊的重要性。他們對自己製作出很準確的地圖引以為傲：

> 「事實上我們用了 1:1 的比例尺繪製出整個國家的地圖。」
> 「你們常用到嗎？」
> 「這張地圖從來沒有攤開過。農夫不贊成；他們說它會蓋住整個國家，擋住陽光！所以我們現在就用國家本身當作地圖，我向你保證，它幾乎和地圖一樣好。」

正如卡羅幽默指出的，地圖必須決定要去掉哪些內容。

人類最初繪製的地圖不全在講地球，有一些是講天空。位於法國西南部拉斯科（Lascaux）的史前洞穴，畫出了昴宿星團的排列，古代經常用這些恆星標記一年的起始。最早的地球地圖之一，是一塊由巴比倫書吏刻寫的泥板，年代也許可以追溯到公元前 2500 年。它呈現出兩座小山之間的河谷，小山描繪成半圓形，河流用線條，城市用圓形，還有地圖方位的指示。

早在公元前 600 年，巴比倫人也開始嘗試繪製世界地圖。這張地圖不是字面上的地圖，而是比較偏象徵用的地圖，它描繪出一個四周是水的圓形，這是巴比倫人看待地形的方式。

然而，一旦認清地球不是平面而是球形，製作球體表面的二維地圖就成了製圖師的有趣挑戰。一般認為找到巧妙解決辦法的人，是十六世紀的荷蘭製圖師麥卡托（Gerardus Mercator）。

十六世紀是航海探險時代，麥卡托的主要目標就是製作出地圖，協助水手從地球上的一個地點航行到另一個地點。羅盤是很重要的導航工具，從甲地到乙地最簡單的方法，是知道要朝哪個固定的羅盤方向前進，這樣一來，如果船一直沒偏離方向，你就會抵達目的地。

這樣的航線與南北向的經線所夾的角度固定不變，這些線稱為恆向線（rhumb line），畫在地球儀上之後，就可以看出會呈螺旋形朝北極走去。

這些航線並不是從甲地到乙地的最短路徑，但如果你比較關心不要偏離航線，那麼這些路徑顯然是最好的。

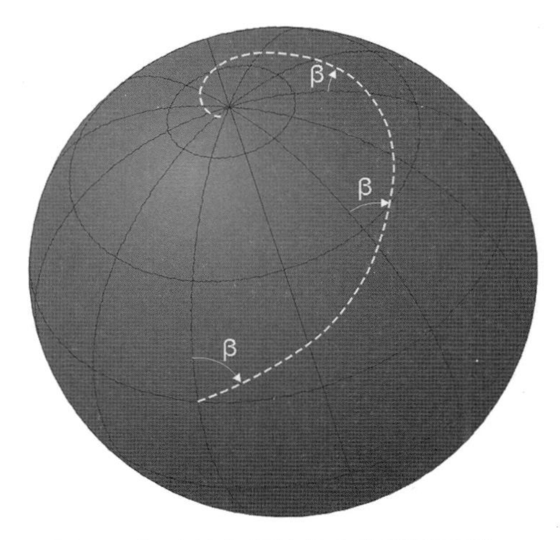

圖 5.5 恆向線與經線的夾角維持不變。

麥卡托的地圖有個非常棒的性質，就是可把這些彎曲的路徑變成直線。如果你想找到正確的角度來定出從甲地到乙地的路線，就只需要在麥卡托地圖上畫出這兩地間的直線，而這條線與指向北方的經線所夾的角度，就會是你在橫渡海洋時必須保持的角度。

由於這種把球體投影在長方形上的方法讓角度保持不變，便稱為保角映射（conformal mapping）。你可以按照以下的步驟做到這件事。想像地球是個氣球，表面滿是未乾的墨水。用圓柱體包裹地球，並使圓柱體碰到赤道。現在開始替地球充氣，讓它的表面漸漸跟圓柱體接觸，隨著氣球膨脹，墨水也就印出了表面的地圖。

把圓柱體展開，就會看到你的地圖了。用這種方法沒辦法繪製南北極，所以最上方會是一條靠近北極的緯線。這種地圖的效果是，從赤道向北或向南前進時，緯線也會跟著拉長。這對航海的人來說是極好的工具，麥卡托致力的目標顯然也在於此，因為他給地圖下的標題是「依航海用途而適度改造之新式且更完整的地球描繪」。

在這種地圖上，航線與經緯線間的夾角都保持不變，但地理上的面積和距離卻沒有保持，於是產生了非常大的政治影響。主要是因為這種地圖十分有用，幾世紀以來就成了地球外觀的公認樣貌，但它大大抬高了離赤道很遠的國家，如荷蘭和英國的重要性。舉例來說，如果你在赤道上畫一個圓，在格陵蘭上方也畫個同樣大的圓，然後用麥卡托投影法把兩圓繪製在地圖上，你就會發現第二個圓的面積變成十倍大。又如非洲繪製起來和格陵蘭差不多大，但實際上它是格陵蘭的十四倍。

麥卡托地圖與後殖民政治觀點背道而馳，於是聯合國教科文組織（UNESCO）採用一種替代版，稱為高爾－彼德斯地圖（Gall-Peters map）。這種地圖已經在英國各個學校廣泛使用，但在美國，到 2017 年才有波士頓學校體系用它取代教室裡的麥卡托地圖，美國其他許多學區還沒有跟進。對很多美國人來說，國土面積縮小不太符合他們對美國世界地位的看法。

事實上，任何一種地圖都有所妥協。其實高斯在研究不同幾何形體的曲率性質時，就發現了這一點；他證明出，平面的地圖不可能在距離沒扭曲的情況下包裹住球形的地球，他把這項發現稱為絕妙定理（Theorema Egregium）。任何一種世界地圖都必須有所妥協。面積在高爾－彼德斯地圖中可能是對的，但國家的形狀就不對了，非洲的長度看起來是寬度的兩倍，但實際上它的形狀比較像正方形。

大多數的地圖總會把北半球放在上面，南半球在下面，看起來理所當然。然而球體是對稱的，因此沒有理由不把地圖的方向上下顛倒過來。這種選擇反映了，草擬地圖的人居住在北半球。

澳洲居民麥克亞瑟（Stuart McArthur）就決定製作一張南半球放在上面的地圖，來對抗這種北半球的偏見。第一次看到這張地圖的時候，你會大為震驚，看起來就是不太對勁，然而這純粹反映了我們已經習慣麥卡托眼中的地球。

地圖跟你想要的目標有關。它是航行的捷徑嗎？還是弄清楚土地面積的捷徑？大部分的地圖會設法保留某個幾何特徵，也許地圖上的距離與地球上的距離一致，或是線與線間的夾角相同，但有時候，好的地圖會捨棄所有這些東西，只保留如何從甲地走到乙地的最重要特徵。

倫敦地鐵路網圖是我最喜歡的地圖之一，每天都會用到。對於在倫敦市穿梭而言，標示出地鐵地理位置和路線的實際地圖並沒有很大的幫助。另一面，貝克（Harry Beck）在1933年出版的圖示化路網圖，雖然忽略實際的特點，卻找出了路網相連結的方式。由於這種路網圖實在太過創新，起初還被地鐵公司打回票。

地鐵公司當時深陷麻煩之中，因為倫敦人不搭地鐵，營運一直賠錢。他們設法找出原因，結果發現大家就是沒辦法在路網中找到方向，地鐵公司製作的路網圖試圖複製倫敦市的地理環境，結果卻產生糾結成一團、難以辨認的線條，大家都覺得很難看懂。

貝克看到這個問題，決定捨棄地理準確度。他把路線挪過來移過去，整理一下，讓它們以漂亮的角度交叉，把站與站拉開。貝克的電子學背景可能有些幫助，因為這張路網圖的布局比較像電子電路板，而不像列車路網圖。

地鐵公司意識到他們需要更好的路網圖，供乘客搭地鐵時用來找路線，最後終於決定採納貝克的提案。他們印刷了七十五萬份路線圖發送給乘客。

這份路線圖已經成為國際標誌，它也給了藝術家創作的靈感。帕特森（Simon Patterson）的改繪作品掛在倫敦的泰特現代美術館（Tate Modern），他把站名換成工程師、哲學家、探險家、行星、記者、足球員、音樂家、電影演員、聖人、義大利藝術家、漢學家、喜劇演員和法國國王「路易」的名字；J. K. 羅琳甚至在鄧不利多教授的左膝蓋留下一道倫敦地鐵圖形狀的疤，意思是她在搭地鐵的時候為哈利波特系列小說構思出最棒的點子。

倫敦地鐵路線圖的威力在於，它不是地理的地圖，而是把注意力放在如何從甲地到乙地這個更重要的特性上。從柯芬園站到萊斯特廣場站的連線，長度與從國王十字車站到卡利多尼安路站的連線相同，但這並不表示距離相同。對通勤者來說，知道兩站間有這樣的連線比知道兩站間的距離重要得多。

路線圖的例子正是看待世界的一種新方法。這種方法是在十九世紀中葉所提出，物件之間的確切距離在這裡並不重要，而形狀相同的關鍵通常是它們相連結的方式。高斯是最早開始思考「曲面的性質不是看實際幾何結構，而是由曲面上的點如何相連來決定」的人之一，儘管他的這些想法從未發表出來，仍然給了李斯廷（Johann Benedict Listing）靈感，讓李斯廷在 1847 年發表的文章中，首次以拓撲學的名稱來描述這種看待世界的新方式。我們在第 9 章會看到拓撲地圖不僅在倫敦地鐵上很有用，更是在網路中找路的實用捷徑。

但圖示不必只限定在顯示倫敦不同地點間的實際連結。把地鐵站換成內心的想法，也能做出非常有效的地圖。這些地圖稱為心智圖（mind map），目的是在你可能正要探索的想法中，弄清楚不同想法之間的有趣關聯。心智圖有助於構思出主題很難用文字來理解的完整故事，所以多年來學生一直用來應付考試。就某些方面而言，這種地圖用上了庫克的記憶宮殿。心智圖可以把一大堆想法變成你能在書頁上走過的實際旅程。

然而，這些圖示有悠久的歷史。牛頓在筆記本上的信筆塗鴉，呈現了他在劍橋讀大學時所運用的某種心智圖，透露出他對不同的哲學問題之間有何關聯的想法。關鍵在於，這些地圖希望打斷教科書以單一維度呈現觀念的方法，並試圖模仿我們心智的運作方式，從更多維度處理想法。

• 繪製大世界與小世界

正如達文西所說，視覺世界可以描述的事物永遠超越文字世界。只要一張圖片，就能傳達藏在複雜文字或方程式底下的單純模式。然而圖示不單單是在我們眼睛所見之物的有形表徵。圖示的本領在於，讓看待世界的新方式具體化，就像卡羅筆下照原比例畫出的滑稽地圖所闡釋的，它往往需要捨棄資訊，著重於必要的內容。在其他時候，圖示會把某個科學概念轉化成視覺語言，再讓幾何數學接手，提供新的地圖，協助我們理解眼前的科學。

波蘭數學家兼天文學家哥白尼一定明白，一張好圖片的力量有多麼大。哥白尼在1543年去世前不久發表的巨著《天體運行論》中，花了405頁的文字、數字及方程式，解釋他提出的日心說。但他在著作開頭所畫的簡單圖示，就把他具革命性的想法描繪出來了：太陽系的中心不是地球，而是太陽。

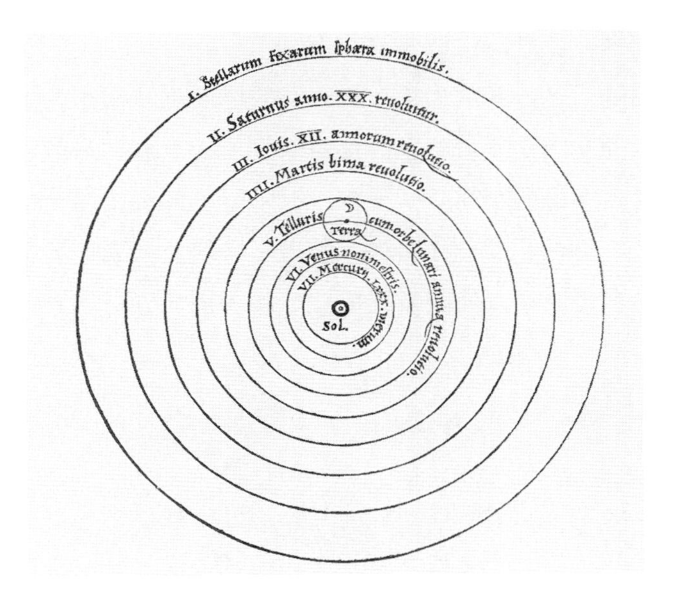

圖 5.6 哥白尼把太陽畫在太陽系的中心。

他畫出的圖像總結了最佳圖示的幾個基本要素。同心圓並不是在描繪各行星的精確軌道，哥白尼知道這些軌道不是圓形。圓與圓之間距離相等，用意不是要告訴你行星與太陽或和彼此間相距多遠。恰恰相反，這張圖在傳達一個簡單卻令人震驚的想法：我們不是一切的中心。它改變了我們的看法，我們在宇宙中的位置就此不同。

如今，宇宙學家用示意圖標出整個宇宙一百三十八億年的歷史、描繪大質量黑洞的運作、理解四維時空的錯綜複雜。示意圖的強大威力提供了通往浩瀚宇宙的捷徑，也許只有透過這個唯一的辦法，我們才能想像在乍看之下奇大無比的宇宙裡，我們的位置到底在哪裡。

但圖示也能像放大鏡一樣，讓我們看到非常小的東西。走進隨便一間化學實驗室，你會看到白板上寫著一些字母代表原子，字母間用單線、雙線，有時是三條線相連，代表那些原子之間的化學鍵（單鍵、雙鍵、參鍵）。這些示意圖告訴化學家，原子以什麼方式擺在一起，構成分子世界。

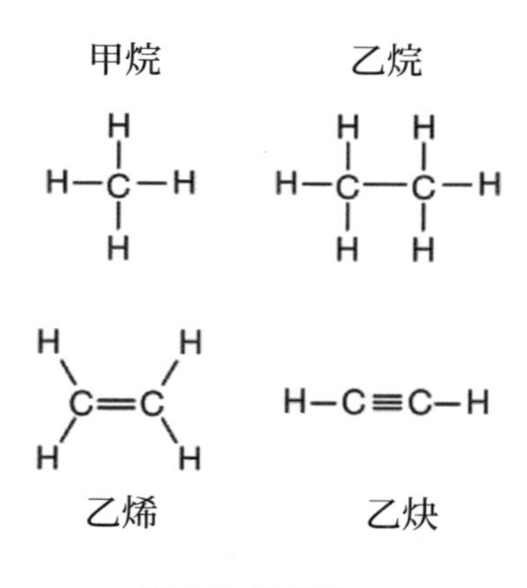

圖 5.7 分子圖。

從甲烷的結構圖可看到一個 C 在中央，有四條線從 C 連接出來，每端各有一個 H，表示一個 CH_4 分子，即一個碳原子和四個氫原子。無色、易燃的氣體乙烯 C_2H_4，結構稍微不同，在兩個 C 之間有雙線連接，而有四個 H 接在這兩個 C 上。

利用這些示意圖，就可以理解分子如何發生反應及變化。帶有雙鍵的分子通常比只有單鍵的分子更活潑。在化學上我們很習慣運用這些示意圖，因此容易忘記它們也是一種捷徑，讓我們更快掌握那些尺度小到連顯微鏡都很難掌握的奇特反應。然而這些示意圖也能讓我們發現隱藏在分子世界內部的新結構。

正如甲烷分子展示的，碳原子喜歡外接四條線，氫原子只會有一條線。所以法拉第（Michael Faraday）在 1825 年初次萃取出苯分子，然後發現它是由六個碳原子和六個氫原子所組成，某種程度上就成了難以理解的謎團。如果你嘗試畫出它的結構圖，數字看起來怎麼算都不對，只用六個獨臂的氫原子，似乎不可能應付六個各伸出四隻臂的貪婪碳原子。最後，在倫敦工作的德國化學家克古列（August Kekulé）終於解開這個謎團。

他寫道：「一個晴朗的夏日傍晚，我像平常一樣搭末班公共汽車從外地回來，車子駛過空蕩蕩的市街。我陷入遐想，瞧，原子在我眼前歡蹦亂跳⋯⋯車掌大聲喊『克拉彭路』的聲音讓我從夢中驚醒；但不管怎麼說，我夜裡花了一點時間在紙上畫下這些如夢形狀的草圖。」

然而苯的結構仍然不得而知。他花費很多個深夜研究，想要理解這些圖示，直到做了另一個夢才終於揭開祕密。

克古列寫道：「我讓椅子面向火，就開始打盹。原子再次在我眼前蹦蹦跳跳⋯⋯長列有時候更緊密拼湊在一起，像蛇在移動般盤繞。但你看！那是什麼呀？其中一條蛇緊咬著自己的尾巴，身形在我眼前嘲弄似的打轉。我彷彿被一道閃電打醒了。」

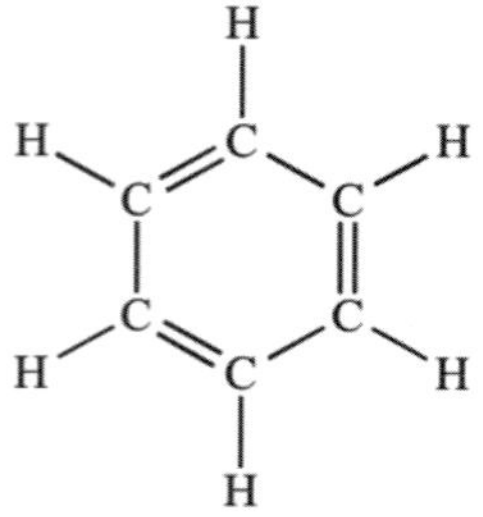

圖 5.8 苯環結構。

他找到答案了。用盡碳臂的方法就是把原子排成一個環，讓它們握住彼此的手，然後只用一隻手臂和一個氫原子握手。苯環及其他分子中類似環狀的結構發現之後，就帶起化學新領域的發展。結果發現，許多帶有這種環狀結構的分子都是芳香族化合物。舉例來說，如果你把其中一個氫原子換成 CHO，所構成的苯甲醛分子會帶有杏仁味；若改成長長的 CHCHCHO，就會變成桂皮醛而有肉桂味。

這些分子非常單純，用平面的示意圖就能描繪出它們的結構。但像血紅素這樣更複雜的分子，要用圖像描繪就困難得多。生化學家肯德魯（John Kendrew）利用大量的二維 X 光，成功拼湊出這種蛋白質的晶體結構，後來因這方面的研究在 1962 年獲得諾貝爾獎。

這是了不起的成就：血紅素分子由超過 2,600 個原子組成（這對蛋白質分子來說還算是相當小的）。雖然肯德魯在 1957 年設法製作血紅素結構的圖像，但決定他還是需要求助繪圖技藝超群的人，來確實描繪出他的發現。他找蓋斯（Irving Geis）幫忙，蓋斯是受過專業訓練的建築師兼視覺藝術家。蓋斯花了六個月努力研讀肯德魯的論文和模型，畫出一張水彩圖像，刊在 1961 年 6 月的《科學人》（*Scientific American*）雜誌上。這張令人驚豔的圖像讓蓋斯成名，但它實在太過複雜，並未提供捷徑讓人真正理解血紅素分子的性質。

嘗試描繪 DNA 分子大概算是終極挑戰了。就像我在前面強調過的，畫出好圖示的祕訣往往是扔掉資訊。當克里克（Francis Crick）和華生（James Watson）發現 DNA 的雙螺旋結構時，他們本來可以在《自然》期刊上的論文裡繪製極其複雜、帶有完整分子描述的圖像，但這項發現的本質是構成 DNA 的那兩條長鏈，並解釋 DNA 分子如何讓基因代代相傳。

舉世皆知，他們在以往常去喝酒的劍橋酒吧宣布他們成功的消息。克里克飛奔回家說他發現了生命的祕密，他的妻子歐迪兒（Odile）相當不屑一顧：「他回到家來老是這麼說。」

有意思的是，歐迪兒也在這個全世界注目的發現中占有一席之地，因為論文裡的示意圖是由歐迪兒繪製。克里克交給歐迪兒一張草圖，雖然克里克畫出了想表達的某種東西，可是他缺乏美術技能，呈現不出這項發現中的重要訊息。歐迪兒是受過專業訓練的藝術家，1930 年代時在維也納求學，後來進入倫敦的聖馬丁美術學校和皇家藝術學院。她大部分的作品都以裸女為主題，也畫過幾張丈夫的畫像，但分子結構其實不是她擅長的領域。

不過，在克里克用他那張相當凌亂的草圖解釋這項發現時，歐迪兒抓到了要領，把他的含糊概念變成難忘的圖像，歐迪兒當時大概沒有意識到這張圖的力量——因為這張雙螺旋結構圖不但成了 DNA 的象徵，也是生物學甚至科學發現的象徵。

從一開始，雙螺旋結構圖就引起藝術家的興趣。達利很快就把它加進他的科學隱喻調色盤，在他所謂的「核子神祕主義」(nuclear mysticism) 時期裡，便借用 DNA 的題材來展現他畫作中出奇保守又虔誠的一面。

然而對我來說，示意圖最神奇的用途之一是費曼圖 (Feynman diagram)。費曼圖不僅讓我們看見連在顯微鏡下也無法看到的東西，還可以省去必須做一些極複雜計算的麻煩。

化學家的黑板上寫滿了用短線相接的 C、H 和 O，但在物理學家的黑板上，你可能會看到的示意圖是在描繪基本粒子間的交互作用；化學家研究的原子就是由基本粒子所組成。這些活潑的圖示顯現出可能發生的事件會隨著時間如何演變，例如電子和正子產生交互作用的時候。

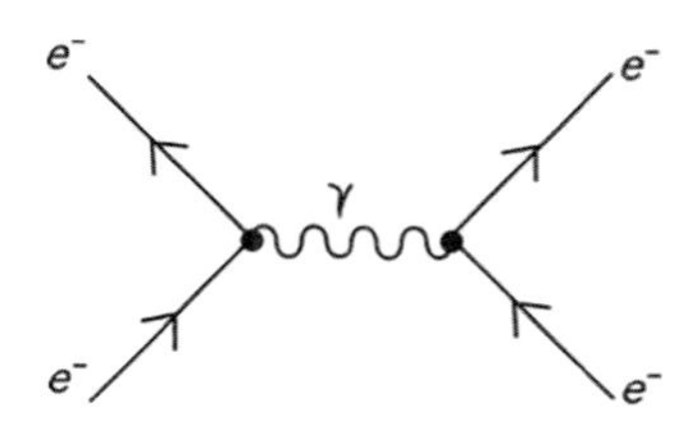

圖 5.9 描述電子與正子交互作用的費曼圖。

物理學家費曼（Richard Feynman）憑空想出這種圖示方法，來記下他為了弄清楚這些粒子而做的極複雜計算。1948年春天，在賓州鄉間波科諾莊園飯店（Pocono Manor Inn）舉行的理論物理學家會議上，他初次透露自己所發現的這個圖示捷徑。

在討論量子電動力學（QED，旨在解釋光與物質間的交互作用）理論的非公開會議上，來自哈佛大學的天才青年施溫格（Julian Schwinger）已經花費一天的時間，解釋他用來研究量子電動力學的複雜數學思路。儘管馬拉松式的整天講座中間有幾次休息時間，喝喝咖啡，吃頓午餐，但到最後，聽眾的腦袋大概都疲乏了。這或許可以解釋，當費曼在那天結束前站起來講解他的研究方法，然後開始在黑板上畫起圖來，為什麼在座者頓時茫然費解，不明白要怎麼利用這些圖進行計算。事實上，有幾位耐著性子聽完講座的大人物，如狄拉克（Paul Dirac）和波耳（Niels Bohr），都對費曼的圖大惑不解，斷定這個美國年輕人簡直不懂量子力學。

會議結束後，費曼失望又沮喪的離開，但物理學界的另一位名人戴森（Freeman Dyson）最後解救了這些圖示，戴森弄懂它們實際上就等同於施溫格所做的複雜數學計算。戴森在一次演講時解釋完這個洞見，物理學界才開始認真看待費曼圖。戴森隨後寫文章提供指引，包括逐步說明要怎麼繪圖，以及如何把圖示轉化成相關的數學式。

如今，凡是想要釐清粒子交互作用時發生什麼現象的理論物理學家，第一個落腳處就是費曼構思出來的費曼圖。它們是絕佳的圖示捷徑，能用來理解物質宇宙基礎內部發生的相互作用。目前還沒有任何實驗單獨偵測到夸克，然而黑板上的費曼圖，讓我們有辦法在這種基本粒子與環境交互作用時，理解其演變過程。

潘洛斯（Roger Penrose）是我的牛津同事，他發展出一種同樣強大的視覺捷徑，可理解基礎物理學中一些最複雜的想法。他在 1967 年提出扭量（twistor）理論，企圖統一量子物理學與重力，前者在探究極小世界的物理學，而後者一般是屬於極大世界的物理現象。扭量是個極為數學的理論，對潘洛斯來說，處理複雜數學的最佳方法就是畫圖。幸好他本身就是遊刃有餘的藝術家，曾經和荷蘭視覺藝術家艾雪（M. C. Escher）有一些有趣的互動。潘洛斯的藝術才能或許有助他創造出最好的圖示捷徑，方便他處理自己理論中的複雜數學。

潘洛斯的想法雖然是在 1960 年代後期提出，但由於新興研究將他的理論搭上目前的觀點，近來成為主流。從這條新思路產生的其中一種圖示叫做振幅多面體（amplituhedron），它提供了很棒的捷徑，幫助我們理解八個膠子（gluon）交互作用的物理現象；膠子是一種透過強核力（strong force）讓夸克黏合起來的粒子。即使採用費曼圖，以代數處理同樣的計算還是需要五百頁左右。

哈佛大學理論物理學家柏傑利（Jacob Bourjaily）也是提出這個新想法的其中一位研究員，他評論：「效率高到難以想像。你可以在紙上輕易做完計算，這在以前就連用電腦都辦不到。」

• 文氏圖

你或許認得本章開頭謎題裡用到的圖。它們稱為文氏圖（Venn diagram），是一種能有效組織資訊的視覺方法，圖中的每個圓圈各代表一個概念，而圓圈相交或不相交所產生的區域，就用來說明這些概念彼此關聯的各種可能邏輯結果。例如要區分哪些數字是（1）質數、（2）費波納契數、（3）偶數，我們可以把數字 1 到 21 按照它們符合哪幾項來分類。

文氏圖這種巧妙的圖示法能呈現出各種可能的情況。在這個例子中，它顯示 2 是唯一的偶質數（數學家覺得，因為 2 是唯一的偶質數而說它是奇怪的質數很可笑[1]）。沒有哪個數既是偶數也是質數，卻不是費波納契數。

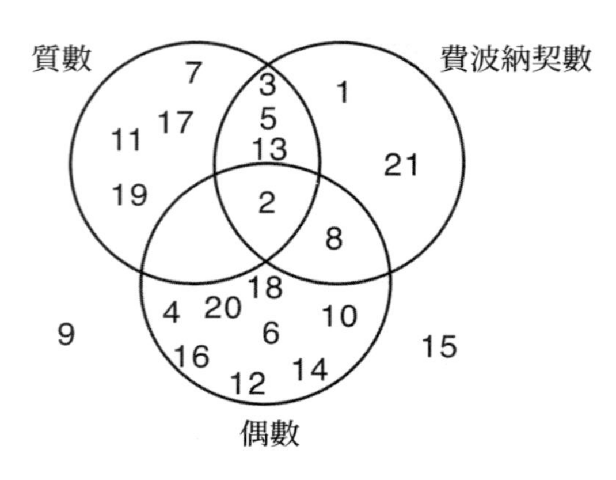

圖 5.10 用文氏圖說明質數、費波納契數與偶數。

英國數學家文恩（John Venn）1880 年在論文〈論命題與推理的圖示和機械表徵〉（On the Diagrammatic and Mechanical Representation of Propositions and Reasonings）中提出這種圖，因此就以他的名字來命名。文氏圖是為了幫助理解布爾（George Boole）所發展出來的邏輯語言；布爾是英國數學家，與文恩同一時代。

1　編注：「奇怪的質數」和「奇質數」的英文都是 odd prime，此處的笑點在於雙關。

除了圖示，文恩還專門做投球機，供板球隊員練習擊球。澳洲板球隊在參訪文恩任教的劍橋時，要求試用這台機器，結果它連續四次讓他們的隊長出局，他們感到相當吃驚。但對文恩來說，他的圖有更長遠的重要性。

他寫道：「我馬上開始稍微多花些時間處理我應該講授的主題和書籍。我這時先想出用包含及互斥的圓圈表示命題的圖示法。當時這個方法並不陌生，但想從數學角度處理相關主題的人，顯然會試著用這個方式來具體呈現命題，因此我幾乎是立刻就想到它。」

文恩說對了，運用圖像表示各種邏輯可能的想法，在當時並不陌生。事實上有證據顯示，十三世紀的哲學家柳利（Ramon Llull）發明過類似的圖示，用來理解不同宗教特質與哲學特質之間的關係。他拿這些圖示當作辯論工具，透過邏輯和理性說服穆斯林接受基督教信仰。

但留傳下來的是文恩的名字。大多數情況下，你會看到只考慮三個不同類別的圖示，因為這似乎是最容易畫在紙上，又可表示各種可能情況的圖示。增加到四個類別時，你就必須更努力讓區域相交的方式涵蓋所有可能的邏輯關係。舉例來說，下面這張圖就不夠好：

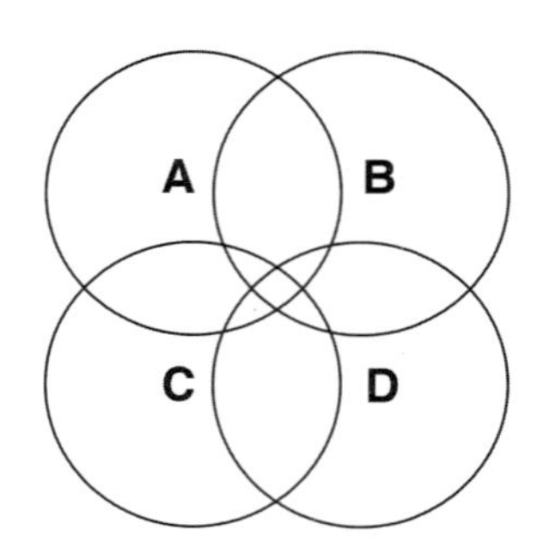

圖 5.11 這張圖不是四個集合的文氏圖。

沒有任何一處代表既屬於區域 A 又屬於區域 D，但不屬於其他兩個區域。你需要的圖反而長得像下面這樣：

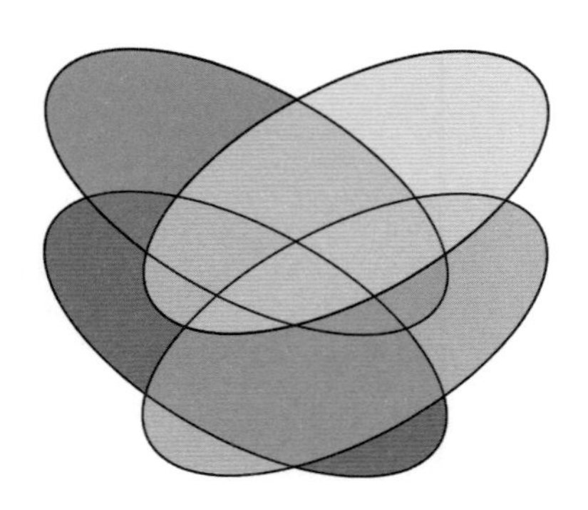

圖 5.12 四個集合的文氏圖。

至於七個集合的文氏圖，就開始失去用圖示來幫助理解的功能了：

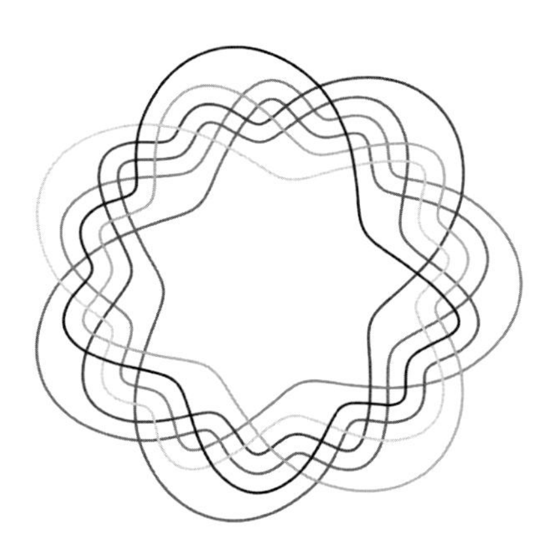

圖 5.13 七個集合的文氏圖。

維納（Andrew Viner）的《發出樂聲的文氏圖》（*Venn That Tune*）是我最喜歡的書籍之一，他用文氏圖表現歌名，本章開頭的謎題就是其中一個。圖片以捷徑表示出英國民謠搖滾樂團史蒂勒斯惠爾（Stealers Wheel）的單曲〈和你一起困在中間〉（Stuck in the Middle with You）。

通往捷徑的捷徑

你會怎麼用圖片或示意圖來描述訊息或資料？

可運用的圖示類型有許多種，也許還能提供理解的捷徑。用簡單的圖表顯示公司一年內不同時間點的利潤關聯；用長條圖記錄某家咖啡館銷路最好的餐點；用文氏圖說明各政黨主張的異同；或是用像倫敦地鐵路網那樣的網路圖，呈現不知所云的想法之間有何關聯。

休息站：經濟學

「經濟學上最有效的利器不是金錢，也不是代數，而是鉛筆。因為你可以用鉛筆重新描繪世界。」這是拉沃斯（Kate Raworth）在《甜甜圈經濟學》（*Doughnut Economics*）一書的開場白，她在這本書中說明了一個質疑二十世紀經濟學故事的新圖像，圖的形狀像是甜甜圈。

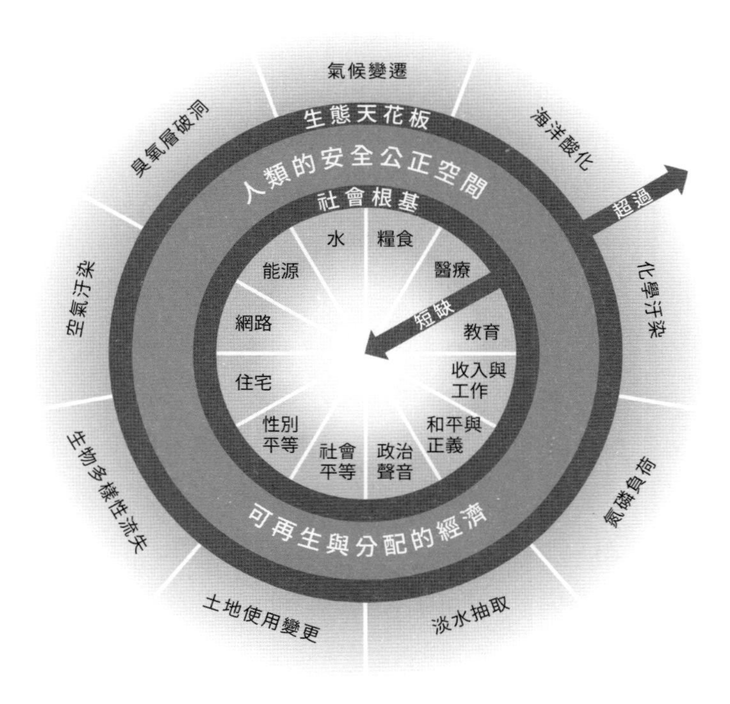

圖 5.14 甜甜圈經濟圖。

我非常喜歡拉沃斯的書，部分原因是，甜甜圈始終是我最喜歡的形狀之一，不只因為它吃起來美味可口，還因為這種形狀（我們在數學上稱它為環面）的數學令人著迷。了解它的算術，是證明費馬最後定理的重點所在，它的拓撲結構對於理解宇宙的可能形狀十分重要。但就如我在拉沃斯的書中發現的，它也是一場經濟學革命的關鍵。所以我很想跟她聊聊，她最初怎麼想到用這個顛覆傳統的圖當作經濟思維的捷徑。

打開任何一本經濟學著作，參加任何一場經濟學講座，看任何一支經濟學影片，你總會看到同樣幾張圖一再出現。其中一張是成長圖，總是畫出一條增長得愈來愈快的上彎曲線，保證未來有看似無可限量的產量。另一張是兩條直線或兩條曲線呈 X 形交叉的圖，用來描繪數量對應價格的供需關係。需求曲線顯示，價格愈便宜，消費者就購買得愈多，供給曲線則顯示，如果價格上漲，供給者將會增加生產量；把兩條曲線放在一起，目的是在呈現經濟均衡，即需求量等於供給量時的價格。

這些圖實在很有效，結果讓人以為經濟學實際上就只是在講供給與需求，但拉沃斯想質疑這種模型。它遺漏掉很多對於了解全球經濟很重要的東西，好比環境和人權。

正如英國作家蒙比奧（George Monbiot）在他的著作《走出殘骸》（*Out of the Wreckage*）中所寫，反駁一個故事的最好方法是用另一個故事。拉沃斯有類似的理念，她說：「這些舊圖像就像腦海中的知識塗鴉，而且和塗鴉一樣很難擦去。你能做的就是畫上新的東西把它遮住。」

拉沃斯向來認為視覺材料是了解複雜性最好的方式。「求學的時候，老師阻止我在書本空白處畫圖，但現在我們知道智能有許多形式，視覺智能就是其中之一。我十幾歲時很喜歡讀費曼寫的書，他的書裡有很多圖。也許那很早就告訴我這也是理解的一部分，即使其他人說我在亂畫。」

拉沃斯在學校繼續讀經濟學，但覺得這門學科並沒有真正了解人類社會的運作方式。「我真心開始為我學到的概念感到慚愧。」

拉沃斯在擔任陪審員期間，偶然看到世界銀行環境部經濟學家戴利（Herman Daly）的一張圖，就此在她的經濟見解中播下了種子。戴利想挑戰無限制成長的假設，因此提議在經濟學家的圖表周圍畫個外圈，而且應該標上「環境」。

拉沃斯說：「出色的圖具有力量，一看到就無法視而不見。它能讓你的思維模式迅速改變。」

多年下來，戴利的圖一直在拉沃思的潛意識裡，直到她在樂施會工作，另一張受到戴利理念啟發的圖讓她頓悟，改變了她對經濟學的觀點。第二張圖是環境科學家羅克史托姆（Johan Rockström）繪製的九行星邊界圖，邊界代表人類的安全作業空間。圖中有戴利的圓圈，但現在又有從中間向外輻射的大塊紅色區域，每塊區域代表臭氧層、水循環、氣候、海洋酸度等等。問題是當中有許多區塊都超出了圓圈。

拉沃斯說：「我就是有這種出自內心的反應，我領悟到這是二十一世紀經濟學的開端。」

但它不只是一張好看的圖片，它背後還有數字支持。經濟學家通常會把事物換算成美元來衡量，這算是一種巧妙的捷徑，讓我們能夠比較看似不能共存的數量，並以一個數字來判定一切。然而拉沃斯對這種單一維度的觀點持懷疑態度，她打個比方：如果你想開車，但那輛車的速度、溫度、轉速、油量的一切相關資訊都集中在一個刻度盤上，那麼你絕對不會開那輛車。

她說：「實際上，你會想要有儀表板。人類非常擅長利用儀表板。我們生活在複雜的系統中，把複雜性隱藏起來，並不會給你更貴重的決策工具，這樣的捷徑很危險。」

因此，這些新圖示才令人興奮不已。這些圖沒有用美元當作唯一的衡量標準，相反的，它們用了多項指標，例如二氧化碳噸數、肥料使用噸數、臭氧指標。不過拉沃斯認為，圖上還少了一個重要的環節，也就是人類。

「我坐在樂施會開會，周圍的人在討論撒哈拉沙漠的乾旱緊急狀況，或為印度兒童的健康和教育問題發起運動，我心想，如果有個外圈代表人類能對地球施加的壓力極限，那麼內圈也要有一個極限，那就是我們喊了將近七十年的人權。包括每個人每天需要多少糧食，或需要多少飲用水，或成為社會一分子的住宅或教育最低條件等等權利。如果有外圈，那麼我確定我們也必須畫一個內圈。」

這個時候，拉沃斯走向我辦公室裡的白板，隨手畫了一個甜甜圈，外圈代表環境，內圈代表人權。開始講述甜甜圈的故事。

起初拉沃斯沒公開這張圖。然後在 2011 年，地球系統科學家辦了一場會議來討論九個行星邊界，有人轉向樂施會的代表拉沃斯說：「這個行星邊界架構的問題，是沒有把人放進去。」拉沃斯看到牆上有一塊大白板，就說：「我能不能畫張圖？」

她突然站起來，在白板上畫出甜甜圈，然後解釋，就像需要一個外圈限定人類對環境的影響，我們也需要一個內圈來代表地球上每個人最低限度的生活條件，諸如糧食、水、醫療照護、教育、住宅。

「我們必須運用地球的資源滿足每個人的需求，但又不能使用過度，超出地球的極限。我們希望介於中間，」她指著甜甜圈說。「我畫得非常快，因為我以為他們會說：嗯，親愛的，回座吧。但恰恰相反，他們興奮的回應說，那正是我們一直欠缺的圖，它不是一個圓圈，而是一個甜甜圈。」

拉沃斯把她的圖整理成樂施會的討論文件並發表出來，立刻引起熱烈的迴響。「那一刻，我真的為圖像這個捷徑的力量感動。如果你把圖裡所有的詞彙——糧食、水、工作、收入、教育、政治聲音、性別平等、氣候變遷、海洋酸化、臭氧層破洞、生物多樣性流失、化學汙染——列成清單，沒有人會感到驚奇。但如果你把它們相互對照，畫在兩個同心圓上，大家會說這是一種思維模式上的改變。」

正如伯格（John Berger）在 1972 年出版的經典著作《觀看的方式》（*Ways of Seeing*）中所寫：「觀看先於言語。孩子先看、會辨認，然後才開口說話。」

對拉沃斯來說，圖是一種捷徑，但也概括了一種世界觀。然而，它也有風險，因為它所表示的捷徑可能只是「你」看待世界的方式。你認為不重要的東西可能確實隱藏起來了，但對其他人來說，這些東西也許十分重要。如果一家公司只在乎短期企業利潤，可能會對指數型成長圖很滿意，但如果你關心環境，就會知道這條捷徑掩飾了經濟成長對氣候造成的衝擊，是某些人刻意選來快速達成他們想要的目的。它使得另一組人遠離所追求的目標。

由於圖示會捨棄無關的資料，某種程度也能說是貪圖省事。拉沃斯認為，你所省掉的事有可能反映出你的世界觀。對一位經濟學家來說可用來解釋理念的捷徑，在另一位經濟學家看來也許是完全走錯路，把人帶離自己所相信的正確目標。

她說：「捷徑可能會把你帶往極度危險的洞。我很喜歡引用鮑克斯（George Box）這位數學家說過的話：所有的模型都是錯的，但有一些很管用。」

拉沃斯在《甜甜圈經濟學》中提出七張新圖，甜甜圈做為通往新經濟目標的捷徑，也列在其中。她回想寫書過程，承認創造這些捷徑就像開鑿隧道一樣，是艱苦的工作。

但考慮到地球和人類未來的走向，這是急迫的工作。

拉沃斯說：「為了改寫經濟學，讓它成為適合二十一世紀的工具，我們就必須用上所有能使用的捷徑，因為我們的時間不多了！」

6

微分捷徑

謎題

如果你讓球從這些斜坡往下滾，哪個斜坡會使球最快抵達終點？A、B、C三者中哪條路線是捷徑？

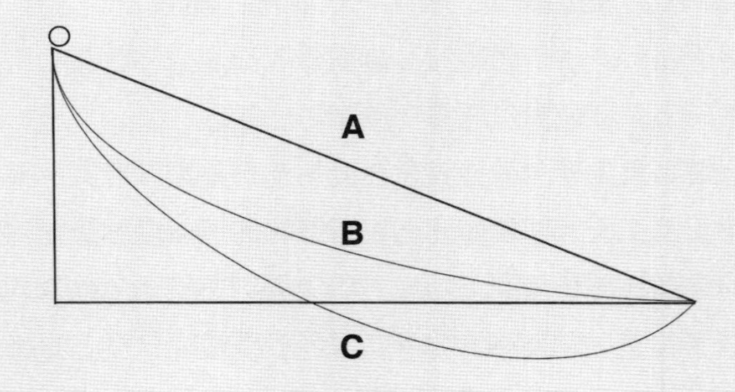

圖 6.1 哪一條是最速降線？

太空人葛倫（John Glenn）中校環繞地球飛行第三圈，開始準備讓太空船重返地球大氣層。那天是 1962 年 2 月 20 日，葛倫剛成為首位繞行地球的美國人，但他還得平安回家，任務才算成功。他選的降落軌道將會是關鍵，下降的角度一旦出錯，太空船會在進入大氣層時燒毀，太空船降落的位置在離岸太遠的外海，海軍就無法及時趕到，阻止太空艙墜入海底。

葛倫把性命交給處理數字的「計算機」。在 1962 年，這些計算機並不是機器，而是一群女性計算員，2016 年的好萊塢電影《關鍵少數》（*Hidden Figures*）讓她們名垂青史。在電影中，點火發射前葛倫在發射台待命，向地面指揮中心要求說：「去把那個女孩找來，檢查數字對不對。」他們所說的那個女孩是凱薩琳．強森（Katherine Johnson），美國航太總署（NASA）當時雇用的計算團隊成員之一。在電影中，她花了二十五秒做數學運算，確認一切無誤。

在真實世界中，強森是在發射前幾星期做計算，而且大概花了兩三天，即使如此，以這麼快的速度處理變化這麼複雜的可能路徑和情況，仍令人印象深刻。不過，強森的錦囊裡藏著捷徑，可讓 NASA 和曾經送太空船上太空的每個機構知道，他們的太空船最後會在哪裡，這個捷徑就是微積分，它可能是數學家至今發明過最強大的找捷徑工具。從探測器登陸彗星，到太空船飛掠行星，微積分都會做為路標，指引太空船到正確方向，讓太空船抵達終點。

利用這種數學捷徑之力的不只有太空工業，還有許多設法追求最大產量、最低成本，想以最有效率的方法製造產品的公司。就像航太製造商想要設計出產生最小阻力的機翼，這樣才不會浪費燃料；油輪必須找到通過洶湧水域的最快航線；證券經紀商試圖看出某股票狂跌前的股價最高點；建築師想要在周邊環境的限制下，設計出空間最大的建築物；建造橋梁的工程師必須在不影響結構穩定性的情況下，使用最少的材料。

上述例子全都需要靠微積分來達成目標。如果你有個複雜的方程式可以描述經濟情況、能源消耗量或你所關注的任何事情，那麼你就能用微積分來分析方程式，求得產出的最大值或最小值。

微積分也為十七世紀的科學家提供了工具，讓他們能夠理解不斷變化的世界。蘋果往下掉，行星繞軌道運行，流體在流動，氣體在打轉。科學家希望有方法能約略了解所有動態情境，而微積分正是一種讓所有運動定格的方法。令人驚訝的是，它反映出活躍於當代藝術家的興趣：巴洛克畫家描繪出摔下馬背的士兵，建築師設計的建築物以彎彎曲曲的活潑曲線雕琢，雕刻家用石頭刻畫河神之女達芙妮（Daphne）在光明之神阿波羅（Apollo）懷中變成月桂樹的那一刻。

十七世紀後半葉發生的科學革命，要歸功於當時的兩位大數學家：牛頓和萊布尼茲。這兩位偉大人物發展出來的微積分，提供了最不可思議的捷徑，讓我們理解不斷變化的宇宙。費曼曾形容它是「上帝的語言」。

所以，如果你還沒有學過微積分，現在正是時候。你必須看一些方程式，但我保證是值得的。

• 變化不定的宇宙

在葛倫完成繞行地球的創舉之前，他得先抵達太空中的軌道，這個過程也需要微積分幫忙。

葛倫在發射台待命時，知道太空船必須達到特定的速率，即脫離速度（escape velocity），才能擺脫地心引力。不過，在太空船推向太空的過程中，並不容易得知任何一刻的速率，因為情況會不斷變化：太空船的質量會隨著燃料消耗而變小，重力的作用也會因為它離地球愈來愈遠而遞減。噴射流的推力和重力的拉力在對抗，讓整個情況看起來是不可能深入分析的難題。然而微積分的真正優勢在於，它可以考慮各種非常複雜的變數，簡要描述任何特定時刻發生的事。

一切起於一顆從樹上掉下來的蘋果，地點則是牛頓在林肯郡的老家伍爾索普農莊（Woolsthorpe Manor）花園裡。鼠疫爆發後，牛頓從劍橋三一學院撤離，回到老家避難。疫病流行期間足不出戶，對某些人來說一定是多產的時期。據說莎士比亞在環球（Globe）劇院因封城關閉的期間，完成了《李爾王》。

牛頓坐在老家的花園裡，想弄懂一個難題，就是要算出蘋果從樹上掉到地面途中任一刻的速率。速率等於行進距離除以它行進該距離所需的時間。如果速率固定不變，那沒問題，但麻煩的是，由於有重力作用，速率會不斷變化。不論牛頓怎麼測量，都只能求得他所測量那段時間的「平均」速率。

為了算出更令人滿意的速率，他可以採用愈來愈小的時間間隔。但要算出任一刻的確切速率，實際上就代表要取無窮小的時間間隔，到最後你會想拿距離除以零時間。但要怎麼除以 0 呢？牛頓的微積分弄懂了這件事。

伽利略已經找出公式，可以算出蘋果經過任何一段時間後掉落了多遠。t 秒後，蘋果掉落的距離是 $5t^2$ 公尺；這裡的 5 是衡量特定地球重力的標準，換成是月球上的蘋果樹，這個方程式裡的數字會變小，因為月球上的重力比較小，蘋果掉落得比較慢。葛倫的太空船就必須掌握這個數字隨著他離地球愈來愈遠的變化。

現在我們把蘋果直直朝上拋到空中。我打算以每秒 25 公尺的速率讓它從我的手上發射升空。棒球投手的球速可以達到每秒超過 40 公尺，所以這並不過分。球在發射後的離手高度公式會變成 $25t - 5t^2$。

我可以用這個公式算出它回到我手心所需要的時間，也就是離手高度 $25t - 5t^2$ 再次變為 0 的時候。把 $t = 5$ 代入方程式，就會得到 0，因此蘋果上拋再落下的總時間是 5 秒。

不過，牛頓希望得知蘋果在行進軌跡上各點的速率。然而因為蘋果是先減速之後又再加速，所以速率不斷在變。

我們來算算看 3 秒後的速率，就用行進距離除以時間的那個公式。好了，蘋果從第 3 秒到第 4 秒的行進距離是

$$[25 \times 4 - 5 \times 4^2] - [25 \times 3 - 5 \times 3^2] = 20 - 30 = -10 \text{ 公尺}$$

負號表示它與我一開始拋出的方向相反，已經在往下掉，所以這段時間的平均速率是每秒 10 公尺。但那只是這個一秒間隔內的平均速率，不是蘋果在第 3 秒時的實際速率。如果我想試試更短的時間間隔呢？如果讓間隔繼續縮小，我會發現速率愈來愈接近每秒 5 公尺。不過牛頓要找的是瞬時速率，也就是在時間間隔變成零的時候記錄到的速率。他的分析方法讓我們有辦法理解，為什麼第 3 秒的瞬時速率會是每秒 5 公尺。

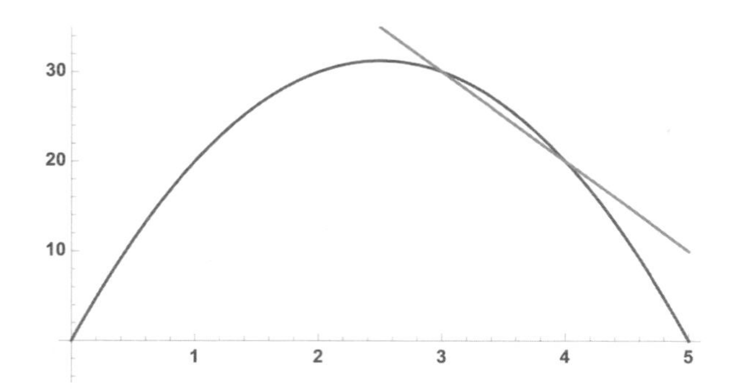

圖 6.2 蘋果高度與時間的關係圖。蘋果在兩個時間點之間的平均速率，等於那條通過圖形中這兩點的直線的傾斜度。

我們可以用時間與行進距離的關係圖解釋這種速率。第 3 秒到第 4 秒間的平均速率，等於圖形中第 3 與第 4 秒這兩點所連直線的傾斜度。我把時間間隔變小，我的直線就愈來愈像是只和曲線碰到時間 $t = 3$ 的點。碰到這一點的那條直線稱為曲線的切線，而牛頓的微積分要計算的就是這條切線的傾斜度（即斜率）。微積分告訴我們，一般來說在時間 t 點的速率與斜率會等於

$$25 - 10t$$

現在來解釋一下理由。假設我們想算出時間 t 點的速率。我們來看看蘋果在 t 秒後的一小段時間行進了多遠，好比從時間 t 到時間 $t + d$。

$$[25(t + d) - 5(t + d)^2] - [25t - 5t^2]$$
$$= 25t + 25d - 5t^2 - 10td - 5d^2 - 25t + 5t^2$$
$$= 25d - 10td - 5d^2$$

現在除以時間間隔 d：

$$(25d - 10td - 5d^2)/d = 25 - 10t - 5d$$

> 令 d 變得非常小，速率就會變成
>
> $$25 - 10t$$

這稱為方程式 $25t - 5t^2$ 的導數。這個聰明的演算法採用了可算出行進一段時間後的距離算式，然後產生新的方程式，告訴我們任一時刻的速率。這套工具的威力在於它不只能應用到蘋果和太空船上，還讓我們有方法可用來分析不停變化的東西。

如果你是製造商，知道產品的製造成本就很重要，這樣你才可以訂定能夠產生利潤的價格。由於興建工廠、雇人等環節都需要成本，製造出第一個產品的成本會非常高，但當你生產的產品愈來愈多，每多製造一個產品的邊際成本就會改變。一開始，邊際成本會下降，因為生產產品的效率變得愈來愈高。但如果產量太多，成本可能會再次提高。產量增加最後會導致超時工作、使用效率較差又老舊的工廠、競爭稀有原料等問題。結果是，生產額外的單位，成本增加。

這有點像把球拋向空中，起初球飛得很遠，但在隨後每一秒球都會變慢，經過的地域也變少了。微積分可以幫助製造商了解商品成本會如何隨產出而變化，算出應該生產多少商品才能把邊際成本降到最低。

牛頓使用捷徑來穿越時時變化的世界，造就了現代科學

的起點。我會把牛頓和高斯並列為史上最偉大的捷徑製造者之一。我甚至還去伍爾索普農莊朝聖，據說牛頓曾坐在農莊的蘋果樹下，激發出靈感，發明了這條精采的捷徑。看到那棵樹還在那裡，我很驚訝！帶我參觀的人允許我從樹上摘下兩顆蘋果，我還拿了其中一個蘋果籽在我們的花園裡成功種出一棵蘋果樹。我在農莊的蘋果樹下坐了許久，希望能為目前正在研究的問題想出捷徑，把我帶到問題的另一頭。

和我一樣，高斯也非常喜愛牛頓的研究成果。他寫道：「開創了新紀元的數學家只有三位：阿基米德、牛頓和愛森斯坦。」最後一位可沒有印錯字。那是年輕的普魯士數論家愛森斯坦（Gotthold Eisenstein），解決了高斯無法解決的幾個問題，而讓高斯印象深刻。

高斯一直對蘋果引發牛頓做出重大發現的故事半信半疑，他寫道：「蘋果的由來太荒謬了，不管蘋果有沒有掉下來，誰會相信這麼重大的發現會因此加速或受阻呢？毫無疑問，事情是這樣發生的。有個愚蠢又糾纏不休的人走向牛頓，問牛頓怎麼想到他的偉大發現。牛頓說服自己必然得忍受這樣的傻瓜，想要擺脫這個人，於是告訴他有顆蘋果掉下來，砸中他的鼻子；對那個人來說事情很清楚，就心滿意足的走了。」

牛頓的確沒什麼時間宣傳他的想法，對他來說，微積分與其說是用來找最佳解的工具，不如說是一種私人的工具，幫忙得出他在《數學原理》（*Principia Mathematica*）記載的科學結論。《數學原理》是牛頓在 1687 年出版的巨著，描述他對於重力與運動定律的想法。他解釋說，他的微積分是書中科學發現的關鍵：「透過這個新分析法的輔助，牛頓先生發現了《原理》中的大部分命題。」

他喜歡煞有介事的用第三人稱來自稱。不過，他沒有發表任何跟「新分析法」有關的記述。儘管他在朋友之間私下流傳了這些想法，但並沒有很想發表出來，供他人欣賞。他決定不要正式發表這些想法，日後卻帶來討厭的後果，因為在牛頓發現之後幾年，另外一位數學家萊布尼茲，也提出了微積分的數學，而且他的處理方式讓人注意到這項工具的最佳化本領。

• 做到最大

牛頓需要依靠微積分來理解環繞著他不停變動的物質世界，而萊布尼茲則是從比較數學、哲學的方向得到這些想法。他對邏輯和語言極感興趣，熱切的想要描述處於不斷變化之中的各種事物。

萊布尼茲有遠大的雄心，他認為應該以極其理性主義的態度看待世界。如果一切都能化約成數學語言，全部表述得明明白白，那麼人類的衝突糾紛就有希望結束：「改正我們推論的唯一方法，就是讓這些推論像數學家的推理一樣實實在在，這樣我們就可以一眼看出差錯，人與人之間起爭執時，我們只要說：閒話少說，我們來計算一下看看誰是對的。」

雖然萊布尼茲「以數學語言解決一切問題」的夢想沒有實現，但他成功創造了自己的語言，可以解決描述變化不定事物的問題。萊布尼茲新理論的關鍵是一種演算法，有點像是可執行的電腦程式或一組機械規則，用來解決大量的未解決問題。萊布尼茲對他的發明非常滿意：「關於我的微積分，我最喜歡的一點是，它在阿基米德的幾何學方面讓我們勝過古代人，正如韋達（Viète）和笛卡兒在歐幾里得或阿波羅尼斯（Apollonius）的幾何方面給予我們的優勢，它讓我們不再是靠想像力來處理問題。」

就像笛卡兒的坐標概念把幾何轉換成數字，萊布尼茲的微積分也提供了新的語言，掌握並清楚知道時時變化的世界。

雖然牛頓和萊布尼茲的重要發現讓微積分變成今天舉足輕重的必修學科，但體認到微積分可以找出捷徑通往問題最佳解的人是費馬（Pierre de Fermat）——不過，大家比較知道他的最後定理。

費馬很想找到解決下面這種難題的方法。有位國王為了感謝顧問既可靠又優良的服務，答應給他一塊靠海的土地。國王給了顧問 10 公里的籬笆，供他劃出一塊傍海的長方形土地。顧問顯然會想圍出面積最大的土地。他應該怎麼圍籬笆呢？

基本上他有一個變數要考慮，也就是長方形與海岸垂直的那一邊的邊長，我準備稱之為 X。這段邊長愈長，沿著海灘可圍出的長度就會愈短。兩個長度之間要怎麼斟酌，才會圈住面積最大的土地呢？

第一個直覺可能是選擇正方形。在找出解決辦法的捷徑當中，讓形狀盡可能對稱通常是很好的策略。舉例來說，肥皂泡會選擇採用最小表面積的對稱球形把空氣封住。但對我們的可靠顧問來說，正方形的對稱性是正確答案嗎？

我們可以把會隨著邊長 X 改變的土地面積，寫成一個非常簡單的公式。海灘長度是 $10 - 2X$，因此面積 A 一定等於

$$X \times (10 - 2X) = 10X - 2X^2$$

使它變最大值的 X 值是多少？其中一種策略也許是一直代入不同的值試試看，直到我們開始看出某個 X 似乎會讓面積最大。那是解決這個問題的漫長道路。費馬領悟到有更簡單的方法。

他發現捷徑是把土地面積方程式變成圖形。畫出方程式 $10X - 2X^2$ 的圖形。這個捷徑最後會替你免去畫圖的麻煩，但為了找捷徑，有時你得先走彎路。這個圖形是一條曲線，從 $X = 0$ 時的零面積爬升到最高點，然後開始下降，直到 $X = 5$ 時再次變成零面積。關鍵是找出最高點在哪裡，那是面積最大的地方。哪個 X 值會產生最大值？

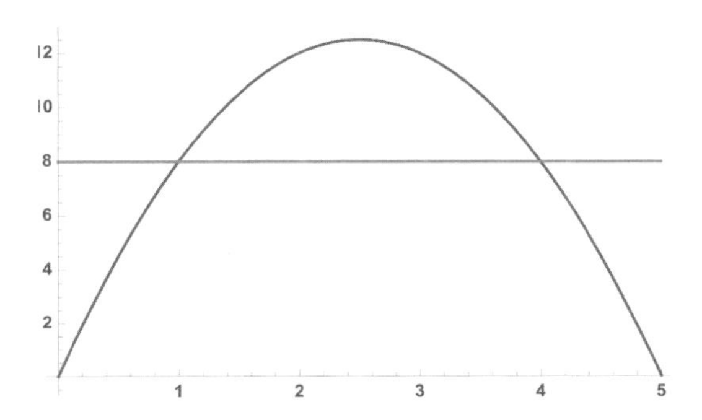

圖 6.3 土地面積對應某一邊長的關係圖。水平線與圖形相交於一點而不是兩點時，面積最大。

現在畫一條橫過圖形的水平線。一般來說，這條線會從兩個點切割過圖形的曲線——除了頂端的那個點，水平線會剛好擺在頂端，碰到一個點，那就是我們要找的點，代表面積最大的圖形最高點。費馬找到了一種策略，不必繪圖就能確定那個點。它透露，令 $X = 2.5$ 會讓土地面積達到最大。這塊區域不是正方形，而是個長邊為短邊兩倍長的矩形。如果你敢做一點代數，我在下面詳述了費馬的想法。

假設我令 $X = a$，那麼通過圖形中 $X = a$ 點的水平線就會通過圖形另一側的 $X = b$ 點，圖形在 $X = b$ 點的高度與在 $X = a$ 的高度相同。所以此時，

$$10a - 2a^2 = 10b - 2b^2。$$

我可以運用一些代數技巧化簡這個算式。把平方項擺在等號的同一邊：

$$2a^2 - 2b^2 = 10a - 10b$$

但我可以把有平方項的一邊做因式分解：

$$2(a-b)(a+b) = 10(a-b)$$

把某個方程式因式分解的意思就是，看出這個代數式子可以寫成兩個較簡單算式的乘積。在這裡，等號左邊的平方差其實就是 $(a-b)$ 和 $(a+b)$ 的乘積。但現在我可以看出，這個新方程式的左右兩邊都乘上了 $(a-b)$ 這一項，所以可以同時消去，這樣就會得到

$$(a+b) = 5 \text{。}$$

不過費馬感興趣的是 a 和 b 相等的那一刻，也就是曲線的頂端，即 $b = a$ 的那個點。把它代入方程式，我們就會得到

$$2a = 5 \text{。}$$

圖形在 a 為 2.5 的時候爬升到最高點，這是土地面積會達到最大的矩形邊長。因此我們得到了 2.5×5 的長方形。

在我除以 $a - b$ 的時候，上面的計算過程會出現很有趣的片刻。除了在 $a = b$ 的情況下，其餘都沒問題，因為這麼一來我就是在除以 0，這是不允許的。但等一下，費馬想找的點不就是 $a = b$ 嗎？那這是不是就讓整件事情功虧一簣了？

這正是微積分的重點。它解釋了如何除以零。

這裡只有代數計算，微積分在哪裡？微積分告訴你曲線上每個點的切線斜率。費馬已經認定面積達到最大的位置是有水平切線的那個點，也是斜率或導數等於零的點。這就是運用微積分找到方程式輸出最佳解的策略：找出方程式的導數等於零的那個點。

描述土地面積的曲線，看起來像極了牛頓記錄蘋果高度所繪出的曲線。表示土地面積的方程式 $10X - 2X^2$，跟描述蘋果距離我手心高度的方程式 $25t - 5t^2$，基本上是一樣的，把第一個方程式乘上 2.5 就是第二個方程式。這是很重要的數學捷徑之一。同樣的方程式可以適用於許多不同的情境。在蘋果的例子中，它在空中的最大高度是速率減到零，開始朝反方向移動的那一刻。

但這類型的方程式也可能表示其他許多事物，如能源消耗量、建材數量、抵達目的地的時間。這些工具能幫你找到讓這些數量達到最大值或最小值的最好辦法，只要掌握就會帶來徹底的轉變。如果決定公司利潤的各種可更動因素能化成一道公式，那麼誰不會想要有個工具來告訴你，這些可變的輸入值該怎麼設定，才會讓輸出的利潤達到最大值？微積分是通往最大獲利的捷徑。

• 數學鷹架

雖然微積分主要是用來分析隨著時間變化的世界，但它也擅長分析時間之外的變化。特別是建築設計方面，微積分已經成為功能很強大的工具，協助我們考慮不同的設計方式，找出能源效率最高、聲學品質最好或建築成本最低的型式，同時還能建造出禁得起時間考驗的結構。

倫敦就有一棟像這樣的建築，那便是聖保羅大教堂，它於 1710 年完工，至今仍矗立在我居住的地方附近。我對聖保羅大教堂情有獨鍾，部分原因是它的設計者是數學家，也出身於牛津大學，還跟我大學就讀時同一個學院——雷恩（Christopher Wren）在成為英國頂尖建築師之前，曾在牛津大學瓦德漢學院（Wadham College）學習數學。他在學生時代就習得很多不同的技能，讓他日後能夠找到捷徑，在英國各地設計出一些優秀的建築物。

牛津大學的謝爾登劇院（Sheldonian Theatre）是他最初的優秀作品之一，這棟建築是校內學生領取學位的地方。它的美在於龐大的屋頂沒有柱子支撐，這種設計顯然無法讓學生家長觀看自己的孩子領取學位證書，畢竟這個空間原本主要是打算拿來辦舞會。

雷恩利用一種格狀的梁結構，把承重移到周圍壁面上方的邊緣，成功做出這個看不見有支柱的寬廣屋頂。然而為了找到可行的安排，雷恩必須對付解 25 個聯立線性方程式的問題。儘管接受過數學家的訓練，他或多或少還是被這個問題難倒了，最後不得不找薩維爾幾何學講座教授沃利斯（John Wallis）幫忙。尋求幫助通常是很重要的捷徑！

不過，在建造聖保羅教堂圓頂時，雷恩所用的數學就變得真的很重要。你走近大教堂的時候，會看到球形的圓頂。球體帶有一種美與完美，從遠處看時特別吸引人，這種形狀也用上了「教堂代表宇宙形狀」的想法。但在建築物方面，球體有個要命的缺陷：沒辦法自己站著。事實上，它太淺了，無法支撐住自己，意思是如果沒有支撐物，圓頂就會墜落在教堂中央。所以聖保羅大教堂有不止一個圓頂——其實是三個。

你在大教堂裡看到的，並不是外表那個圓頂的內部，實際上是第二個圓頂，它的形狀是依據一種稱為懸鏈線（caternary）的新曲線。後來萊布尼茲和很多人利用微積分確認，這種形狀能夠在沒有支撐物的情況下站立自如。

懸鏈線是把鏈子兩端固定懸掛起來時所成的形狀。就像讓一顆球在山上滾動，它會找到能量最低的點停下來，懸掛著的鏈子也會讓它擁有的位能達到最小，自然界很善於找到這些低能量狀態。不過對雷恩這樣的建築師來說，關鍵是把這個低能量的解決辦法上下顛倒時，會成為可支撐住本身重量的形狀。

那低能量狀態的曲線是什麼形狀？萊布尼茲改變形狀來試驗，為每個形狀所帶有的位能寫出了方程式。接著他利用微積分，確認哪條曲線帶有的能量最少，結果是懸掛著的鏈子呈現的形狀。一旦確定了，後代建築師不必在設計空間裡懸掛等比例放大的實體鏈條，就可以用這種形狀做出不依靠支撐物的圓頂。

雷恩特別喜歡懸鏈線形的圓頂，因為抬頭看時，它會產生強迫透視（forced perspective），讓圓頂看起來比實際上還要高。以這種方式運用數學製造視錯覺，是巴洛克式建築的一大主題。

還有一個問題是，如何確保外圓頂不會倒塌掉進大教堂，壓垮美麗的內圓頂。第三個圓頂的目的就在此，它隱藏在你看得到的兩個圓頂之間。最近我去參觀聖保羅大教堂，有機會走到兩個圓頂的內部，看一看專門負責支撐外部球形圓頂的第三個圓頂。

為了支持外圓頂上方的圓頂塔，雷恩需要一個拱形圓頂，而這個隱藏起來的圓頂也使用到了懸鏈線。如果你在鏈條上掛重物，重物會把鏈條往下拉，然後你可以利用微積分，以數學描述這個具有最小能量的新形狀。

巧妙的地方在於，如果把這個新形狀顛倒過來，所產生的拱形就可以支撐住擺在拱形上方的重物，重量則等同於你掛在鏈條上的重物。利用這個方法，雷恩算出隱藏圓頂的形狀，可以支撐住你從外面看到的球形圓頂塔。

這些加了重物的鏈條能用來建造圓頂。如果你走進巴塞隆納聖家堂的地下室，就會發現這原理最奇特的應用方式。高第（Antoni Gaudí）用這原理來設計他未完工的教堂屋頂。他把大量的沙袋繫在懸掛於懸鏈曲線的繩網上，表示需要支撐的結構負重。把這些細繩構成的形狀上下顛倒，就變成一個可建造而不會垮掉的屋頂形狀。增加和移動一下沙袋，高第就能夠打造出他想要的教堂屋頂形狀，同時還有把握屋頂在他設法建造時不會掉下來。

但若要用數學描述那些可提供給建造商的曲線，就需要微積分這條捷徑。今天的建築設計師已經用電腦處理的微積分和方程式，取代人力處理的鏈條和沙袋，打造出使城市天際線增色的曼妙建築。

然而，微積分幫忙建造的不只有大教堂和摩天大樓。萊布尼茲在尋找具有最佳性質曲線時的另一項成就，是發現了最適合用來設計雲霄飛車的曲線。

• 雲霄飛車

我喜歡坐雲霄飛車，不光是為了追求刺激感。看到用盡幾何學和微積分所打造的一座遊樂設施在把事物推向極限之餘，同時讓列車保持在軌道上，如果你是像我一樣的書蟲數學家，還能從中體會到興奮感。歐洲有一座雲霄飛車能讓我的數學脈搏狂跳不已，其他的都比不上，那就是英國黑潭（Blackpool）的國家大賽（Grand National）。坐在國家大賽上時，你不僅在體驗微積分的力量，還有數學家珍奇陳列櫃裡最令人興奮的形狀之一：莫比烏斯帶（Möbius strip）。

顧名思義，這座雲霄飛車的軌道上有兩列飛車在競賽。當你乘坐的車廂爬升到最高點時，看起來像是有兩條平行的軌道。兩列飛車上的乘客，彼此近在咫尺，順著千迴百轉的軌道快速行進，通過一些與越野障礙賽馬中高難度障礙項目同名的景觀。然而，就在飛車做最後衝刺奔向終點時，會發生相當奇怪的事情：他們抵達的終點在他們上車起點的對面。非常奇怪。兩條軌道從未交會並交叉而過。設計師究竟是怎麼做出這個傑作的？

這種效果是在惡名遠播的貝徹氏溪障礙（Becher's Brook jump）[1] 做到的，其中一條軌道會越過另一條的上方，兩條軌道就從那個地方換面，而讓兩列飛車到最後抵達對面的

1　編注：在越野障礙賽馬中，此處常造成人、馬的傷亡。

終點站。

位在貝徹氏溪障礙的這個簡單扭轉，正是莫比烏斯帶的關鍵，這個美麗的數學形狀構成了國家大賽的軌道設計。以下是自己製作莫比烏斯帶的方法。取一條大約 2 公分寬的長紙條，然後做成一個環，但是要先把紙條的其中一端扭轉 180 度，再把兩端黏在一起。如果你想像有一張紙擺在國家大賽的兩條軌道之間，那麼在貝徹氏溪這個位置，這張紙會扭轉 180 度，因為兩條軌道會從彼此的上下方通過，然後連接到出發時的軌道。

莫比烏斯帶有幾個非常奇特的性質。這個形狀只有一條邊界；把你的手指頭放在邊緣，順著它走，你可以走到這條邊上的其他任何點。這意思就是，位於黑潭的雲霄飛車實際上只有一條連續的軌道，而不是兩條平行的軌道。但雲霄飛車追求的其實是速度，就像在黑潭的這一個。

如果你想要速度最快的雲霄飛車，事實證明微積分將會協助你設計出最快抵達目的地的路徑。事實上，這正是我在本章開頭所出的難題。給定垂直面上的 A、B 兩點，那麼只受重力作用的質點若要用最短的時間從 A 點走到 B 點，會描繪出什麼樣子的曲線？

最先提出這個問題的，可不是打造了某個主題樂園的人，而是瑞士數學家約翰．白努利（Johann Bernoulli）。他在 1696 年提出，選擇拿這問題挑戰當時的兩大數學家，即他的朋友萊布尼茲，和他在倫敦的對手牛頓：

> 我，約翰·伯努利，要寫給世界上最傑出的數學家。對於有才智的人來說，沒有什麼比一個樸實又有難度的問題更吸引人了，這個難題的可能解法將會帶來名聲，永傳不朽。我效法巴斯卡、費馬等人樹立的榜樣，把一個考驗解題方法與才智的問題放在我們這個時代最優秀的數學家面前，希望獲得整個科學界的感激。如果有人讓我知道我所提問題的解法，我會公開表示他值得讚揚。

這個難題是要設計一個坡道，讓球從最高點 A 滾到最低點 B 的時間愈快愈好。或許你會認為直線坡道是最快的，不然就是上下顛倒的弧形拋物線，就像球拋到空中後所沿著的路徑。事實上，不是這兩種。結果證明，最快的路徑是一種叫做擺線（cycloid）的形狀——由移動中的腳踏車輪外緣上一點所描繪出的路徑。

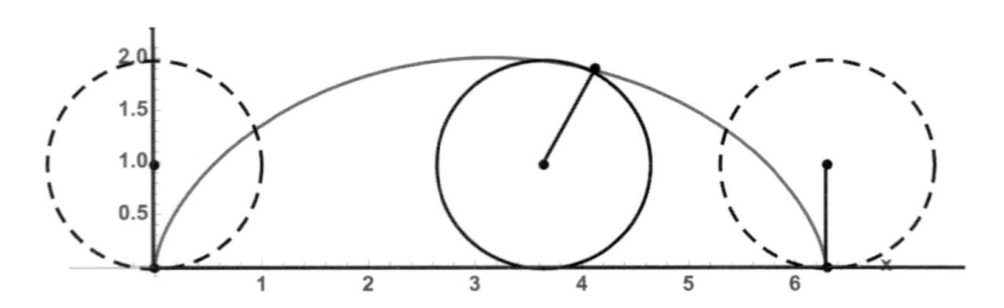

圖 6.4 擺線：一個圓沿直線滾動時，圓上一點所畫出的曲線軌跡。

如果我把這條曲線顛倒過來，就是從 A 點到 B 點的最快方式。這條曲線一直下斜到終點的高度以下，積聚更多的速度，然後用於在最後一段爬升，比其他曲線先抵達終點。

由於微積分可在一組特定的限制條件中找出某個變數的最小值與最大值，所以從 A 到 B 有無限多條曲線並無大礙，這些方程式總會讓我們找出最快的一條。

到最後，牛頓和萊布尼茲為了誰先發現這個尋找問題最佳解的絕妙捷徑，爆發激烈爭執。經過多年的惡言相向與指控，雙方在 1712 年請求位於倫敦的皇家學會，在敵對主張之間作出裁決：是否如大家所知，牛頓先發現流數法，而萊布尼茲發明的微分法剽竊了這些想法。皇家學會在 1714 年正式判定微積分是牛頓發現的，儘管承認是萊布尼茲先發表，但仍指控萊布尼茲抄襲。只不過，皇家學會的報告可能不是最公正的，因為報告實際上是由他們的主席牛頓爵士所撰寫。

萊布尼茲受到極大的傷害，從未真正平復，因為他佩服牛頓。諷刺的是，最後是由萊布尼茲的微積分描述取得勝利，而不是牛頓的。

儘管萊布尼茲的根本想法與牛頓的微積分發展有很多共同之處，但還是有很大的不同。萊布尼茲從比較偏語言學、數學的方向來發展微積分，他並不關心是不是蘋果掉落，要描述蘋果隨時變動的速率，而考慮更普遍的設定。如果某樣東西的行為取決於幾個因素，那麼他的微積分就是要用來研究，在改變那些決定因素時，行為會如何變化。

牛頓打從內心深處是物理學家，他的目標是描述物質世界，可能因此讓他受到阻礙。萊布尼茲採用的語言與記法就靈活許多，能夠應付不同的設定、承受住時間的考驗，今天在中學和大學裡教的正是萊布尼茲的記法。

說實話，萊布尼茲和牛頓兩人只是為微積分的整個發展過程起了頭，他們的專著及分析都還有很多需要改進之處。要到下個世代，才把微積分放在可靠的邏輯基礎上。但不可否認的，牛頓和萊布尼茲所做出的重大突破使下個世代得以長進。正如牛頓說過的名言：「若說我看得比較遠，那是因為我站在巨人的肩膀上。」

• 狗會做微積分嗎？

不過，或許另有對手比牛頓和萊布尼茲兩人先發現微積分。有證據顯示，在人類想出微積分這個捷徑之前，動物界早就知道怎麼找出最佳解了。

我們回頭看看那個可靠的顧問吧，他已經運用微積分討得最大面積的土地了，此刻在海邊放鬆一下。突然他看到一個泳客受困海中，他向沙灘上的救生員大喊，去搭救困住的泳客。

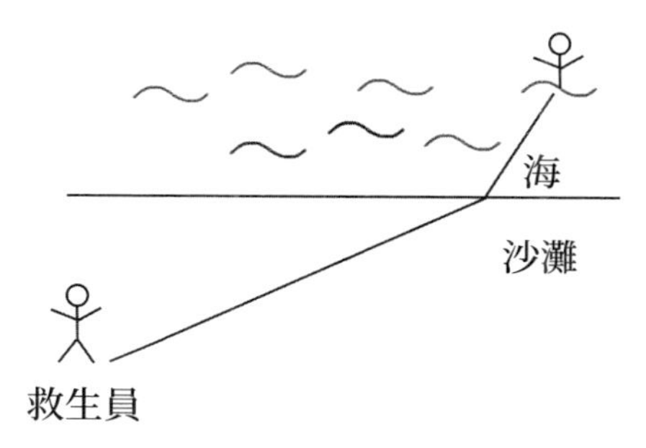

圖 6.5 救生員抵達溺水泳客身邊的最快路徑是什麼？

假設救生員奔跑的速度是游泳的兩倍，她應該在哪裡下水才能最快救到人？

如果救生員想讓移動距離最短，她可能只會畫出從起點連到終點的直線。但因為救生員在海裡的速度比在陸地上慢，她實際上想選擇一條縮短游泳時間的路徑。不過如果她選擇游泳時間最短的位置，又會遇到一個問題。這意味穿過海灘的路徑比較長，最後可能會讓總時間變長。最佳路徑看起來會是把救生員帶到中線的右側，但又不會到泳客至陸地的垂線交點那麼遠。那麼要在哪個最好的位置下水，才能找到搭救溺水泳客真正捷徑呢？

這是費馬思索的另一個問題。它又是個最佳化問題，但費馬遇到的不是要找最快路徑的救生員，而是光束會取哪條路徑的難題。

或許你在游泳池裡體驗過一種相當奇怪的錯覺：把棍子插進水中的時候，棍子看起來很像在水面突然折成兩截。彎折的不是棍子，而是從棍子進入你眼睛的光線。我在第 4 章描述過，光線喜歡走捷徑，所以它會設法找出從棍子傳播到眼睛的最快方式，但光線在水中的傳播速度比在空氣中慢，因此就像我們討論的救生員一樣，它想辦法讓花在水裡的時間愈少愈好，同時又不要讓花在空氣中的時間太長。這也可以解釋在沙漠中看到海市蜃樓的奇特體驗；來自某片天空的光線抄捷徑通過靠近地面的暖空氣，然後又往上移動，進入你的眼睛，讓天空看起來像水一樣位於沙漠中。

就像可靠顧問架設柵欄時採取的做法，救生員必須根據距離起點 X 公尺處下水，來寫出游到泳客溺水處所需時間的方程式。然後她運用微積分的工具，就可以算出讓這個時間最短的 X 值。不過，如果沒有紙筆可用怎麼辦？如果還沒有發明代數和微積分，該怎麼辦？如果只憑直覺與感覺呢？如果換作是一隻狗呢？狗判斷哪裡下水才對的能力究竟有多好？

密西根州希望大學（Hope University）的數學教授兼狗主人裴寧斯（Tim Pennings）決定做實驗，看看他的狗是否擅長解決這個微積分問題。他的威爾斯柯基犬艾維斯（Elvis），像許多狗一樣愛追著球跑，因此他決定不要思索如何搭救溺水泳客，而是趁著遛狗時嘗試把球拋進密西根湖，看看艾維斯會循哪條路去撿球。

當然，艾維斯的主要目標可能是盡量讓撿球消耗的力氣最少，在這種情況下，明智的解決辦法是讓花在水中的時間減到最少，於是就要跑到讓牠在湖中的路徑會跟湖岸垂直的位置。不過，裴寧斯從艾維斯眼中閃爍的光芒和球離手時的興奮感可以看出，這隻狗的目標應該是盡快把球撿回來。裴寧斯準備好要實驗艾維斯憑直覺理解微積分的程度。

終於等到一天，密西根湖的湖面比較平靜，球落入水中就不太會到處漂動，裴寧斯和艾維斯一起出發了。在朋友的幫助下，裴寧斯把球拋向水面，接著就跟在狗的後頭跑，把螺絲起子重重插進艾維斯下水的位置，然後用捲尺測量艾維斯在撿到球之前游了多遠。

剛開始失敗了幾次，艾維斯直接跑下水，顯然是採取次佳的路線。裴寧斯決定把這些資料點從他的分析中刪除。正如他說過的：「就連成績好的學生也會走衰運。」但一天下來，他已經蒐集到 35 個可代表艾維斯解決此難題之道的資料點。那麼這隻狗的表現怎麼樣？好得不得了！在大部分的情況下，艾維斯十分接近最佳入水點。實驗中明顯存在的變數，很容易就可以說清楚艾維斯為什麼會這麼接近。

這代表艾維斯知道微積分這個捷徑嗎？當然不是。但牠的大腦居然會在沒有正式數學語言本領的情況下演化到能找出這些捷徑，這實在很令人驚訝。自然界偏愛那些能夠找到最佳解的生物，因此可憑大腦直覺解決這些難題的動物，在生存方面勝過大腦弄錯者。然而基於直覺的大腦能夠估算的事物畢竟有限，這也是為什麼葛倫在卡納維爾角發射台待命時，並沒有相信直覺，而是希望用我們所發展出來的這個先進工具，也就是微積分，來檢查一下數字，算出返航的最佳路徑。

動物有時會透過團隊合作，解決柯基犬艾維斯面臨的考驗。有證據顯示，蟻群在面對類似救生員情境的問題時，尋找最佳路徑的表現可以和艾維斯一樣好。這次球就要以食物代替，換成一隻蟑螂。由德國、法國和中國研究人員組成的團隊，用火蟻進行實驗，結果發現這些火蟻找出了橫越兩塊區域的最佳路徑，替蟻群取回食物。在實驗中，研究團隊有機會讓許多螞蟻出動，嘗試不同的路線。螞蟻會沿途留下費洛蒙讓同伴跟著氣味走，找到最佳解決辦法的螞蟻愈多，這條路徑的氣味就變得愈濃烈。

螞蟻在做的，實際上很像我們所認為光線找到最佳路徑的方式。一個光子怎麼知道要找最好的方法？量子物理學主張，光子會同時試驗所有的路徑，只要一去觀測，就會崩陷到最佳路徑。螞蟻也採用類似的策略，在找到最佳方法之前，利用眾多螞蟻做各種嘗試。

自然界很善於找到最佳解。光線找到通往目的地的最快路徑；近代物理學把重力解釋為，從時空幾何中掉落的物質在找出最快的穿越途徑；垂掛著的鏈子替雷恩解決了設計穩固圓頂的問題；肥皂泡利用球形的最小能量。在更近代，奧托（Frei Otto）運用肥皂膜的概念設計出 1972 年慕尼黑奧林匹克體育場；奧托分析過金屬框上要如何形成肥皂泡，因此遮蔽體育場的波浪形奇特頂棚結構穩定。

十八世紀上半葉，莫佩爾蒂在他發表的最小作用量原理（principle of least action）中，用數學描述出自然界這種尋找低能量最佳解的奇特性質。正如莫佩爾蒂闡釋的，數學轉化成了信條：「自然界的一切行為都是節儉不浪費。」自然界為何如此吝嗇，仍是個謎。不過，有時身邊沒有狗和螞蟻或肥皂膜幫我們找到所要的答案，這時我們就可以求助於牛頓和萊布尼茲發明的絕妙工具。微積分向來是，以後也一直會是最出色的捷徑，帶我們通往所面臨難題的最佳解。

就像「最佳走捷徑者」高斯本人對微積分所作的評論：「此類的概念在一定程度上會把無數的問題融成一體，而這些問題本來會一直各自為政，或多或少需要運用有新意的天賦去個別解決。」

通往捷徑的捷徑

雖然微積分是我們最棒的捷徑之一，但確實需要一些專門知識才能運用這項工具。即使大多數人不會想去上微積分速成班，知道有這種找最佳解的技巧存在，至少還是值得的。

許多捷徑需要專業導遊，協助我們穿過可能很難走的地形，如果你有可變動的參數，又想要知道這些變數的最佳設定，跟微積分專家聯繫可能會是你的最佳捷徑。

正如牛頓體悟到的，站在巨人的肩膀上一直是聰明的捷徑。或許有時你也會發現，專業導遊並不是當地的數學家，而是自然界。總是值得看一看，自然界是不是已經找到你的問題的最佳解。肥皂膜也許透露了某個工程問題的低能量解決方案；光線的路徑可能替你指出捷徑的方向；選項太多時，跟著蟻群走或許會省事一些。

休息站：藝術

數學為我們上的關鍵一課是，演算法有省去苦工的本領。演算法不再逐一處理每個問題，而是具體整合所有問題，然後提出任何人都能應用的方法，無論它們有什麼特殊的設定。微積分就是這樣的演算法，不管方程式描述的是利潤率、太空船的速率或是能源消耗量，微積分在每種情況下都可以做為演算法，依設定來找到最佳解。

我發現，演算法也可能有助於藝術創作，這點令我相當驚訝。我最近和倫敦蛇形藝廊藝術總監歐布里斯特（Hans Ulrich Obrist）碰面，交談後才明白這件事。我很好奇，因為我總害怕面對空白畫布，我想知道有沒有捷徑可以幫我把創意化為實際的作品。

歐布里斯特的看法是基於藝術市場全球化所帶來的挑戰。在他剛踏入策展這一行的時候，藝術界仍以西方世界為目標，一場展覽往往會移師科隆或紐約，也許還會轉往倫敦或蘇黎世。但隨著全球各地紛紛有了藝術展覽館，怎麼把新的展覽帶到南美洲或亞洲展場，就成了歐布里斯特很想解決的難題。

要把大型展覽搬到所有開始想主辦的地方，後勤工作會變得很有難度。歐布里斯特與兩位藝術家，波坦斯基（Christian Boltanski）和拉維耶（Bertrand Lavier），共同想出了一個克服這個困難的辦法，也就是名為《動手做》(*do it*) 的展覽。他們的構想是，替一件藝術作品製作一套指示或做法，讓那些在其他地方的人，不論是在中國、墨西哥還是澳洲，都可以照著做出來。

對歐布里斯特來說，《動手做》就是解決全球化難題的捷徑。不用想盡辦法把素材裝箱運送，只要製作出可在任何地方和同樣時限完成的指示。一個生成式的展覽，一種藝術演算法，這種指示變成捷徑。《動手做》的這些指示和樂譜很像，在由其他人執行和詮釋時，就會像歌劇或交響樂一樣重現無數次。

指示型藝術 (instructional art) 不是什麼新的想法，最早出自杜象 (Marcel Duchamp) 的作品：在 1919 年，杜象從阿根廷寄了指示給他的妹妹蘇珊 (Suzanne) 和克羅蒂 (Jean Crotti)，替他製作要送給兩人的結婚禮物。為了製作出這件名字古怪的結婚禮物《不快樂的現成品》(*Unhappy Ready-Made*)，他要這對新人在他們的陽台上掛出一本幾何教科書，這樣風就可以「看一下這本書，選出它自己的問題。」

在前衛作曲家凱吉 (John Cage) 和前衛藝術家小野洋子 (Yoko Ono) 的作品推動下，指示型藝術在 1960 年代後期急速增長。但歐布里斯特意識到，指示可能不僅僅是有趣的概念，也是繞過全球藝術界後勤難題的真正捷徑。

《動手做》附帶產生一些令人興奮的結果，其中之一是它讓那些原本也許很怕嘗試藝術創作的人能夠勇於嘗試。我們見面交談時正值2020年歐洲因疫情實施禁足令，歐布里斯特對於《動手做》指示在這段全球煎熬時期所扮演的新角色感到很興奮。

他說：「捷徑變成了海綿，所到之處都可以學習並理解新的指示，所以它變成了不斷擴充的資料庫。我們開始看到中文版、中東版，而在過去幾個月，我收到了所有這些訊息，先是來自中國，然後來自義大利，接著是西班牙。隨著百業紛紛停工，大家開始把他們的《動手做》書籍從書架上拿下來，在家裡實現這些藝術家的一些指示。」

我想知道歐布里斯特能不能舉個例子，說明《動手做》的指示。他拿出他的《動手做》大全，橘色的厚厚一大本，翻到奧地利藝術家韋斯特（Franz West）的動手做：

韋斯特

《在家動手做》（*Home do it*, 1989）

拿一支掃把，用棉紗布把長柄和刷毛都緊緊包紮起來，好讓刷毛直立。
取350克石膏，和適量的水攪在一起，然後在整個包紮好的表面塗上石膏。再取一條紗布，把抹上石膏的半成品包紮起來，然後塗上另一層石膏，把半成品完全塗滿。

再重複一次這個步驟，然後讓「Passstück」完全乾。
這個步驟的結果是，這件東西可以當作「Passstück」，單獨放在鏡子前面，或是放在賓客面前。你覺得適合怎麼擺就怎麼擺。
鼓勵你的賓客把他們直覺認為這件東西可能有什麼用途的想法表演出來。

Passstück（又名 Adaptives，適應）是韋斯特在 1970 年代開始進行的專案，他拿些小物品當素材，在上面抹一層石膏，於是這些物品就變形成某種陌生卻又依稀可辨認的東西。他的動手做是一條捷徑，讓其他人創作出屬於自己的代表作。就如歐布里斯特告訴我的：「這不只是照著韋斯特的指示用你的掃把做出成品，而且還是跟別人一起做。」舉例來說，藝術家布爾喬亞（Louise Bourgeois）的動手做指示是：「在你走路的時候，停下腳步，對陌生人微笑。」

就像我在工作中的親身經歷，往往要先有一番長途跋涉，才會出現捷徑。對歐布里斯特來說，情況也是如此：「我們在藝術上經常必須繞道，在展覽上更是必須繞路。但從某些方面來說彎路是捷徑的反面。我曾經和普普藝術大師霍克尼（David Hockney）談過話，他說他必須寫一部小說，或他必須拍一部電影、寫一本談透視的科學專書，或是他要用 iPad 來繪圖；但幾乎就像他需要彎路似的，最後他總是會回到繪畫。

「我們製作了一本小冊子，蒐羅 12 個讓人能解讀為捷徑的指示。這個專案看起來好像很簡單，但後來發現，這是我遇過最複雜的專案，過程中有很多小路和彎路。它變成一種學習系統。我覺得非常有趣，因為我認為《動手做》是極端的捷徑，因為這種想法就是，你所採取的途徑基本上會比平常採取的更直接。有了這些指示，你可以直接從藝術家那裡走向實現指示的成果；中間不用經過其他人，你就可以做到。任何人都能更快做到，它會帶來更為直接的結果。然而這個計畫最後變成是我時間花最久的專案，所以就這層意義上說，捷徑是最大的彎路，可真是弔詭。」

對歐布里斯特來說，這些指示有點像好的病毒。病毒之所以會傳播得這麼有效率，正是因為它的核心是一套說明如何利用宿主細胞物質進行自我複製的指令。有趣的是，病毒使用的捷徑之一是對稱概念，它通常會像對稱的骰子一樣排在一起，這麼做有個優點：同樣的指令可在該形狀的不同區域使用，換句話說，你不必針對個別的區域訂製指令。

不過，後來發現另外一位藝術家在創作時，也運用對稱性當作捷徑。蕭克洛斯（Conrad Shawcross）是雕刻家，喜歡探索藝術與科學的關係，他的作品在全世界受到賞識，而他在 2013 年當選了頗具聲望的皇家藝術研究院（Royal Academy of Arts）院士。蕭克洛斯的工作室離我在東倫敦的家很近，騎單車一下子就到，所以我很想跟他會面，看看他是不是採取了什麼捷徑讓他成為國際知名的藝術家。他告訴我，他把捷徑當作一種讓遠大成就終可實現的方式。

「若要實現原本不可能做到的事情，你的流程必須非常有效率又迅速。重點在於創作出模板或工模或重複的成分，這些東西可以組合在一起，創作出複雜性。」

蕭克洛斯經常受以規則為基底的藝術家啟發。他很欣賞美國藝術家安德烈（Carl Andre）的作品，以磚塊當作重複的元素；或是像莫內（Claude Monet），會在每天同個時間回到同一個睡蓮池，畫出漸進的光影變化。對蕭克洛斯來說，他早期許多探索的根源是一種重要的數學形狀，稱為四面體（tetrahedron），也就是底面為三角形的角錐。

四面體的吸引力有一部分來自於，古希臘人相信這個形狀是宇宙本身的構成要素之一。希臘人認為物質是由土、風、火和水組成的，每種元素都有自己的對稱形狀。四面體是火的形狀。蕭克洛斯探索形狀這個藝術基石的第一件作品，是 2006 年有人請他在蘇德利城堡（Sudeley Castle）塑造的結構體。他製作了 2,000 個橡木四面體，然後花了兩星期設法把這些四面體組合成一個結構體，過程暨難控制又不穩定。「它們構成的這些非完全嵌合、燃燒般的卷鬚狀物，永遠不會連接回自己身上。它在推動我，而不是我在推動它。一方面，這有點令人沮喪，但也是一種醒悟、一種失敗，教會我很多東西，而且是我許多主題的起點。」

蕭克洛斯必須找到方法，才能做出兼具美感與完好結構的作品，最後他從一位數學家那裡找到了他需要的洞見；這位數學家指出，如果用三個四面體，那麼組合方法就只有一種。

這個完美的例子說明了對稱性提供捷徑的本領。如果你嘗試換個方式把三個四面體結合在一起，你會發現只要透過旋轉，一定可以把新方案變換成第一個結構。蕭克洛斯領悟到，實際上每三個四面體可以先結合起來，做成更大的組件，數量就不至於有 2,000 個。

他說：「我的問題馬上減少三分之一，這件困難的工作突然變得更容易克服。」有了這個捷徑，蕭克洛斯只需找到方法把三個四面體組成的 667 個組件拼組起來，而這項工作比較有可能在他必須交件的時間裡完成。

但我在蕭克洛斯的工作室和他談天的時候，發現有些捷徑簡直超出了雕刻藝術家的範疇。他的傑作「愛妲」（ADA）是個會移動的雕塑，由一系列機械裝置提供指令讓它在空間中描繪出複雜的幾何形體，而它要在倫敦皇家歌劇院演出的舞蹈作品中亮相。和往常一樣，蕭克洛斯的工作期限很緊，裝置能不能為晚間登場的演出準備妥當還說不準。

他們在替愛妲上漆的時候，有人建議雕塑的背面不用漆，因為觀眾看不到。你可能會想，這是個聰明的捷徑，但蕭克洛斯就是無法勉強自己用這種方式欺騙觀眾。他的所有作品都有個重點，每個部分都會以看得到的方式來加工，即使有些面永遠不會被看到。雖然觀眾可能不會看見作品的背面，但對蕭克洛斯這樣的雕刻家來說，這種捷徑太過頭了。

下面還有幾個捷徑是《動手做》的藝術演算法，能讓你在家創作藝術品。

瑪莉亞（Sophia Al Maria）

（2012）

找一台有很多衛星節目可選擇的電視。

利用費波納契數列依序選頻道：

0, 1, 1, 2, 3, 5, 8, 13, 21, 34, 55, 89, 144, 233, 377, 610, 987 等等。

或者使用費波納契計算器。

用數位設備替每個頻道拍照。

在你按照黃金比例的規定選完衛星頻道時——以跟你所收的順序相反的順序整理資料，然後編製成馬賽克圖案。最後製作出來的圖像，是多面向媒體環境其中一面的簡化再現。

讚歎一下人造的奇蹟竟如此平凡。

艾敏（Tracey Emin）

《崔西會怎麼做？》（*What Would Tracey Do?*, 2007）

搬一張桌子。在桌上擺放 27 個瓶子，大小和顏色不拘。拿一卷紅色棉線，纏繞這些瓶子，像是用一張奇特的網把它們纏在一起。如果你想這麼做的話，也可以讓這卷棉線從桌子底下繞過。

諾爾斯（Alison Knowles）

《向每件紅色物品致敬》（*Homage to Each Red Thing*, 1996）

把展覽空間的地板劃分成大小不拘的方格，在每一格放一件紅色的物品。例如：

- 一個水果
- 一個戴著紅帽的玩偶
- 一隻鞋

照這種方式把地板擺滿。

小野洋子（Yoko Ono）

《許願紙片》（*Wish Piece*, 1996）

許個願望。

寫在一張紙上。

把紙摺好，繫在「願望樹」的樹枝上。請你的朋友也來寫。

繼續許願。

直到樹枝上繫滿願望。

7

資料捷徑

謎題

你受邀參加一個益智節目。節目現場有21個盒子，每個盒子裡都有現金獎，你一次只能打開一個盒子。你可以帶走最後所打開盒子裡的獎金，可是一旦你打開了新的盒子，就不能回頭拿前一個盒子的獎金。

麻煩在於你不知道盒子裡的獎金是多少，可能其中一個盒子裡有一百萬，也可能全都只放了不到一百元的獎金。你面臨的難題是：爲了讓自己有最好的機會拿到所有盒子當中的最高獎金，你應該打開多少個盒子？

我們每天在數位世界裡閒逛，製造愈來愈多的資料，這個世界也在我們的推波助瀾下不斷膨脹。我們目前兩天下來製造的資料量，等於人類從文明之初一直到 2003 年所產生的資料量。廣闊的數位天地有待我們去探索。

對於能看出模式來預測自己在數位世界裡下一步的公司來說，寶藏就隱藏在資料裡。在這個數據叢林裡找到自己的路並不容易，但數學家已經發現一套巧妙的捷徑，不必探勘整個地區就能挖掘這個寶藏。

自從十七世紀發生科學革命，我們製造的數據就開始多得讓我們應接不暇了。葛蘭特（John Graunt）是第一批人口統計學家，他在 1663 年抱怨，他因為研究當時肆虐歐洲的黑死病，結果有「極大量的資訊」如排山倒海而來。為了因應全球大流行，就需要這些數字，所以世界衛生組織祕書長譚德塞才會在日內瓦的新聞記者會上說，撐過 2020 年冠狀病毒疫情爆發的關鍵是「篩檢、篩檢再篩檢」。如果沒有這些數據，各國政府就不會知道該有效運用哪些資源、哪些地方需要資源。

不過，如果沒有從雜訊中找出訊號的方法，資料（數據）就毫無用處。1880 年，美國普查委員會（US census board）抱怨所蒐集的資料太龐大了，要花超過十年的時間來分析，到時候又會有 1890 年普查的更多資料排山倒海而來。為了從我們製造與蒐集的大量數字中的快速找出訊息，就需要工具。

我的偶像高斯一直很喜歡數據。他十五歲生日時收到一本書，深深沉湎其中，這本書裡滿是數字，包括對數表和列在封底的質數。他寫道：「你難以想像一張對數表帶有多少詩意。」質數看似隨機，他花了幾個小時嘗試挖出隱藏在裡頭的模式，最後領悟到這種模式和書中前面的對數有關。這項發現隨後會發展成質數定理，可預測隨機選取的數有多大機會是質數。

他根據天文學家趁著小行星還沒消失在太陽後方之前蒐集到的觀測結果，成功預測出穀神星劃過夜空的軌跡。他報名要分析漢諾威政府提供的普查數據，聲稱：「我希望取得各地區出生及死亡名單普查的編修本，並不是要當成工作，而是為了消遣和滿足感。」他甚至花時間分析哥廷根大學提供給教授遺孀的養老金方案，推斷出養老基金運作得很好，能夠付更多年金給寡婦，這個結論與其他人先前擔心的恰恰相反。

能夠從夜空的雜訊中成功重新找到穀神星，要歸功於他發展出來的一種策略，稱為最小平方法（method of least squares）。高斯證明了，如果你得到一些雜亂的數據，想要畫出最可能通過數據點的直線或曲線，那麼你要選的曲線就會像這樣：計算出各數據點與曲線的距離，把它平方，然後把所有的距離平方相加，讓總和盡可能的小。

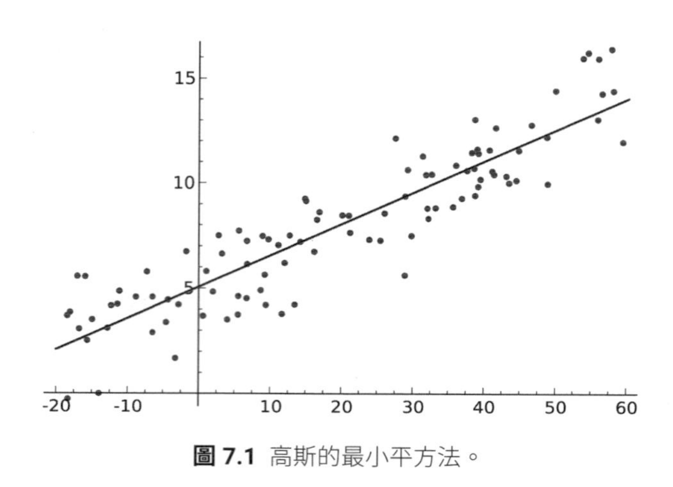

圖 7.1 高斯的最小平方法。

他在 1809 年發表的論文中概述最小平方法，還解釋數據如何分布成我們現在稱為高斯分布（Gaussian distribution）的形狀。基本上，如果你在圖上標出許多不同的數據集，如身高、血壓、檢查結果、天文測量或土地勘測結果中的誤差等，你就會看到相同的散布情形：大多數的點聚集在中間，兩邊有少數的離群值。這種曲線的形狀像鐘一樣，所以通常叫做鐘形曲線。

如今要穿梭在現代充滿大量數據的世界裡，高斯和其他人創造出來的統計工具是必用的捷徑。

• 10 隻貓咪當中有 8 隻

在我還小的時候，總是對一則經常出現在電視上的貓糧廣告很感興趣。它聲稱，10 隻貓咪當中有 8 隻都喜歡偉嘉（Whiskas），也就是廣告中的牌子。我覺得很奇怪，因為我不記得有誰來問過我們家的貓喜歡什麼牌子的貓糧。我心想，他們問了多少隻貓咪，才敢做出這麼大膽的聲明？

你或許會認為，為了能夠合理發表這種聲明，他們應該做了大量的工作，畢竟英國的貓咪飼主估計有 700 萬人。偉嘉的製造商顯然沒有登門拜訪每一家。後來發現，是統計學提供了非常好的捷徑，讓他們找出英國家貓的最愛貓糧。

在犧牲一點點準確度、換來不確定性的情況下，必須做意見調查的貓咪數量最後就會非常少。假設我欣然接受在聲稱喜歡偉嘉的貓咪比例中有 5% 的誤差，那麼這個額外的誤差就可以讓我少問 5% 的貓咪。很不錯，但 700 萬隻的 5% 只有 35 萬隻，代表我必須做意見調查的貓咪還是很多。

問題是，我的運氣必須非常差，才會遇上沒做到調查的 35 萬隻貓都不喜歡偉嘉的情況。大多數時候，這 35 萬隻貓的好惡會與整個貓群體相當類似。在此有個聰明的捷徑。如果我很想用某個樣本數，使得在調查中得到的喜愛偉嘉貓咪比例有 19/20 的機會（95%），與若調查貓咪全體所得到的比例有 5% 的誤差，情況會怎麼樣？這個樣本數需要多大？

你可能想不到，只需調查 246 隻貓的意見，你就會有九成五的把握，調查結果真的代表全英國 700 萬隻貓咪的喜好。數量少得驚人。這正是數理統計學的威力，讓你能夠根據這麼少隻貓的看法就有把握做出廣告上的聲明。我一修完數理統計課，就明白為什麼從來沒有人來問過我家的貓喜歡吃什麼貓糧。

就連古希臘人也體悟到由少推多的力量。在公元前 479 年，多個希臘城邦組成聯軍，計畫攻打普拉提亞城，當時他們想要知道爬上城牆需要多長的梯子。他們派士兵去測量用來建造城牆的磚塊樣品大小，然後只要把平均大小乘上可看到的砌牆磚數，就可以大致估計出牆有多高。

不過，更高明的方法一直要到十七世紀才開始出現。1662 年，葛蘭特利用在倫敦舉行的葬禮數資料，首度估計出倫敦的人口。他根據自己從教區記載蒐集到的數據，估計出每年每 11 個家庭有 3 人死亡，且平均家庭人數為 8 人。假定每年記載的葬禮數為 13,000 場，他的倫敦人口估計值就會是 384,000 人。

1802 年，法國數學家拉普拉斯（Pierre-Simon Laplace）更進一步，利用 30 個教區的已登記受洗教友抽樣，來估算全法國的人口。他的數據分析顯示，居住在各教區的人當中，每 28.35 人就有 1 人受洗，他根據法國那年總共有多少人受洗的記載，就可以估計出人口數是 2,830 萬。

即使知道英國有多少隻貓，還是需要一種可由小推大的統計捷徑。我們可以把古希臘士兵推估城牆高度的策略，應用到英國的家貓數量上：先調查小樣本，然後放大。如果知道小樣本中每人養多少隻貓的比例，只要乘上總人口就可以算出估計值。但如果你想估計英國的野生獾總數怎麼辦？沒有人飼養獾，因此不能像估計家貓數量那樣利用人類的數量來推估。

生態學家運用的是另外一種巧妙的捷徑，稱為標記再捕捉法（capture-recapture，又稱捉放法），這正是拉普拉斯算出估計值的關鍵。假設生態學家想要估計格洛斯特郡（Gloucestershire）的獾族群數量。他們會先設一些陷阱，在特定一段時間裡捕捉獾。但他們要怎麼知道抓到的獾占了整個族群多少的比例呢？

他們並不知道。然而以下是技巧所在。他們為捉到的每一隻獾都做上標記，然後釋放回野外，讓做了標記的獾有時間重新融入族群中，接著在全郡架設攝影機記錄獾。現在會取得兩種數字：看到的獾總數及做了標記的獾數量。這樣生態學家就知道在看到的獾當中，做了標記的獾占有多少比例，現在他們可以把這個數字放大了。假定他們知道這個郡的有標記獾總數，現在又知道這數目占了獾總數的多少比例，他們就可以估算出此郡的獾總數。

舉例來說，假設在第一次捕捉時抓到並標記了 100 隻獾，而在接下來的錄影觀察樣本中，每 10 隻中有 1 隻做了標記，我們就可以估計獾的族群數量是 1,000 隻，這樣得到的比例才會與攝影機記錄的比例相同。在拉普拉斯的例子中，總人口（數量未知）當中的新生嬰兒（數量已知）代表做了標記的樣本，而計算 30 個教區嬰兒人數（兩者都是已知數字）的程序，則代表實驗當中的再捕捉環節。

這種策略已經廣泛用來估計各方面的數字，包括現今在英國受到奴役的人數、德國人在第二次世界大戰期間製造的戰車數量等等。

問題是，捷徑未必總能通往知識之地。有時這些捷徑會讓你迷路，讓你誤以為找到答案，而實際上捷徑把你帶到的目的地，離你想去的地方差了十萬八千里。這是統計捷徑的危險之一，可能只圖了省事，而沒有變成真正的捷徑。

雖然可以將就一下，只調查 246 隻貓來了解 700 萬隻貓的喜好，但你當然不會期望從 10 隻貓的樣本了解很多東西。不過，科學文獻資料中就有許多例證，不少發現顯然是以小到荒謬的樣本為基礎。許多發表在主要期刊上的心理物理學和神經生理學研究經常出現這種現象，因為相關類型研究很難列入太多人。然而，研究者真的能從只針對兩隻恆河猴或四隻大鼠來做的研究，推斷出什麼結論嗎？

很不幸的，像「有八成的 X 比較喜歡 Y」這樣的頭條大發現經常受到大力宣傳，卻沒有提及採用的樣本數，讓人幾乎判斷不了此項發現的真實性有多大。

說到合理報告重大發現，在替貓糧調查定出多大的樣本數才好的例子中，我所設的參數算是黃金標準。在貓糧調查中，樣本數若有 19/20 的機會能正確代表貓族群的食物偏好，我就感到滿意了。

而講到科學發現及可能的顯著性（significance），譬如能夠對付某種疾病的新藥，倘若在不服用此藥物的情況下產生這個結果的機會不到 1/20，就可以視為是顯著的結果。假定你發明了一種咒語，可以讓硬幣擲出正面，大多數的人都會覺得很可疑，那麼你必須怎麼做，才能說服他們呢？假設在你施咒之後，擲 20 次硬幣出現了 15 次正面，這是不是表示你的咒語可能生效了？事實上，如果去計算一枚均勻的硬幣拋擲 20 次，結果隨機出現 15 次正面的可能性（沒使用你的咒語），會得知發生這種結果的可能性不到 1/20。因此，在你施了咒語的情況下出現 15 次正面，就代表你有理由相信自己的咒語可能有效。

自 1920 年代以來，這種 1/20 的隨機可能性一直是某項發現結果能夠視為「在統計上顯著」的門檻，要通過這個門檻，期刊才會接受。統計學家的說法是「p 值小於 0.05」；1/20 的意思就是指某個情況會隨機發生的可能性是 5%。

問題在於，只需要 20 個研究團隊，其中一個團隊就很可能會得到這個隨機的結果。說不定前 19 個團隊已經開始研究其他的想法，但第 20 個團隊會變得極度興奮，知道自己通過了發表重要結果的門檻。你可以明白，為何有了這樣的門檻，還有那麼多站不住腳的假設可能會變成文獻資料。正因為如此，所以一直有人呼籲，要設法再現許多僥倖通過統計顯著性檢定而公開發表的結果。

相對的，如果某個待驗證假設的 p 值為 0.06（或隨機發生的機會是 6%），就會被視為證據薄弱，在統計上不顯著，通常也會捨棄掉。然而，以這項理由來捨棄某項假設，可能也同樣危險，但否定的結果寫不出精采的新聞報導，因此那 19 個研究團隊沒有發表論文說，他們發現結果並無關聯。

這些門檻必須非常小心處理。如果你想確定一枚硬幣是否均勻，這個門檻也許沒問題，但想像一下，若你想要了解某位醫生的失敗率是不是處置失當造成的，你不會希望每 20 位醫生請 1 位來接受調查。然而，你應該從什麼時候開始關注？

舉例來說，在 1998 年 9 月，頗受敬重的英國家庭醫生希普曼（Harold Shipman）因為替至少 215 名患者注射致命劑量的鴉片製劑遭到逮捕。由史匹格哈特（David Spiegelhalter）帶領的統計學家團隊隨後指出，如果運用二次大戰期間原本拿來維持軍用物資品質管制的檢驗，他們可以更早在希普曼的資料裡發現異狀，進而有機會挽救 175 條人命。

顯著性的門檻必須謹慎處理。在 2019 年 3 月，有 850 位科學家連署投書到《自然》期刊，反對以 p 值當作科學發現結果的衡量標準，他們認為使用 p 值是科學界的執迷。信中寫道：「我們不是在要求禁止使用 p 值，我們也不是在說，p 值不能拿來當作某些專門應用（例如判定製程是否符合某種品管標準）的決策準則。我們更不是在主張怎麼樣都行，讓薄弱的證據突然變得可信⋯⋯我們呼籲的是，不要再以傳統、二分法的方式使用 p 值——不要再用 p 值去判定某個結果是在反駁還是支持某項科學假設。」

• 群眾的智慧

統計學家高爾頓（Sir Francis Galton）想出的聰明捷徑是請教許多老百姓，先讓他們做完吃力的工作，然後用一點精明的數學把事情完成。高爾頓的優生學種族歧視理論違反道德，讓他在今天理所當然飽受批評，但他的群眾智慧理論仍然公認是分析大數據的有用工具。他其實是想證明反面的情況是對的，結果誤打誤撞發現了這件事。事實上，他對社會上一般人的集體智慧沒什麼信心，因而對於讓公眾在政治方面有發言權很有意見：「許多男男女女既愚蠢又執迷不悟，嚴重到幾乎不可靠的地步。」

為了證明自己的觀點，高爾頓決定在家鄉普利茅斯的大型市集進行實驗。市集會在一頭牛宰殺並清除牛骨、內臟、去頭去腳之後，進行比賽，讓大家猜猜看牛有多重。這項比賽吸引了 800 人，他們花了六便士的參加費用，然後提交自己的估計值。雖然少數參加者可能是農夫，但大多數是所知甚少的遊客。高爾頓輕蔑的寫道：「一般參加者能夠合理估計牛隻屠體重的能力，或許就像一般表決者判斷自己所表決的大多數政治議題有何好處的能力一樣。」

但當他把大家的估計值拿回去，用統計方法分析資料之後，得到的結果令他有點震驚。雖然很多人猜錯了，有的大大低估重量，有的大大高估，但他發現如果取所有人的平均值，會跟正確的數字極為接近，很不可思議。（實際上高爾頓做分析時，是先取位於所有估計值最中間位置的數值，也就是中位數，結果也非常準確。）群眾對牛隻重量的平均推測值高達 1,197 磅，實際值是 1,198 磅，只差了一磅。

高爾頓大為吃驚。他寫道：「結果似乎顯示，大眾判斷的可信賴度比原本預期的要更高。」他先讓群眾做完吃力的猜測工作，接著才用數學來讓他更快找出解答：確實是「群眾的智慧」。

我最近收到一封來自民眾的謝函，他在聽我講這個概念之後，就在他家附近的市集採用了同樣的策略。挑戰是估計罐子裡有多少顆雷根糖。他一直等到市集結束前，才把所有參加者的猜測值輸入 Excel 試算表中，取平均值，然後做出他自己的猜測值。結果證明，他利用群眾智慧做出的估計值是最接近的，和實際數目 4,532 只差了 5 顆。他還隨信贈送了幾顆雷根糖，當作我告訴他這個巧妙捷徑的報酬。

還有一個說明群眾智慧的例子，出現在著名的益智節目《超級大富翁》（*Who Wants to Be a Millionaire?*）中。大多數時候參賽者都要靠自己努力答對 15 題，獲得百萬英鎊獎金，但假如你毫無頭緒，有幾條救生索可以抓。其中一條是讓你打電話給朋友，而第二個選擇是問現場觀眾。瑞士的學術研究團隊蒐集了德國版節目的資料，顯示在他們的樣本中，詢問觀眾的次數是 1,337 次，其中只有 147 次答錯，答對率是 89%，高得驚人。對照一下打電話給朋友的統計資料，有 46% 的時候沒有答對。

如果打算向觀眾求救，就要注意不要對可能的答案提出你自己的看法，因為我們是非常容易被引入歧途的物種。比方說參賽者如果答對下面這個問題，就會拿到 25 萬英鎊：

挪威探險家阿蒙森（Roald Amundsen）在哪一年的 12 月 14 日抵達南極？

(A) 1891　(B) 1901　(C) 1911　(D) 1921

她很確定阿蒙森比史考特（Robert Scott）早踏上南極，而史考特是維多利亞時代的人，所以她有把握 C 和 D 是錯的。但她真的不知道答案是 A 還是 B，於是她問觀眾。看一下觀眾給她的答案。

(A) 28%　(B) 48%　(C) 24%　(D) 0%

我們的本能當然是選 B，但看看答案 C，既然她很確定 C 是錯的，為什麼還有這麼多人選？答案是：參賽者說錯了。事實上，她可能會讓很多人誤信她所說的看法，因而選了 B，若是讓觀眾自行決定，他們應該會選正確答案 C。

不過，要不要採取信任觀眾的策略，或許還要看你參加哪個國家的節目。俄羅斯的觀眾很明顯是出了名的壞心，會故意選錯誤答案來誤導參賽者。

當然你總是可以嘗試「作弊」這種捷徑。英格朗（Charles

Ingram）少校就被指控在節目中靠作弊贏得 100 萬英鎊獎金。他顯然在觀眾裡安排了某個人，只要主持人唸到正確答案，就會發出咳嗽聲。但到頭來我們發現，如果懂數學，沒有咳嗽幫手也應付得了。決定能不能拿到百萬英鎊獎金的最後一個問題是，選出 1 後面有 100 個零的這個數字的命名：(A) googol、(B) megatron、(C) gigabit、(D) nanomole ？如果你需要協助，我會在主持人唸到 A 時發出咳嗽聲。

如果群眾這麼聰明，誰還需要專家？嗯，要看處理的是什麼工作。儘管保守黨的戈夫（Michael Gove）在英國脫歐亂局期間宣稱「我們受夠專家了」，但我可不想搭上由乘客集體駕駛的飛機。如果你網羅了全世界所有的業餘棋士，聯手對付世界西洋棋冠軍卡爾森（Magnus Carlsen），那也沒關係，我還是知道要下賭注在誰身上。

群眾可能會在哪些問題上提供解決的捷徑，又會在哪些問題上誤導你呢？關鍵指標之一是確定你的群眾都是自主答題。回想一下《超級大富翁》觀眾的答題結果，如何受那個女士深信「踏上南極的史考特是維多利亞時代的人」所影響。

心理學家艾許（Solomon Asch）就曾舉例說明，群眾有時在影響他人違反本能方面特別有說服力。艾許在 1950 年代做了實驗，請一組七個人看圖 7.2 中右邊的三條線，指出哪一條與左邊的那條線等長。

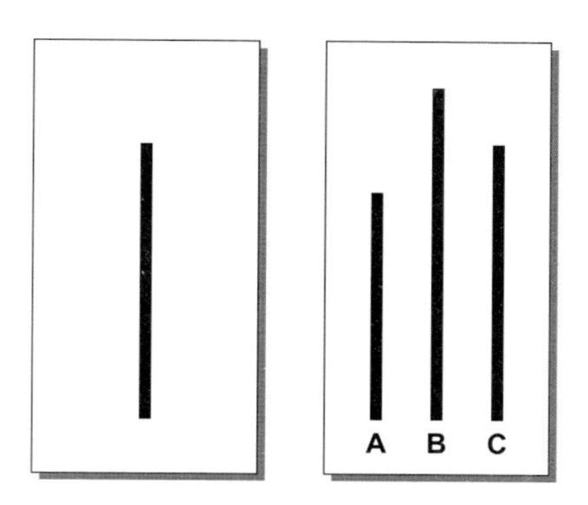

圖 7.2 艾許的實驗：哪一條線和左邊的那條線一樣長？

實驗有特別的安排，前六個說出答案的人是暗樁，艾許告訴他們要說答案是 B。輪到第七個人回答時，屢試不爽，第七個人明明看得出答案卻不會答出 C，而是會說前六個受試者所給的答案。想遵從小組選擇的欲望，反而凌駕了親眼所見的事物。

在社群媒體的時代，這種從眾的欲望可能會對我們的自主選擇能力產生非常嚴重的影響。社群媒體很難讓群眾保持獨立自主。

但有證據指出，完全自主也未必適合造就有智慧的群眾。阿根廷的一個團隊做過一項十分有趣的研究，他們發現，如果在匯集結果之前讓群眾內部先商量一下，所給的答案會比完全獨立的群眾來得好。

在布宜諾斯艾利斯的某個現場活動中，研究團隊先請5,180名觀眾在不與鄰座交談的情況下回答八個問題。例如，艾菲爾鐵塔有多高？或者，2010年世界盃進球數是多少？他們把答案蒐集起來，然後算出平均答案。但隨後研究人員又請觀眾分成五人一組，討論一下這些問題，然後再給出修正過的答案。這次他們匯集的結果準確多了。

重點在於，少數人會具備某些專業知識，可能有助於引導那些不知道的人，因此群眾可以從某些專業知識學到東西。如果你不懂足球，在估計世界盃進球數時就要完全靠猜的，但假如你這一組裡有人懂一點足球，跟你解釋平均每場比賽可能會進2到3球，而世界盃共有64場比賽，你就有了很好的資料可作猜測的依據。比方說你就會猜進球數是$2.5 \times 64 = 160$。正確答案是145。但重點是，如果你根據小組討論重新猜測，你很有可能會考慮其中一個組員聽起來很令人信服的專家知識。

當然，有的人自認為是專家，事實上卻會引人走上歧途，因此我們並不希望群眾受到自信滿滿的領導者影響。不過，由多個小團隊組成的群眾，似乎會比許多個體組成的群眾來得有效率。

還有一個能大幅改善結果的條件，是要確保群眾有各種不同的意見。參加布宜諾斯艾利斯活動的觀眾，可能來自想參加此類活動的特定社會階層，這樣一來，你可能就沒有觸及更多元的社會階層。在幾個有趣的案例中，是請大眾協助做出預算編列決策，而不是交給從政者，就說明了這種條件。

公眾參與預算編列的想法，最初是在 1989 年於巴西南部大城阿列格雷港（Porto Alegre）進行研究。冰島在 2008 年金融崩盤後破產，於是政府決定邀請公眾協助編列預算，然而普遍不認為此新措施是成功之舉。廣邀眾人報名參加，似乎只吸引到對政治感興趣的人站出來，形成的群體本身就存有偏見，不能代表系統希望利用的多元意見。

因此，當同樣的實驗在加拿大卑詩省（British Columbia）進行時，就改成隨機挑選民眾然後寄信，期望他們來參加，就像選為陪審員一樣。透過隨機選人而不是讓他們自行選擇，群眾的意見就會更多元，更能貫徹公眾參與預算編列的理想。

• 誰想當科學家？

利用群眾當作科學發現的捷徑，這個想法是過去幾年我們觀察到公民科學（citizen science）計畫湧現的關鍵。第一批最成功的計畫之一已經走出牛津大學，它稱為「星系動物園」（Galaxy Zoo）。牛津的天文學系利用這個計畫，幫忙把宇宙裡不同類型的星系分門別類。原先有各式各樣的望遠鏡在拍攝精采的星系照片，但沒有足夠多的研究生來瀏覽所有的影像。計畫啟動時，電腦視覺（computer vision）才剛起步，區分不出螺旋星系和球狀星系。

但對人類來說，區分兩者很簡單。事實上，牛津大學的研究團隊知道，並不需要向天文物理學博士求助，只需要大量的眼睛瀏覽資料。為了讓公眾參與計畫，研究團隊會給他們上一堂線上自學速成課，向他們解釋要尋找什麼，讓他們看螺旋星系和球狀星系的差異，接著就隨便任他們看世界各地望遠鏡拍攝到的大量未分類影像。

牛津天文系借助眾人之力，就能夠省去把所有資料分門別類的苦差事。這有點像《湯姆歷險記》的主角湯姆被罰粉刷籬笆，結果他讓朋友來做的那一刻——因為他把工作變成玩樂，突然間所有的朋友都搶著來幫他粉刷。

但星系動物園計畫的群眾更勝一籌，他們在資料裡發現了一種全新的星系類型。有些影像無法歸類到研究團隊要他們標記的任何一個資料類別中。過去專業天文學家碰到這些影像，只是把無法歸類的影像視為反常現象，不過星系動物園的群眾開始遇到愈來愈多的影像，看起來就像待在漆黑太空中的綠豌豆仁。星系動物園部落格上出現了一個叫做「給豌豆機會」（Give Peas a Chance）的討論串，要求大家不要拋棄這些綠色斑點。標題很幽默，是拿約翰・藍儂的歌曲名〈給和平機會〉（Give Peace a Chance）來玩文字遊戲，後來就變成了這些星系的名稱：綠豌豆星系。

這群公民科學家的發現最後寫成一篇論文〈星系動物園綠豌豆：極緻密恆星形成星系類型的發現〉，發表在《皇家天文學會月報》（*Monthly Notices of the Royal Astronomical Society*）上。

利用群眾當作科學發現的捷徑，牛津大學並不是首例。1715 年，天文學家哈雷（Edmond Halley）請了 200 名志願者，來幫忙算出同年 5 月 3 日日食過程中月影掃過全英國的速度。他請派駐在英國各地的民眾記錄日全食的發生時間和持續時間。在牛津，可惜天公不作美，烏雲密布，所以志願者貢獻不了任何數據。派駐劍橋的團隊在天氣方面就幸運多了，只不過他們受到干擾，錯過了日食！負責劍橋團隊的寇茲牧師（Reverend Cotes）寫信給哈雷：「我們很不走運，來客太多，令我們不知所措。」他們忙著招待來訪的人群，提供茶水，等他們準備好要觀測時，日食已經結束。

哈雷確實設法蒐集到夠多的數據，可估計出月影以每小時 2,800 公里的驚人速度掠過地球。他是皇家學會的院士，所以就在學會的期刊上發表他的估計結果。

哈雷的成功鼓舞了皇家學會的另一位院士羅賓斯（Benjamin Robins），請民眾協助他進行實驗，找出煙火在天空中的施放高度。1749 年 4 月 27 日晚上，他的大好機會來了，國王喬治二世要舉行煙火表演，慶賀奧地利王位繼承戰爭結束，並搭配國王最喜歡的作曲家韓德爾（George Frideric Handel）特地為此盛會譜寫的樂曲。

羅賓斯在《紳士雜誌》（*Gentleman's Magazine*）刊登廣告，請民眾從自己所站的位置記錄煙火的高度。

> 如果有人好奇並且距離倫敦 15 到 50 英里，煙火施放當晚願意在所有適當的位置仔細觀看，那麼我們就會知道有可能看得到火箭式煙火的最遠距離；如果觀看者占有天時地利，我認為最遠至少會到 40 英里。另外，如果位於煙花方圓 1、2 或 3 英里的聰明紳士願意好人做到底，觀察大多數的火箭式煙火在最大高度時與地平線所夾的角度，這將會確定那些火箭式煙火的垂直上升高度，而且十分精確。

這不是什麼隨隨便便的研究計畫。考慮到火箭對軍隊的重要性，了解火箭式煙火的射程可能對研發武器非常有用。很可惜，羅賓斯在《紳士雜誌》上給的指示晦澀難懂，所以除了一位人在威爾斯西南部的卡馬森郡（Carmarthen）、離倫敦 180 英里遠的紳士之外，每個人都打消了想要參與的念頭。這位紳士在山頂耐心等候，聲稱在 15 度的仰角看到兩次閃光。考慮到地球的曲率和兩地間的布雷肯比肯斯（Brecon Beacons）國家公園，他不太可能真的看到 6,000 個施放煙火當中的任何一個。聽說了表演中用掉多少煙火以及它在威爾斯產生的影響很小之後，這個志願者認為整件事是白白浪費大家的錢。

對比羅賓斯的失敗嘗試，如今群眾協助科學研究的本領已經成功多了。不管是要數一數從南極拍攝回來的影片片段中有多少企鵝，還是要折疊蛋白質以便找出退化性疾病的關鍵，請群眾協助一直是獲得新見解的巧妙捷徑。

企業界也注意到了借助群眾力量快速取得知識的捷徑。事實上，臉書和谷歌的成功就是靠群眾為了換取服務，隨時送上寶貴的資料。

• 機器學習

星系動物園計畫在 2007 年展開，當時的電腦視覺還很差，然而在過去幾年裡，電腦偵測影像內容的能力有了顯著的提升。起因是一種新的程式編寫方式，叫做機器學習（machine learning）：程式會透過自身與資料的相互影響而改變和轉變。讓程式不再嘗試以由上而下的方式來寫出程式，而是改為由下而上學習，這樣的本領提供了編寫強大演算法的出色捷徑。雖然程式本身可能不是很有效率又嫻熟俐落，但有了今天的計算能力，問題已經不像以前那樣嚴重。

機器學習的重大成就之一就是電腦視覺，這場革命的關鍵是電腦對資料進行統計分析的本領，它為觀看提供了捷徑。電腦並非萬無一失，但沒關係，只要在大多數情況下都能得到正確答案，那也就夠了。這也是我們原先 10 隻貓有 8 隻的捷徑所談的重點。想要讓區分出貓和狗的成功率達到 99%，需要接觸資料，但要接觸多少呢？我們可不想把網路上所有的貓狗圖片都輸入到電腦，那樣太多了！

為了訓練演算法區分不同類別的影像，通則是每一個類別需要 1,000 張影像來表示；要產生一個辨識貓的演算法，你需要 1,000 張貓的影像供電腦程式學習。對標準的機器學習演算法來說，資料再多實際上也不會提升成功率，這種演算法似乎會停滯不前，但對比較複雜的深度學習模型來說，資料愈多確實會顯現對數式的提升。

舉例來說，如果想要知道哪些變數可能會影響銷售量，就有必要了解使用多少資料可以應付所需。也許你覺得星期幾、天氣好壞、或新聞是不是正面會產生影響。而嘗試了解影響銷售量的方法，是蒐集數據。選出你認為可能會影響銷量的變數，然後記錄所有變數在不同值的銷量。

為了知道要用多少資料就能勉強做出有根據的推論，我們可以仰仗迴歸分析和十分之一法則。如果你要追蹤 5 個變數，那麼約略蒐集到 $10 \times 5 = 50$ 筆資料，應該就能推論出這些參數的變動可能會對銷量產生什麼影響。

但我們必須小心這種捷徑，因為它有可能讓我們迷路。就像群眾智慧一樣，如果你希望蒐集到一些智慧，讓群眾多元化是很重要的事，而同樣的，你也必須確保資料是多元化的。亞馬遜公司曾希望發展人工智慧（AI）來協助篩選求職信，就拿了現有員工的個人資料當作模範，假如亞馬遜對迄今為止的員工素質很滿意的話，你也許會認為這是明智的決定，但當 AI 開始剔除不是二十歲白人男性的履歷表時，亞馬遜意識到這個演算法不公正的歧視了廣大的求職者。

由布蘭維尼（Joy Buolamwini）發起的演算法正義聯盟

（Algorithmic Justice League）就在疾呼，這樣的演算法捷徑無法帶我們到新的目的地，只會讓我們回到舊有的偏見。

同樣重要的是，不要一次追蹤太多變數，因為變數愈多，就愈有可能在其中找到模式。舉個例子來說明追蹤太多變數的危險吧。有項實驗使用功能性磁振造影（fMRI）掃描儀，檢查 8,064 個大腦區域，確認給受試者看各種人類表情影像時，哪些腦區可能會參與。確實，有 16 個腦區顯示的反應在統計上是顯著的，問題在於，接受掃描的實驗對象是一條體型龐大、已經死掉的大西洋鮭魚。為了校正偽陽性，這些研究人員一直利用像這條死鮭魚一樣的無生命對象，但它也用例子說明了單純去測量太多東西並希望找出模式有多麼危險。這個團隊在當年獲頒搞笑諾貝爾獎（Ig Nobel Prize），獲獎理由是他們「先使人發笑，然後讓人思考」。

團隊之中的研究人員班內特（Craig Bennet）解釋說：「擲飛鏢時如果你有 1% 的機會正中靶心，然後你射一支飛鏢，那你就有 1% 的機會射中標靶。如果有 3 萬支飛鏢，那麼我們就假設你可能會射中標靶幾次。你找到結果的機會愈大，終將找到結果的可能性也愈大——即使是碰巧找到。」

• 你在下定決心前有多少資料

我在本章開頭描述的益智節目，實際上是你我生活中所面臨許多難題的好示範。你的初戀男友或女友可能非常好，但你應該跟他或她結婚嗎？或者你一直覺得也許會有更好的對象？大海裡還有更多魚，或許那裡的另一個人才是「對的人」。但假如你甩掉現任情人，通常就不可能回頭了，那麼你應該在什麼時刻趁早放棄，接受你已經擁有的呢？

找公寓是另一個典型的例子。有多少次是你在一開始找的時候就看到很棒的公寓，但接著又覺得在決定前必須多看幾間，反正風險只不過是放棄第一間好公寓？

把自己拿到最佳大獎的機會變得最大的關鍵，是數學上普及度第二名的數：$e = 2.71828...$。就像數學的頭號數字 π 一樣，e 也有無限小數展開式，小數部分沒有依次不斷重複出現的幾個數字，而且本身不斷出現在各種不同的情境中。我在第 2 章介紹過 e，它出現在歐拉把數學上最重要的五個數結合起來的漂亮等式中，它也跟你銀行戶頭裡利息逐漸增加的方式息息相關。

但後來發現，在我們假想的益智節目中，e 是一條捷徑，能讓你有最大機會選中獎金最高的盒子。數學證明了，如果有 N 個盒子，你必須從當中的 N/e 個盒子蒐集資料，才能稍微知道獎金的情況。$1/e = 0.37...$，這代表了 37% 的盒子。一旦你已經打開這些盒子，策略就是選擇獎金比你已經打開的所有盒子還要多的下一個盒子。

這並不保證你會獲得最高獎金，但你有三分之一的機會最後會拿到盡可能多的獎金。如果你決定看到的盒子要更少或更多，那麼機會就會變小。37% 這個數字是打定主意之前要蒐集的最佳資料量，無論是益智節目中的盒子、公寓、餐廳，還是你的終身伴侶。不過，也許最好不要讓你的另一半知道你在談戀愛時那麼工於心計。

通往捷徑的捷徑

在決定新計畫發展方向之前，先調查大家的偏好，通常可以讓決定更加完善。

經常有人把資料吹捧爲新石油，但知道你的想法需要用多少資料才能驅動，仍是很重要的事。資料太多，可能就會把你淹沒；資料太少，你的計畫又啟動不了。

統計學的捷徑顯示，通常你可以靠非常小的樣本數取得很大的進展。

找到蒐集資料的巧妙捷徑也很重要，正如馬克．吐溫在小說《湯姆歷險記》中所闡明的，一個人粉刷籬笆需要花很久時間，但很多人手就可以很快做完工作。

運用群衆的智慧是蒐集獨到見解的方式，不論是建立推特民調、設計可產生資料的線上遊戲，還是利用谷歌分析工具去了解訪客對網站的參與度。

休息站：心理治療

我最初告訴妻子夏妮（Shani）我正在寫一本談捷徑的書時，她很吃驚。她是心理學家，認為治療過程中為了重塑大腦，必須進行深入、長期的工作，這種工作通常是無可替代的。不過，夏妮倒是承認，就連治療也找到了捷徑，進而解決社會面臨的嚴重心理健康問題。

一直以來，說到去看治療師，就會讓人想起要花好幾年躺在沙發上回憶童年的畫面，但對於某些情況，現在有非常厲害的方法，可以縮短治療時間。夏妮建議我找甘乃迪（Fiona Kennedy）博士聊聊，甘乃迪是執業很多年的心理師，現在則訓練其他人熟悉近來出現的各種密集式心理治療法。這些介入法不需要常年治療，就可以幫助患有恐懼症、焦慮症、憂鬱症和創傷後壓力症候群的病人。

對甘乃迪來說，這些治療之所以成功，原因之一是採取了更科學化的方法。「如果你要去看外科醫生，動心臟手術，而你有兩個人選。第一個醫生說：『這是我的心臟手術經歷，這些是我用過的技術，這些則是我過去的成功率。』另一個醫生說：『嗯，我沒有真的蒐集過什麼數據，可是我很有創意，大家覺得這一點絕對可以激起信心。我動過多次手術，我非常樂在其中。』你會找誰動手術？」儘管實證科學思維近來才進入心理治療領域，它一直是全球健康照護服務能成功採用這些方法的關鍵。

最著名的心理學捷徑大概就是認知行為治療（cognitive behavioural therapy，簡稱 CBT）。認知行為治療是精神病學家貝克（Aaron Beck）在 1960 年代末到 1970 年代初發展出來的，它著重在感受與行為如何受到想法、信念和態度影響，會教你用因應技巧來處理不同的問題。

甘乃迪回想她在學生時代參與某個實驗的經過，實驗者要大鼠和學生執行各種任務，她指出：「大鼠輕鬆擊敗學生。」

「我們都在努力思考發生什麼事。」這個實驗說明了，認知會用何種方式干擾達成結果的過程。對於貝克和其他人來說，關鍵就是找到改變認知的方法。

甘乃迪以相當數學的描述來說明所發生的事：「重要的是網路。你有一套非常複雜的關係網路，它決定你是誰，也決定了你對世界的回應。所以改變這個網路就變得很重要。」

在貝克最初的認知行為治療模型中，是以非常程序般的方式來看待我們的行為：觸發反應的事物充當輸入，然後經過處理，產生想法、感受和行為，這些想法、感受和行為可能又會再觸發某個動作或輸出。貝克提議把認知行為治療當成一種方法，可將這個程序分段，以辨識程式裡的錯誤，也就是有缺陷的認知。

行為方面的治療包括治療師給當事人的練習，目的是向他們證明這個程序的某些部分不正確。舉例來說，害怕蜘蛛的恐懼也許可以透過漸進式的短暫看到蜘蛛來克服，向病人透露他們對於後果的恐懼並沒有事實根據。

令人驚訝的是，在某些情況下，對錯誤認知的覺察很快就會帶來正向的行為變化。更好的思維方式會帶來更好的幸福感。只要經過八次一小時的療程便可以達成，也就導致認知行為治療和其他治療的急遽發展，而這些治療方法可視為讓人回到工作崗位的捷徑。這種治療方法的本質非常有條理，通常可以採取不同的形式，包括團體治療、勵志書籍，甚至化身成手機上的應用程式。

大家認為這條捷徑實在太有效率，結果變成英國改善心理治療取得管道（Improving Access to Psychological Therapies，簡稱 IAPT）計畫的支柱，這項計畫從 2008 年開始，已經徹底改變了治療英國成年人焦慮症和憂鬱症的方式。經濟學教授理雷亞德（Lord Richard Layard）當時說服工黨政府相信，讓人民回到工作崗位能節省經費，最後這項計畫也會回本。2009 年，英國政府提供了三年三億英鎊，要訓練三千多位治療師。如今普遍認為 IAPT 是世上目標最遠大的心理輔導計畫，在 2019 年，就有超過一百萬人透過 IAPT 服務尋求協助，克服他們的憂鬱症和焦慮症。

有時情況只允許時間非常短的介入，但甘乃迪讓我看一些資料，都證實只靠三次療程的認知行為治療模型就有效果。這個模型最初是由臨床心理學教授巴坎（Michael

Barkham）所提出，稱為二加一（two-plus-one），當事人每週會進行兩次一小時的療程，然後是三個月後的第三次療程。

有愈來愈多的研究顯示，就連這種時間非常短的捷徑也可能很有效。舉例來說，《刺胳針》（*Lancet*）在 2020 年發表的數據就透露，這種密集式的二加一模型顯著減少烏干達境內南蘇丹女性難民心理憂慮的情形。正如研究人員在論文中強調的，像這樣資源匱乏的人道環境下，就需要創新的解決方案大量提供心理健康支持。

甘乃迪的方法裡有一個層面在我心中引起共鳴，也就是運用了圖示這個工具來探究新觀點。其中一種圖是認知三角形（cognitive triangle），這種圖能幫助治療師和病人了解想法、感受與行為的整體本質；有時則會畫個正方形，把感受分成兩類：情緒及身體感覺。

這背後的想法是，如果不介入這個順著形狀的流動，想法就會觸發感受，引起病人想要解決的無益行為，例如害怕出門或蜘蛛恐懼症等等。但透過了解並意識到這種循環，就有可能更早介入，改變行為。

圖示就像繪出病人心理地形的地圖，他們把自己拉高到思維網路之外，就能明白也許有不同的路可選。

甘乃迪描述了另一個圖示，但這個圖示並不是給病人，而是給治療師，好讓他們在療程當中思考。

「想像你是治療師，我是當事人，我們坐在蹺蹺板的兩端，而這個蹺蹺板平穩的擺在橫跨大峽谷的一根繩索上。保持這種平衡對我們雙方都非常重要。有一天我來接受治療，我心情很好，因為我的功課做完了，而且達成這些改變，所以我在蹺蹺板上朝你移動，而你是個非常熱情又關心他人的治療師，也自然而然會在蹺蹺板上朝我移動。但下週我來治療的時候，我覺得自己不能再繼續了。我這週過得很糟糕，一事無成，我只想放棄。我在蹺蹺板上已經坐得遠離你了，你的本能是朝我移動，在這種情況下，我們會墜入大峽谷。你愈努力嘗試，我就愈抗拒，所以你該做的就是遠離我。」

這是個迷人的畫面，因為甘乃迪把治療變成一個等式，像蹺蹺板一樣必須維持平衡。

對甘乃迪和其他人來說，證明這些捷徑有效的證據就在資料裡，而牛津大學心理學教授克拉克（David Clark）蒐集了其中大部分的資料。成千上萬的治療師把他們當事人每週的資料寄給克拉克，已經蒐集長達十年，為了讓心理健康的結果更透明，他把所有的資料列入公共領域。

但有時候認知是不夠的。為了重塑大腦，有時沒有任何捷徑可取代一個人在治療中必須經歷的深入持續努力。甘乃迪承認，公式化的治療有缺點。

「認知行為治療完全以邏輯為基礎，但治療其實還有其他的東西，像是自我接納和依附，成為家庭的一分子、團體的一分子和世界的一分子，有足夠好的教養，這些都會伴隨而來，如果你想解決自己面臨的問題，八次療程是辦不到的。」

因此，認知行為治療有時被視為是貼在裂開傷口上的膠布，它也許可以暫時止血，但如果不處理造成傷口的原因，過一段時間傷口會再次裂開。要如何在八次一小時的療程裡重塑大腦呢？一些治療師擔心認知行為治療有時不是真正的捷徑，只是在貪圖省事。

我認為治療師的配偶總是很好奇，關起門來治療時到底發生了什麼事。正因如此，所以我從夏妮的書架上把心理分析師奧巴賀的《治療中》（*In Therapy*）拿下來，結果發現，這也是奧巴賀寫這本書的動機之一！奧巴賀把這本書獻給自己的伴侶溫特森（Jeanette Winterson）：「她一直想知道諮商室裡發生什麼事。」

奧巴賀因為治療黛安娜王妃的飲食障礙而成名。就像她在書裡解釋的，治療不僅僅是訓練身心做沒做過的事，如拉大提琴或說俄語。一開始還必須做到更艱難的差事，也就是改掉某樣舊習。

治療可能需要很長的時間，因為你必須處理腦袋中理解世界的基本方法。套用奧巴賀的說法：「在治療中，你不單單是學一種新的語言，把它加進你的技能，你還要放掉母語中無用的部分，把這些部分跟新語法的知識結合在一起。」

當我聯絡奧巴賀，想再進一步探討這個想法，她特別強調了這一點。但她也承認，她和病人進行治療時仍然會採取捷徑。和她閒談時我學到的有趣事情是，模式所能扮演的角色。治療師會看出符合先前個案研究的行為模式，藉此幫忙設計行動方案給房間裡的新病人，但也必須體認到每個個案都與眾不同，再加以權衡。

奧巴賀說：「我所給予的治療，是你從對一個人的深入研究中吸取經驗，那是佛洛依德留給我們的。這是個案研究，不代表完全相符，但表示可能有 50% 符合。因此如果它在你本身、在你身為治療師的思維、認知與情感庫中根深柢固，那麼它在某種程度上就是一條捷徑。」

這是存在於心理學的迷人張力之一。一方面，它近乎科學，因為有類似個案研究的東西，而且前來的病人有獨特的小毛病。醫生打算把症狀跟先前的個案研究比對，以便能夠根據先前的那些病歷，處理病患的病痛。行為模式同樣可以提供治療師一條了解病人的捷徑，就像模式幫助我這個數學家用以前的研究方法解決看似沒見過的情形，然而每個人都有獨特的心理，永遠不會一模一樣，每個病例都需要個人化的治療。這方面就不是科學，而是身為治療師的藝術。

奧巴賀說：「治療是一種訂製行業，每組治療都會創造出新的反應環境，某個真相會通往另一個真相，它可能會遮掩最初理解的東西。在治療過程中，心靈的複雜結構會改變。治療師參與觀察內在結構與情感擴展的變化，實在很有滿足感。看著當事人從防衛、改用其他方式，到過一段時間防衛機制消失的過程，會生出一種美，也許就像數學家或物理學家覺得某個等式很簡潔的那種感受。」

奧巴賀的言下之意就是，她處理每個新病人的方式跟我這樣的數學家用來處理各個新問題的方式，並沒有什麼不同。

「如果我去評估一個潛在的病人，我會有一種身體感覺，甚至有可能是我腦袋裡對內在客體關係、防衛結構、情緒等等東西的某種幾何圖形。我有很多事要進行，但我必須把它們寫出來，才曉得它們正在進行。所以這構成了一條捷徑，可是話說回來，那是因為這件事我已經做了天殺的四十年。」

就像之前一樣，相同的主題又出現了——捷徑得來不易，需要多年的努力。對於現在把認知行為治療當作治療捷徑的做法，我想知道奧巴賀有何想法。她對這種幾乎程序化的治療方法抱有疑慮。

「我不相信照著指導手冊行事的治療。這是不是代表它沒有效？並不是。有總比沒有好。可是你的問題應該會在八個星期或八次療程內改善嗎？許多治療取得管道的問題在於，這項工作非常需要經過專門訓練，但做這件事的人通常不是治療師。」

事實上，現在有些認知行為治療甚至交由 AI 治療師來進行。奧巴賀認為治療不能簡化成公式去依循，她說：「人的主觀性並非微不足道，而是無比複雜又美好。」

認知行為治療或許有能力建立架構，讓病人有辦法看到某些思維模式，也了解這些模式的根源。一旦意識到，他們就可以採取行動，阻止這些負面的自動化思考。

但對奧巴賀而言，這些架構並未掌握治療的基本特質；由於這些模式通常在意念而非情感的層次運作，正因如此，她認為它們不能真的簡化治療。情緒在高等認知與意識中扮演十分重要的角色，如果沒有從情感的層次處理問題，就無法改變認知與意識。情緒創造了發展數十年的認知結構。

奧巴賀說，譬如：「你有個防衛結構，所以你或許會理解，沒錯，我正在複製這個特殊行為，因為它深留在我腦中，那就是我對『又愛又恨』或『愛才會打人』等等模式的理解方式。我了解這個行為，但當中的情感因素極其複雜。所以認知行為治療當然是一種輔助工具，但基本上它……」說到這裡她嘆了一大口氣：「……它並不容易。」

8

機率捷徑

謎題

你應該把錢押注在哪一個？

(A) 擲 6 次骰子，擲出至少一次六點。

(B) 擲 12 次骰子，擲出至少兩次六點。

(C) 擲 18 次骰子，擲出至少三次六點。

我們的現代生活是由一連串決定所組成，要根據各種可能的結果進行評估。我們的每一天都必須經過風險分析才能順利度過。今天的降雨機率是 28%，我要不要帶雨傘？報紙上說，吃培根會讓罹患腸癌的機率增加 20%，那我該戒掉培根三明治嗎？考慮到發生事故的風險，我的汽車保險費會不會太高？我買樂透彩券有什麼用呢？玩桌遊的時候，我接下來擲出的點數讓我排名下降的機會有多少？

許多職業都要算出機會才能做關鍵決定。某支股票上漲或下跌的機會有多大？如果有 DNA 證據，被告就有罪嗎？病人要不要擔心偽陽性的篩檢結果？足球選手在罰球時應該踢向哪裡？越過不確定的世界是一項充滿挑戰的任務，但找出一條穿過迷霧的路並非不可能。數學已經發展出強大的捷徑，幫助我們處理從遊戲到健康、從賭博到理財投資的一切不確定性，那就是「機率的數學」。

若想探索這條捷徑的本領，擲骰子是最佳方法之一。本章開頭的題目，曾讓十七世紀的著名日記作者皮普斯（Samuel Pepys）坐立不安。皮普斯著迷於機率遊戲，但他不會隨便拿辛苦賺來的錢當作擲骰子的賭注，他總是很謹慎。

皮普斯在 1668 年 1 月 1 日的日記寫道，正要從劇院回家時撞見「骯髒的學徒和無所事事之人在賭博」，回想起孩提時僕人帶他去看人試圖擲骰子贏錢的情景。皮普斯記下自己看到「一個人向另一個人拿走所輸的錢，反應大不相同，有一人不停罵髒話，另一人只是喃喃自語和發牢騷，還有一人絲毫沒有明顯的不滿」。他的朋友布里斯班德（Brisband）先生提議，給他十枚硬幣試試運氣，還說「大家都知道從來沒有人第一次玩會輸，因為魔鬼太狡猾了，不會勸阻賭徒」。但皮普斯拒絕了，躲回他的房間。

皮普斯小時候看到賭博時，還沒有什麼捷徑能讓他比別人有優勢。但在他從青少年到成年的歲月裡，一切已經有了改變，因為海峽對岸有兩位數學家，費馬和巴斯卡，提出一種新的思考方式，透過這條深具潛力的捷徑，應該能讓賭徒賺錢，不然至少是少輸些錢。

皮普斯可能還未聽說費馬和巴斯卡已取得重大進展，把魔鬼手中的骰子努力搶到數學家手上。如今，從拉斯維加斯到澳門，費馬和巴斯卡開創的機率數學讓世界各地的賭場得以經營下去——犧牲者是來賭錢的無所事事之人。

• 發生的機會有多大？

費馬和巴斯卡之所以會想出捷徑，是因為他們聽到某個跟皮普斯所想類似的難題，然後受到啟發。

與兩人都相識的梅雷騎士（Chevalier de Méré）想要知道把賭注下在以下哪一個比較好：

(A) 擲一顆骰子 4 次後，擲出六點。

(B) 連續擲兩顆骰子 24 次後，擲出雙六。

這位騎士實際上不具有騎士的貴族身分，他是一名學者，名叫龔博（Antoine Gombaud），他喜歡在對話作品中用這個頭銜代表自己的觀點。然而，這個頭銜沿用了下來，他的朋友們開始稱他為騎士。他選擇走遠路，做一大堆實驗，拿骰子擲了一遍又一遍，試圖解決這個骰子難題，但一直沒有確定的結果。

於是龔博決定把這問題帶到一個由耶穌會士舉辦的沙龍，修士名叫梅森（Marin Mersenne），地點則是他在修道院的小房間。梅森有點像是當時巴黎的知識活動中心，他把收到的有趣問題寄給他認為可能會有高明見解的其他通信者。說到龔博的難題，他毫無疑問寄到了很好的人選手中，費馬和巴斯卡的答覆確立了本章要談的捷徑：機率論（theory of probability）。

毫不意外的，走遠路其實並沒有幫龔博判定選哪一個賭注最有可能贏錢。費馬和巴斯卡把他們的機率新捷徑應用到骰子上，就發現選項 A 的發生機率是 52%，而選項 B 的發生機率為 49%。如果賭骰子 100 次，隨機過程中存在的誤差會輕易掩蓋這種差異，也許要等差不多賭 1,000 次之後，真正的模式才會浮現。這就是為什麼這個捷徑會如此強大——它避免你一定得做很多苦力，反覆實驗，畢竟實驗結果搞不好還會讓你對問題理解錯誤。

費馬和巴斯卡提出的捷徑有個特質很有趣，它長期下來才會真正幫你取得優勢。它不是幫忙賭徒在任何一次賭博中贏錢的捷徑，那仍然要碰碰運氣。但長期下來，情況就大不相同，這也解釋了為什麼它對賭場來說是好消息，然而對遊手好閒、巴望擲一次骰子就輕鬆賺到錢的賭徒來說，卻不是什麼好消息。

鏡頭回到倫敦。皮普斯寫下他在走路回家的途中，看賭徒設法擲出七點看得津津有味：「聽到他們罵手氣怎麼這麼差，但沒什麼用，因為有個男子想要擲出七，但擲了很多次都擲不出，絕望透頂，嚷嚷說以後打死也不會再擲出七，而其他的人手氣很好，幾乎每次都擲出七。」

這個人的手氣是不是特別背，連一次七點也擲不出來？費馬和巴斯卡提出的策略，是用來算出以兩顆骰子擲出特定點數和的機會有多大，要先分析可能擲出的各種點數，然後看點數和為七的情形發生的比例。第一顆骰子可能擲出 6 種點數，加上第二顆骰子也有 6 種點數，總共就有 36 種不同的點數組合。在這些組合當中，有 6 種的點數和是七：1 + 6、2 + 5、3 + 4、4 + 3、5 + 2、6 + 1。

他們認為，假如每種組合發生的可能性一樣大，那麼 36 次當中就會有 6 次擲出七。這實際上是擲兩顆骰子時最有可能出現的點數和，但沒有擲出七的機會仍有六分之五。考慮到機率問題，皮普斯所看到的那位對擲了很多次骰子都沒出現七點感到如此絕望的紳士，手氣到底有多差？

他擲了 4 次骰子都沒擲出七的機會有多大？把所有不同的情形都列出來，看起來相當嚇人，因為總共有 36^4 =

1,679,616 種結果。但費馬和巴斯卡伸出援手了，因為有捷徑。要算出 4 次都沒擲出七點的機會，只須把每次擲骰子的機率相乘：$5/6 \times 5/6 \times 5/6 \times 5/6 = 0.48$。這表示連續 4 次沒有擲出七點的機會仍大約有二分之一。

相反的，這表示兩顆骰子擲 4 次之後，有一半的機會出現七點。同樣的分析可證明，一顆骰子擲 4 次後出現六點的機會也是一半一半。因此，皮普斯看到那個紳士擲 4 次骰子都沒出現七，不是什麼出人意料的事，就像丟一次硬幣的結果不是正面一樣。

在玩很多像西洋雙陸棋或《地產大亨》[1]這樣要擲骰子的遊戲時，你可以把「最有可能擲出七」轉化成對自己有利的條件。舉例來說，坐牢是《地產大亨》棋盤上最常造訪的格子，再加上兩顆骰子可能點數和的分析結果，就意味許多玩家在走到坐牢這格之後，下一步會走到橘色房地產區的次數比其他格子還要多。所以你如果可以搶先在橘色區買地，在上面蓋旅館，就會讓自己在遊戲中更勝一籌。

• 巧妙的捷徑：考慮反面

在費馬和巴斯卡所做的計算中，還藏有一個數學家經常

1　編注：英文名稱為 Monopoly，意即壟斷。當玩家壟斷相同顏色的地段後便可蓋房子或旅館，藉此提高租金。台灣早年將《地產大亨》的內容在地化，仿製為《大富翁》。

採用的巧妙捷徑。要是我一開始的難題就是要設法計算擲 4 次骰子有七點出現的機率呢？答案顯然不是把擲出七點的機會相乘 4 次，這樣是連續擲出 4 次七點的罕見情況。相反的，我必須仔細檢查可能會出現七點的所有組合；我必須算出第一次就擲出七，隨後就沒有出現七點，或前兩次沒擲出七，接著後兩次連擲出 2 次七點的機會。同樣又要做一大堆計算。不過這裡也有強大的捷徑可用，只有一種情形我不感興趣，也就是 4 次都沒有擲出七點的情形。這個機率很容易計算，因此，與其正面迎戰，不如從反面下手。

我發現不管處理什麼問題，這都是非常有效率的捷徑。如果從正面處理太麻煩，就嘗試從反面思考。舉例來說，了解「意識是什麼」是個困難的科學問題，但去分析某樣東西何時是沒有意識的，有時會讓你對更直接的難題產生新的洞見。正因如此，分析沉睡或昏迷中的病人，可以幫助科學家了解，是什麼因素讓清醒的大腦有意識。

這條經過難題反面的捷徑，正是理解以下問題的關鍵：英國每個週末都有十場英格蘭足球超級聯賽的比賽，十場球賽當中有幾場，在場上有兩人同一天生日？

乍看之下這好像應該不會很常發生。答案會不會是十分之一？我認為一般人的直覺會受到影響，因為他們可能認為這個問題等同在問：如果我這個週末跑去踢足球，球場上有人和我同一天生日的可能性有多大？在這種情況下，發生的可能性大概是 5%。

然而，你只是把自己和球場上的每個球員分成一對一對來考慮。其他的可能配對方式呢？那就不一定要跟你同一天生日了。問題開始變得愈來愈複雜，我們開始明白把一群人配對的情況有很多。

但如果用捷徑，從問題反面來看，就能以更有效的方法解決這個難題：場上沒有人同一天生日的可能性有多大？如果能夠算出這個機率，然後用 1 減去這個機率值，就可以求得有兩個人同一天生日的機率了。

比賽即將開始，兩支球隊出場，而且為了我們依次進入球場。我先跑進場，接著是下一位球員出場，他跟我生日不同天的可能性是：364/365。他只須避開我的生日：8 月 26 日。

現在是下一位球員進場，他的生日一定要跟我和球場上的第二名球員不同天。還有 363 天可選，所以他和我們兩人不同天生日的可能性是 363/365。我們三個人在球場上，而三人生日均不同天的機率就是 364/365 × 363/365。

現在我只要繼續做下去，把所有的 22 名球員都請上場……再加上裁判。每多一個人跑進球場，必須避開的可能生日天數就會增加。等到裁判進場時，他或她的生日必須避開已經在球場上的 22 天，所以這個機率是 (365 − 22)/365 = 343/365。23 人全部都出場之後，沒有人同天生日的機率就是要去計算出：

$$364/365 \times 363/365 \times 362/365 \times \ldots \times 344/365 \times 343/365 = 0.4927$$

我已經計算出我們所求答案的反面，現在只要翻轉一下就行了。有兩個人同天生日的機率是 1 − 0.4927 = 0.5073。真是令人難以置信，有人同天生日的可能性很大。這表示在每個週末的超級聯賽，平均 10 場比賽中會有 5 場，球場上有兩人同天生日。

有趣的是它的機會可能高出一半，因為有證據顯示，足球員的生日在 9 月或 10 月的可能性更大。為什麼？在學校，生日在學年剛開始不久的影響就是，體格上可能比像我這樣出生在 8 月的人來得發達，所以力氣會更大、跑得更快，更有可能選進足球校隊，獲得踢球經驗。

我清楚記得，我很想知道自己為什麼從來沒有在學校賽跑中贏過。後來在某年夏天，我在我們鎮上的園遊會參加了分齡賽跑。那時我的生日還沒有到，而跟我同年級的人都過了生日，這表示我的對手是低一個年級的孩子。當我把對手拋在後頭，我非常震驚的發現自己頭一遭一馬當先衝過終點線。

但瘦弱的年輕杜．索托伊仍然不得不將就一下，坐在圖書館裡，然後成為數學高手！

• 通往賭場的捷徑

拉斯維加斯需要大量的數學家，因為賭場始終在尋找新的捷徑，好讓他們操縱賭局，使賭局對賭場有利。就拿花旗骰（craps）[2] 賭桌來說吧，這是從皮普斯觀看的賭博演變出來的玩法。由於賭局是動態的，在花旗骰下注是相當複雜的事，不過你隨時都可以賭下一次會擲出七點。我解釋過，擲出七點的機會平均是 1/6，但如果你押 1 美元在七點而且贏了錢，賭場除了你的 1 美元賭注之外，只會再付你 4 美元。然而他們必須賠 5 美元，才是公平的賭局。這個賭注給了賭場 16.67% 的優勢，所以當你在花旗骰賭桌下注時，押七點是最不划算的賭注之一。賭場在賭客每次下注時撈得的（平均）利潤是 16.67%。

如果你就是堅持押七點，有個比較好的方法可讓賭場優勢少一些，那就是把你下的賭注一分為三。不要全押七點，而是下三個注：第一個押 1 和 6，第二個押 2 和 5，第三個押 3 和 4，這稱為跳注（hop bet）。儘管下三個注實際上跟合起來押七點一樣，但各個賭注的賠率都比直接押七點還要好。採用這種下注策略的話，每次賭場（平均）只會賺走 11.11% 的利潤。

拉斯維加斯的每一把賭局都經過了仔細分析，確保賭場終究會占優勢，但下注的人也可以利用費馬和巴斯卡發展的工具，找出最有可能輸錢輸得最慢的地方。

舉例來說，在花旗骰中有一種下注選項，是賭場會實際

2 編注：花旗骰是由玩家下注擲骰的遊戲。玩家會輪流當擲骰人，擲骰人下注後其餘玩家可以選擇跟隨或對抗，等擲骰人擲出兩顆骰子後，賭場依結果賠付給玩家。

根據贏錢的賠率來付錢，這大概是賭場中唯一一個不會對賭場有利的賭法。花旗骰的玩法是由擲骰人擲出一個目標點數，這個點數必須是 4、5、6、8、9 或 10 的其中之一。如果骰子擲出 2、3、7、11 或 12，這一輪就結束了。擲出 7 和 11，算擲骰人贏；擲出 2、3 或 12 算輸，這稱做「出局」（crap out）。如果目標點數確定了，擲骰人的目標就是要在下次擲出 7 之前再次看到這個點數。

你所能下的公平賭注，是押這個目標點數比 7 先出現。假設你的目標點數是擲出 4。如果你下注 1 美元在擲出 7 之前先出現 4，那麼若擲出 4，賭場除了你的 1 美元賭注之外還會付給你 2 美元，總共還給你 3 美元。這正是這種情形發生的機率。擲出 4 的方法有 3 種，而擲出 7 的方法有 6 種，所以你只會有 1/3 的機會賭贏。這種下注選項讓賭場在沒有先圖利自己把錢賺走的情況下付錢。知道這一點並不會讓你找到賺錢的捷徑，但至少機率捷徑顯示出你不是在送錢。把賭注押在這種情況上，長期下來應該會不輸不贏。

再給你看一個小難題。我們改玩賭輪盤吧。你手上有 20 美元，目標是想辦法讓你的賭資翻倍。如果你把錢押紅色的號碼，而且開出紅色，拿回的錢就會是賭金的兩倍。以下哪一種策略比較有可能成功？策略 A：一次就把所有的錢押紅色號碼。策略 B：輪盤每次轉動時，都押 1 美元在紅色上。

這乍看之下好像無所謂，但賭輪盤略有小變化。輪盤上有 36 個號碼，一半是紅色，一半是黑色，但還有第 37 個號碼：零，這是綠色的。如果小球停在綠色格子裡，無論你押的是紅色還是黑色，都會輸錢，賭場就在這裡贏過所有人。綠色的零看起來很無辜，但賭場已經計算好這是它獲利的捷徑——至少長期下來會獲利！

這代表如果你把錢都押在紅色上，拿回賭注的機會不到一半。你的機會比一半小一點點：18/37。假設你玩了 37 次，每次都押 1 美元賭紅色，而且僥倖在這 37 次轉輪當中，輪盤上的每個號碼各開出一次。因此在其中 18 次，你贏了 1 美元，但有 19 次會輸掉 1 美元賭注，所以最後你手上只有 36 美元。這表示基本上你每下注 1 美元賭一次，就有 1/37 = 0.027 美元要付給賭場，賭場優勢換算起來是 2.7%。你賭的次數愈多，付掉的錢就愈多。

如果用策略 A，你一次下注 20 美元讓賭資翻倍的機會是 18/37，也就是 48%，比一半小一點。但如果採取策略 B，你下注的每一塊錢都要付出代價，就表示這個策略會讓你離賭資翻倍的目標愈來愈遠。事實上，策略 B 讓你長期下來翻倍的機會只有 25%。

策略 A 雖然是最明智的選擇，卻也代表你待在賭場的時間必定會很短。策略 B 可能會讓你的賭城之夜比較痛快，但要為享樂付出代價。

或許你聽說過，在賭場裡若要比賭場更勝一籌，就要去玩二十一點的牌桌。數學家索普（Edward Thorp）在 1960 年代悟出，你可以靠著研究莊家和其他玩家手上的牌來取得優勢。這個方法稱為算牌（card counting）。在二十一點中，你要設法拿到加起來等於或小於 21 的牌，來贏過莊家手上的牌。如果超過 21，你就爆牌而且輸掉了。算牌法行得通的關鍵在於，如果莊家的牌加起來等於或小於 16，莊家總會再拿一張牌。

一副牌有 16 張牌的點數是 10（10、J、Q、K），如果你知道這些牌有很多還在未發的牌堆中，就表示莊家在必須拿牌的狀況下爆牌的機會比較大，因此你理所當然可以加注在自己的牌。算牌時會用簡單的方法記下有多少張大牌已經發出、有多少張還沒發。賭場為了把算牌的影響減到最少，一般來說不會只用一副牌，而是用六到八副，但仍然可以給你優勢。[3]

《決勝 21 點》這部電影改編自真人真事，故事描述某個麻省理工學院數學高手賭博團前往拉斯維加斯，在牌桌上實際應用索普的捷徑。埋首書堆的數學高手居然看起來又酷又性感，結果這部片對大學數學系入學人數貢獻良多，效益可能比全國各地所有數學系的共同努力還要高。

乍看之下索普的策略好像是致富的美好捷徑，但它仍有唯一的缺點：在我分析實際上要花多久才能大賺一票之後，

3 編注：賭場還可以在牌堆用掉一半時就重新洗牌，進一步抵消算牌帶來的優勢。

發現必須投入的時間會讓收入比最低工資還要少。看來麻省理工學院賭博團是受了幸運女神眷顧。

• 入場費

你願意付多少錢玩下面的賭博遊戲？我擲一顆骰子，擲出幾點就付你多少美元。我擲出六而你贏 6 美元的機會是六分之一，其他幾種結果出現的機會也分別是六分之一。擲了 6 次骰子之後，你可能會賺到 1 + 2 + 3 + 4 + 5 + 6 = 21 美元，所以平均每次擲骰子我要賠掉 21/6 = 3.50 美元。如果有人提議讓你付比這還少的賭注，那就值得一賭，因為長期下來你會贏錢。明智的做法是，在每次要賭錢時，先評估對方平均可能會賠多少錢，再來決定是否值得賭一把。

雖然費馬和巴斯卡的書信往來促成了機率論的發現，讓你可以把數學應用到機率遊戲上，但要等到瑞士數學家雅各 · 白努利（Jakob Bernoulli）《猜想的藝術》（*Ars Conjectandi*）出版，機率的數學才真正成形。白努利家族曾在微積分之爭當中支持萊布尼茲，雅各是其中一員。你能在這本書裡找到公式，讓你算出參與任何一種賭博應該付的公平價格。

假設有 *N* 種可能的結果。如果發生結果 1 的機率是 P(1)，而你會贏的錢是 W(1)；同樣的，發生結果 2 的機率為 P(2)，而你在這種情況下會贏的錢是 W(2)。平均下來，這種賭博可讓你每一次贏 W(1) × P(1) + . . . + W(*N*) × P(*N*)。因此如果有人向你提議的賭注比這少，長期下來你會贏錢。就擲骰子的例子來說，擲骰子有 6 種結果，P(1), . . . , P(6) 這六個機率值都是 1/6，而賭贏的錢 W(1), . . . , W(6) 分別是 1 美元到 6 美元。

這個公式似乎合理可靠，直到雅各的堂弟尼可勞斯．白努利（Nicolaus Bernoulli）以一種近乎自我懲罰的行為，想出了下面的賭博遊戲。我丟一枚硬幣，如果出現正面，我付你 2 美元，遊戲結束。如果出現反面，那我再丟一次，假如第二次出現正面，我付你 4 美元，若還是反面，我就再丟一次。每丟一次硬幣，我賠的錢就會翻倍，所以倘若我擲出 6 次反面，才出現一次正面，我就要付你 2 × 2 × 2 × 2 × 2 × 2 × 2 = 2^7 = 128 美元。你願意付多少錢玩尼可勞斯想出的賭博遊戲？ 4 美元？ 20 美元？還是 100 美元？

你只會贏 2 美元的機會是 50%，畢竟丟第一次就出現正面的機率是 1/2，所以 P(1) = 1/2 且 W(1) = 2。所以為了盡可能贏大錢，你盼望結果是一連擲出多次反面才出現一次正面。你先看到一次反面然後才是正面的機率是 1/2 × 1/2 = 1/4，但這次你贏的錢是 4 美元，因此第二種結果的機率是 P(2) = 1/4，但 W(2) = 4。這樣繼續下去，機率會愈變愈小，但賠的錢會愈來愈多。舉例來說，在 6 次反面之後出現一次正面的機率是 $(1/2)^7$ = 1/128，但會讓你贏 2^7 = 128 美元。

如果你在丟 7 次硬幣後就不賭了，那麼你只有在連續出現 7 次反面的情況下才會輸錢。利用雅各的公式來計算，賠付給你的錢平均起來會是 $W(1) \times P(1) + ... + W(7) \times P(7) = (1/2 \times 2) + (1/4 \times 4) + ... + (1/128 \times 128) = 1 + 1 + ... + 1 = 7$ 美元。因此如果有人提議讓你花不到 7 美元來賭，就值得一賭。

但刺激的來了。尼可勞斯準備無限期賭下去，直到出現正面為止。你每次都會贏錢，那麼你又會付多少錢去賭呢？現在有無限多種選項。公式告訴你，平均賠付會是 $1 + 1 + 1 + ...$，也就是多到無窮無盡！如果有人找你玩這個賭博遊戲，不管花多少錢都值得玩。

假如入場費超過 2 美元，那麼有一半的機會，第一把就擲出正面，所以算你輸。不過長期下來，倘若你賭了一次又一次，數學說你會贏錢。

但是為什麼大多數人最多只願意花 10 美元的賭資呢？這叫做聖彼得堡悖論（St Petersburg Paradox），因為尼可勞斯的堂弟丹尼爾・白努利（Daniel Bernoulli）是在聖彼得堡科學院工作時，首次解釋了為什麼頭腦清醒的人都不肯花錢玩這個賭博遊戲，所以就以聖彼得堡來命名。

隨便哪個億萬富翁都會告訴你答案。你賺到的第一桶金比第二桶金更有價值，你不該把所贏的確切金額輸入公式中，而是輸入相應金額對你來說的價值，這樣一來，加入賭局的代價就會根據你對結果的估價方式而有不同。丹尼爾提出的解答，遠遠超出數學遊戲引發的好奇心，它本質上是現代經濟學的基礎。

再說明一次，這條成為億萬富翁的捷徑不完全是它看上去的那樣：如果你每一秒可以賭一局，那麼賭 2^{60} 局要花多久？倘若入場費要價 60 美元，2^{60} 局就是你在聖彼得堡賭局中不賺不賠的預期賭局數，花費時間比三百六十億年還要久，而宇宙的年齡頂多是一百四十億年。這也提供了另一種解釋，說明大多數人不會為了賭博隨意花錢的原因。

• 山羊和跑車

早在 1990 年代，有個出自美國綜藝節目《我們來做個交易》（*Let's Make a Deal*）的問題讓全世界民眾，包括專業數學家在內，對最佳策略感到惱怒。這個節目最後一回合的進行方式有點像下面這樣。

有三扇門可選，其中兩扇門的後面是一隻山羊，另一扇門後面是全新的跑車。在接下來的分析中，我假設參賽者想要贏得跑車而不是山羊。參賽者可以選擇一扇門，比方說 A 門。跑車在這扇門後面的機會是三分之一對吧？到目前為止相當簡單，但是變數來了。知道山羊在哪裡的節目主持人這時打開了另外兩扇門的其中一扇，出現一頭山羊。接著他讓參賽者選擇，要堅持原來所選的 A，還是要換。你會怎麼做？

大多數人的直覺是現在有兩扇門，所以原本所選的那扇門後面是跑車的機會是50%。如果在這個時候換，並不會改變贏得跑車的機率，而事實上若一開始就選對了，你還會懊惱不已。因此大多數人都堅持不換。

但選擇換其實會讓贏得跑車的機率加倍。聽起來很奇怪，但這是有原因的。為了算出贏得跑車的機率，我必須仔細看過你選擇換的所有情況，然後計算有多少種情形會讓你贏。

情境一：跑車在你選的A門的後面，你選擇換門，結果選到山羊。

情境二：跑車在B門的後面。節目主持人打開C門，讓你看到山羊，你換成B門，贏得跑車。

情境三：跑車在C門的後面。節目主持人打開B門，讓你看到山羊，你換成B門，贏得跑車。

上面每一種情境的可能性都相同，然而在其中三分之二的情況下你會贏得跑車。如果你堅持不換，這個策略給你的獲勝機會只有三分之一。如果換，實際上就會讓你贏得跑車的機會變成兩倍！

如果你還是不太懂或不大相信，別擔心，當時這番解釋發表在某份雜誌上，結果有一萬多個讀者，包括上百位數學家，投書指出它是錯的。就連二十世紀大數學家艾狄胥（Paul Erdős）都弄錯了，認真思考一番之後才願意信服。

但要是你不信，換下面這個方式解釋怎麼樣？假設不是只有三扇門，而是一百萬扇門，節目主持人知道哪扇門後是大獎。你隨機選了一扇門，選對的機會是百萬分之一。現在節目主持人只留其餘的門當中的一扇沒開，而把其他的門都打開了，讓你看到 999,998 頭山羊，還剩兩扇門沒打開：你所選的那一扇，以及節目主持人沒有打開的那扇門。現在你還是不換嗎？

重點在於，節目主持人把其他的門打開時，會提供資訊。他知道山羊在哪裡。如果我改變設定，情況可能會改變。假設你和另一位參賽者對抗。你選了一扇門，對手就要從其餘的門選出一扇，他選的門打開後，結果是山羊，現在你要怎麼做？

奇怪的是，儘管獲得的資訊看起來同樣是兩扇門，一扇是跑車，一扇是山羊，但這一次如果你堅持不換，贏得跑車的機會就真的是 50% 了。差別在於這次還得考慮另一種情境：如果你所選的門是山羊，而第二位參賽者可能選到了有跑車的門。在前面的情境中這種情況不可能發生，因為主持人總是會讓參賽者看到一頭山羊（他們知道山羊在哪裡）。想像一下一百萬扇門的情境。你的對手打開了 999,998 扇門，全都是山羊，他運氣非常差，沒有贏得跑車，但這種倒楣事卻不會讓你對剩下的兩扇門有任何頭緒。現在最後兩扇門各有 50% 的機會。

• 貝斯牧師大人

對於未來會發生的事件，考慮機率似乎很有道理。如果我準備擲兩顆骰子，那麼會有 1/6 的機會看到擲出的點數和為 7。由於我們是在給未來發生的事情一個數值，所以這個機率值對你我來說是相等的。

但如果你擲出骰子，你看到了點數，然後把結果遮住不讓我看到，這次擲骰完成了，是在過去發生的。我很肯定擲出的結果要麼是 7，要麼不是，沒有其他的可能。問題在於我不知道答案。有些人辯稱，我們仍然可以為這個事件指派一個機率值。你給的機率值不一樣，因為你知道點數，而我給的機率值是把我對情況的不了解用數值表現出來。突然間，機率要由我們每個人擁有的資訊量來決定，這是在量化知識方面的不確定性，也就是原則上可知、但實際上不知道的事。

當我知道更多這個事件的相關資訊，我給的機率值也會跟著改變。但是，提出一種數學來掌握我在得知新資料的情況下，應該給這個事件指派什麼機率值，就產生了不同的學派。

舉例來說，現在你把一顆白色母球隨機丟在撞球檯上，偷偷標出它的位置，然後把球拿開。如果我需要畫一條線來猜測母球可能落在哪裡，可是我沒有任何資訊，所以或許會乾脆在中間畫一條線。但假如我現在丟出五顆紅球，你又告訴我這些紅球是在原先母球的哪一邊。假設某一邊有三顆，另一邊有兩顆。這會把我的猜測線推向有兩顆球的那邊。但依據這個新結果，我應該把線推到多遠呢？

有些學派說，你應該在球檯的五分之二處畫線。但研究機率理論的人當中有個有爭議的人物貝斯（Thomas Bayes），建議實際上應該畫在七分之三的位置，因為做分析時會遺漏額外的資訊：在你知道任何資訊之前，隨機丟出的球落在左邊或右邊的機會是 50%。貝斯把這兩個額外的球丟進去考量，決定在哪裡畫線。

貝斯是在坦布里治威爾斯（Tunbridge Wells）這個城鎮講道的新教牧師，但同時也是一位業餘數學家。他於 1761 年去世，但所留下的文件當中有一份手稿，解釋了只知部分資訊的實際情況要如何指定機率值的概念。這份手稿後來由皇家學會出版，標題為〈一個機率論問題之解法〉（An Essay to Solving a Problem in the Doctrine of Chances）。這篇論文裡的想法產生深遠的影響，改變了現代為所知有限的實際情況指定機率值的做法。

在法庭案件中，律師會設法估計某個人犯案的機率。他們要麼有罪，要不就無罪。像這樣指派機率值，在某種意義上是很奇怪的。它只是用來衡量我們的知識不確定性。但根據貝斯的看法，機率值會因我們得到了蒐集來的新資訊而變動。陪審團和法官通常不了解貝斯想法的微妙之處，以致法官曾試圖認定這種數學工具在法庭上不予採信。

將機率值指派給事件是條捷徑，能用來了解我們本身的不確定性，但經常遭到誤用。可惜的是，公眾對機率的直覺並不敏銳，這說明了為什麼我們必須靠數學當作捷徑才不會迷路。就拿下面這個例子來說吧。

我們得知犯案者是倫敦人，而站在被告席的人來自倫敦。但這個證據相當站不住腳。此刻我們抓到罪犯的機率是千萬分之一。

現在有人告訴陪審團，在現場採集到的 DNA 和嫌疑人吻合，而在犯罪現場發現的 DNA 產生這種鑑識結果的機會是百萬分之一。百萬分之一聽起來像是很可能發生的事，大多數人會單憑這個證據就認定嫌疑人有罪。

貝斯幫忙解釋了我們該如何修正嫌疑人有罪的機率值。如果倫敦人口有 1,000 萬，就代表倫敦有 10 人的 DNA 和犯罪現場採到的 DNA 吻合，所以被告席的那個人有罪的機會只有十分之一。看似鐵證如山的案例，已經沒那麼罪證確鑿了。

這個例子頗容易理解，但在法庭案件中用到貝氏定理（Bayes' theorem）的情形複雜得多，牽涉許多不同類型的證據，需要電腦軟體才有辦法分析有罪的機率。很遺憾，法官往往不懂其中的數學，拒絕採用專家證據，結果導致一些嚴重的誤判。

醫學是另一個應用機率的領域，可是如果不了解如何運用捷徑，可能就會被帶離你所盼望的目的地。如果接受乳癌或攝護腺癌的掃描檢查，並得知掃描發現癌症的準確率達90%，那麼要是檢查結果呈陽性，大多數人都會惶恐不安。但他們應該恐慌嗎？其實還有個額外資料必須知道：每 100 個病人當中只有 1 人有可能罹患癌症。因此在接受檢查的 100 人當中，有一人很可能罹患癌症，而且檢查結果通常呈陽性。造成問題的是偽陽性，在接受成功率 90% 篩檢的這 99 個健康人當中，實際上會有 10 人的檢查結果是錯的，因此如果檢查結果呈陽性，你真的罹患癌症的機率只有 1/11。

了解這些數字很重要，因為媒體喜歡濫用數字來製造聳動的報導。我在本章開頭引用的那則新聞報導，說到吃培根會讓罹患腸癌的機會增加 20%，聽起來怎麼樣？很嚇人吧。那我是不是不該再吃我很愛的培根三明治？如果看一看有多少比例的人罹患腸癌，你會發現是 5/100，假如你吃培根，那個數字會增加到 6/100。用這種方式表達罹患腸癌的機率，就沒那麼嚇人了。

• 皮普斯

那麼本章開頭皮普斯擲骰子擲出六點的難題呢？ 6 次當中至少擲出一次六點的機會有多大？捷徑同樣是去考慮相反的情形。6 次都沒有擲出六點的機率是 $(5/6)^6 = 33.49\%$，因此至少擲出一次六點的機會頗高，有 66.51%。

那麼擲 12 次骰子，至少 2 次擲出六點的機率呢？同樣的，要考慮的情形實在太多了，所以我們採用從反面思考的訣竅，來計算下列兩種情況的可能性：(a) 都沒擲出六點，以及 (b) 擲出剛好一次六點。情況 (a) 的原則與前一題相同：$(5/6)^{12} = 11.216\%$。那麼正好擲出一次六點的情形呢？有 12 種不同的情境，就看哪一次擲骰會出現六點。第一次擲出六點而其餘都沒擲出的機會是 $(1/6) \times (5/6)^{11}$，而其他所有的情境其實也是同樣的情況，因此總機率為 $12 \times (1/6) \times (5/6)^{11} = 26.918\%$。所以擲 12 次骰子擲出 2 次或超過 2 次六點的機會就是

$$100\% - 11.216\% - 26.918\% = 61.866\%$$

所以下注押選項 A 比較好。如果你針對比選項 B 麻煩些的選項 C 做類似的個案分析，會發現勝算變得更差，是 59.73%。

皮普斯曾在 1693 年年底寫三封信給牛頓，討論這個問題。皮普斯的直覺是 C 是最可能發生的選項，不過牛頓在應用費馬和巴斯卡提出的捷徑之後，答覆說數學暗示情形恰恰相反。假設皮普斯準備下注 10 英鎊（相當於今天的 1,000 英鎊），那算他幸運，牛頓的建議讓他免於走上一貧如洗的捷徑。

通往捷徑的捷徑

我們在人生旅途的各個階段都會碰到交叉路口，有許多條通往遠方的路徑任君挑選，每個抉擇都帶有不確定性，不一定能讓你抵達目的地。

相信自己的直覺來做決策，最後往往會讓我們做出次佳的選擇。我們已經證明，把不確定性轉換成數字是分析路徑的有效方法，能找出通往目標的捷徑。

關於機率的數學理論並沒有排除風險，但在管理風險方面會讓我們更有效率。這個策略讓我們能夠分析未來所有的可能情況，然後看出其中有多少比例是成功或失敗，這會提供你更好的未來地圖，讓你在決定挑哪一條路走時有所依據。

休息站：理財

大家都在追求致富捷徑。買樂透彩券、賭馬、創辦下一家臉書、寫下一本《哈利波特》、投資下一家微軟、雖然數學無法保證你一定會變成有錢人，但還是提供了幾個盡可能提高機會的最佳辦法。

也許你會認為，既然牛頓具備最佳化解法的所有數學技能，他應該會是成功的投資人吧，但在市場崩盤時虧損很多錢之後，他堅定的說：「我可以算出恆星的運動，但算不出人的愚蠢。」

然而從牛頓的時代以來，數學家就已明白在市場上有聰明的賺錢捷徑。正因如此，那些不論時機好壞始終表現良好的基金，團隊裡總有人是數學博士。所以，為積蓄找到最佳基金的好捷徑，就是算一算基金說明書上有多少數學博士。但精通數學有什麼幫助呢？市場不都是由人類的心血來潮和情緒驅使的嗎？心理學博士不會更有用嗎？

法國數學家巴謝里耶（Louis Bachelier）在二十世紀初提出，投資股票實際上和賭丟硬幣的結果無異；這是第一個說明股價如何隨時間變動的模型。巴謝里耶對市場了解得很透澈，認為股票價格會隨機波動，這種行為稱為醉漢走路（drunkard's walk），因為它在圖上看起來就像喝醉的人在街上蹣跚走出的路徑。當然，整體價格可能會受疫情爆發的影響，但考慮到這些知識，股票也許會從那時開始隨機漲跌。

知道這一點並不能真正帶給你什麼優勢，但如果你認清這個模型事實上是錯的，你就有優勢了。數學家在 1960 年代領悟到，丟硬幣的隨機性不完全正確，因為那樣就暗示股票價格有可能變成負數。所以，新的模型出現了，這個模型仍然是隨機的，但同意股票有最低價格限制，同時仍有可能漲到它想要的最高價格。

如果你可以在價格中蒐集到一些隱藏的資訊，就有可能擊敗市場。蒐集到資訊會給你優勢。舉例來說，賭馬業者在替一場最後會由三匹馬爭冠的賽馬訂定賠率時，會確保你無法靠著三匹馬全押注來贏錢。但要是你出於某種原因知道其中一匹馬不會勝出呢？那麼你就可以把賭注分散到另外兩匹馬，確保自己贏錢。

索普在 1967 年的著作《戰勝市場》（*Beat the Markets*）提出的想法，基本上就出自這個概念。我在第 8 章提過，索普已經靠著算牌法在二十一點紙牌遊戲中取得優勢。他甚至利用機器分析輪盤的轉動來聰明下注，直到他因作弊被趕出賭場為止。但他提出的新想法將會催生出避險基金（hedge fund）的概念，關鍵是找到一種投資兩匹財務馬的方法，這樣不管哪匹馬賺錢，你都能獲利。

索普已經發現，某些稱為權證（warrant）的金融產品價格太高，有點像會讓賭場占優勢的過高下注金額。很不幸的，在賭場不能賭自己會輸，所以下注者不可能運用這項知識。但索普明白，有個方法可以利用權證價格過高的狀況，即賣空市場。你可以借用他人持有的昂貴權證，承諾日後會歸還權證，外加一點利息。現在你可以賣掉這些權證，等到該歸還的時候再買回權證，然後歸還貸方。關鍵是，價格太高通常意味將來買回權證時的價格會低於你賣出時的價格，而讓你獲利。

唯一的問題是，有時情況並非如此。權證過一段時間後可能會上漲，就像在賭場下的賭注，仍有可能在賭場有優勢的條件下賺錢。如果權證的表現令人刮目相看，你可能就要承擔重大虧損。但這正是非常聰明的避險手段。權證是購買股票的選擇權，如果權證表現得很好，那是因為標的股票表現良好，所以當你賣掉借來的權證，你也同時買了某些股票，萬一運氣不佳，權證表現得很好，雖然押在權證的賭注賠錢了，表現良好的股票還是會讓你賺到錢。這不是保證賺錢的方法，但索普認為，在大多數情況下，無論價格上漲還是下跌，你都會獲利。

關鍵是以對你有利的方式為這個尋求平衡的做法訂定價格，就像下注的人在知道第三匹馬贏不了的情況下，把賭注分散押在兩匹馬身上一樣。一切都是在利用知識取得優勢。賭場就是這樣做的，但聰明的是，避險基金也看到了這個從市場賺錢的捷徑。

但數學並不是投資人可以用的唯一捷徑。我的朋友海倫．羅德里格茲（Helen Rodriguez）是非常成功的財務分析師，她用來打造職涯基礎的方式就不是研究數學，而是研究歷史。事實證明，海倫的歷史學家技能提供了一條捷徑，經常可用來了解一家公司的價格何時被低估或高估。

海倫專門從事高收益債，也稱為垃圾債（junk bond），這種債券通常用於購買公司和融資。買債券就是在借錢給一家公司，該公司承諾會給你固定的利息，加上到期時還你的本金。垃圾債有較高的違約風險，因此也有較高的報酬。

海倫說：「第一條捷徑如下：我們會使用公司信用評等，這種評分標準取決於一家公司的償還意願和能力。評等從最好的 AAA 級開始，代表幾乎沒有風險的公司，一路往下排到 C 級，代表幾乎不可能追回利息或本金的公司。如果評等低於 BBB–，就是高收益債。當一家公司的評等較差，就必須提高利息才能讓自己值得投資，因此稱為高收益債。」

你經常會在新聞中聽到，類似穆迪（Moody's）這樣的機構調降了某個國家或銀行的信用評等，這些信用評等會由幾個信貸評級機構發布，而穆迪正是其中之一。評分方式是考慮多維的企業世界，再設法把這個複雜又混亂的世界投射到一維的直線上，直線的一端是 C，另一端是 AAA。

海倫利用她的歷史工具進行回溯研究，看看一家公司獲得信用評等的情況，試圖了解該公司的債券是否低估或高估。嘗試取得像這樣的新資訊，可能會讓她獲得優勢。從一家公司的歷史看出其他人沒注意到的層面，還能對債券價格有全新的理解，這真的需要高超的本領，而歷史學家往往很擅長這種看見全局的技能。

她說：「我在處理這 2,500 家德國美妝公司的時候，他們的債券一直高於面額，我心想，真是浪費時間。接下來有一季表現得很差，他們歸咎於德國境內的恐怖主義。後來他們又經歷了表現很差的一季，仍然怪罪恐怖主義，此時我想，這有點奇怪。可是這些公司債仍高於面額。所以我開始讀一點資料，發現亞洲公司正進入歐洲，利用網際網路銷售同樣的化妝品，但可能是用半價銷售過季六個月的產品。它稱為灰色市場。有幾家搞破壞的公司這麼做，完全弄垮了德國美妝市場。所以我們以 103 的價格賣出，而這些債券的價格在一年之內都停留在 40 幾。大家早先並沒有意識到這個灰色市場。」

海倫使用的手段基本上和索普提出的想法類似。她借來這些公司債，然後以 103 的價格賣掉，但隨後又能用 40 的價格買進，再還給原先的債券所有人，藉此賺了很多錢。她成功利用了自己對債券即將暴跌的直覺。這通常是要看穿一家公司對其市值的虛張聲勢。

海倫說：「公司通常不會像預期的那樣，將他們遇到問題的情況公諸於世。這樣很愚蠢，因為經營者是不了解青少女的五十五歲男士，往往傲慢、虛榮，或剛好不了解人情世故。我們已經看過太多零售業的例子，整個去中介化和顛覆都是因為網際網路而發生。令人極為驚訝的是，一些企業經理人很晚才看出這件事。」

在我看來，提出捷徑從某些方面來說是頗難的事，因為實際上你必須很熟悉你的公司，才能獲得這種洞察力。當中牽涉到很多故事敘述，海倫把它比作看電視劇。「我一直在關注一家西班牙賭博公司。重整花了一年半，我幾乎每一天打開阿根廷報紙都不得不讀，因為阿根廷前總統費南德茲（Cristina Fernandez de Kirchner）拿賭博業當作政治足球。這就是驅動債券的故事！」

海倫認為，她在歷史學家訓練過程中學到的技能，提供了一條捷徑，讓她可以敘述自己評定的每家公司的故事。她一邊看各家公司播出的電視劇，一邊又必須在下一集播出前猜一猜會有什麼內容。在海倫看來，她必須能夠把大量資訊合成有用的東西，而歷史學家很擅長這麼做。「整件事很像一道你努力要弄懂的謎題。過程就像做歷史研究一樣。有十個不同的史料，我必須提出我的描述，來說明我認為發生了什麼事。這就是為什麼其他人也許採用了相同的史料，卻提出不同的描述。你需要有人認為這是一件好事，還需要另一個人認為這是世界末日，然後有了交易，於是才有市場。」

她還有其他的捷徑，其中之一正是我的數學捷徑清單裡最重要的一個：發現模式的力量。「你也可以在公司發生的事情和出現的問題上面發現模式，因為他們都有同樣的問題，但他們區隔所銷售產品的方式也許會有點不同。我試圖比別人早發現接下來會發生的事情當中有什麼模式，然後提出建議。」

海倫曾在德意志銀行和美林證券等公司工作多年，負責投資事務，現在為一家公司做研究工作，提供獨立公司債研究報告給投資人，報告的內容就像她對西班牙賭博公司所做的分析一樣。

因此，如果你希望在這一篇看到我提供一些巧妙的捷徑，讓你善用積蓄來投資，我的建議會是，利用數學家的技能，加上像海倫這樣，運用本身所受歷史訓練而蒐集到的深厚知識，從這個叫做市場的電視劇，去推測出下一集的劇情。

正如牛頓所說，最棒的捷徑有時就是站在巨人的肩膀上。

9

網路捷徑

謎題

請畫出下面這個圖形，畫的時候筆尖不離紙，同一條線也不能畫兩次：

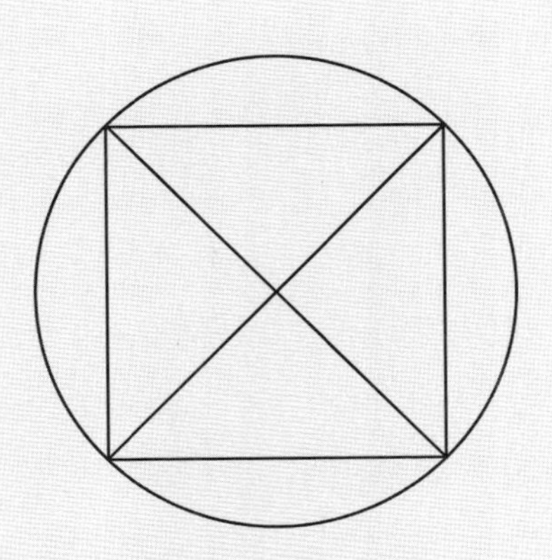

圖 9.1 一筆畫挑戰。

我們在現代世界穿梭的旅行愈來愈像網路圖。公路、鐵路和航線系統讓我們能夠從地球的一頭到達另一頭，各種應用程式提供了穿過這個複雜網路的高效率途徑，像臉書、推特等公司，已經把我們的社交互動延伸到本地城鄉居民以外的地方。

人類每天花很多時間周遊的網際網路，是另一個最重要的網路。谷歌靠著網頁排名演算法 PageRank 成名，這個快捷的演算法會幫助使用者，在將近二十億個網站組成的網際網路中尋找方向。雖然我們認為網際網路是比較新的現象，但它的初始概念實際上在十九世紀就有，出自我最喜歡的捷徑高手。

高斯非常熱愛物理和數學，他與哥廷根最重要的物理學家之一，韋伯（Wilhelm Weber），合作了許多計畫。高斯甚至想出一條捷徑，省下從哥廷根天文台走到韋伯實驗室的步行時間，他在兩地間架起一條電報線，代替親自碰面，這條電報線橫過城鎮上空，綿延三公里。高斯和韋伯已經了解到電磁學在遠距通訊方面的潛力，他們編寫出代碼，裡面的每個字母都表示成正負電脈波序列。那時是 1833 年，幾年後摩斯（Samuel Morse）才提出類似的想法。

韋伯看出這種技術的重要性，他說：「當全世界布滿鐵路網和電報線網，這個網路提供的服務將會和人體的神經系統差不多，一部分用來當作運輸工具，一部分是讓思想和感覺以閃電般速度傳播的方法。」儘管高斯認為這個想法有些奇怪，但電報迅速普及，讓高斯和韋伯成為網際網路的祖師爺，哥廷根市有一尊兩人的雕像，讓他們的合作佳話永垂不朽。

正如韋伯的預測，如今這個網路擴展的範圍，遠遠超出他們兩位在哥廷根上空搭出的幾公里電報線。事實上，它已經太過複雜，導致現代數學的核心主題之一就是尋找通過網路的捷徑。這些網路不但可由電線構成，還可以由橋構成，我最近去俄羅斯旅行時，就考察了橋構成的網路。

• 去讀歐拉的著作吧，他是我們所有人的大師

幾年前，我設法替自己劃到了短程班機靠窗的座位，從聖彼得堡飛往加里寧格勒（Kaliningrad）。我要前往朝聖的城市，是數學史上最聰明捷徑之一的發源地，每位數學家在養成道路上都會聽過它的故事。

加里寧格勒夾在立陶宛和波蘭之間，卻隸屬於俄羅斯聯邦，飛機準備降落在這小塊領土上時，我可以看到貫穿城市的普雷格爾河（River Pregel）。這條河有兩條支流，在加里寧格勒匯合之後往西流入波羅的海。城市的中央有一座小島，兩條支流繞過這座小島。連接河岸和這座島的橋，正是讓加里寧格勒在數學故事中享有盛名的關鍵。

故事要追溯到十八世紀，當時這座城鎮的名字跟現在不同，叫做柯尼斯堡（Königsberg），德國大哲學家康德（Immanuel Kant）和著名數學家希爾伯特（David Hilbert）都出生在此。那時它是普魯士的領土，有七座橋橫跨在普雷格爾河上。柯尼斯堡居民想看看能不能找到方法，每座橋只走一次就走完所有的橋，這已經變成居民週日下午的消遣了。但不論他們多麼努力，總會發現有一座橋沒走到。是真的不可能辦到，或者應該有某種方法可以走完所有七座橋，只是居民還沒試過？

對柯尼斯堡居民來說，似乎一定得辛苦嘗試各種可能的過橋路線，直到每一種可能都試過為止。他們老是隱隱感覺，也許有某個聰明的過橋方法沒試過，這個難題還是有可能解決的。

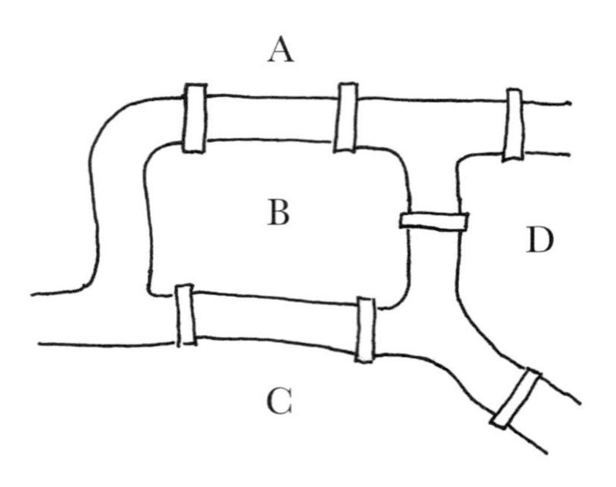

圖 9.2 十八世紀的柯尼斯堡，橫跨普雷格爾河的七座橋。

我的數學偶像之一歐拉到達此地後，徹底解開了這個謎題：不可能每座橋只走一次就走完所有七座橋。為了弄懂這個問題，歐拉找到一條捷徑，不必每條過橋路線都要試一遍。

我在第 2 章介紹過瑞士數學家歐拉，他用了一個奇特的公式把數學裡最重要的五個數結合在一起。拉普拉斯是法國最重要的數學家之一，他在談到歐拉對這門學科的重要性時寫道：「去讀歐拉的著作吧，他是我們所有人的大師。」大多數的數學家都會同意，歐拉與高斯同屬最偉大的數學家之列。其實高斯也是他的仰慕者：「對各個數學領域來說，研究歐拉的著作仍會是最佳訓練，無可取代。」

歐拉的貢獻範圍廣泛，其中之一就是發現解決柯尼斯堡七橋難題的捷徑，他第一次得知這個問題時，正在聖彼得堡的俄羅斯帝國科學院（Imperial Russian Academy of Sciences）擔任教授。

歐拉不是土生土長的聖彼得堡人，他在家鄉巴塞爾（Basel）找不到數學家的工作，所以千里迢迢來到聖彼得堡。說來奇怪，巴塞爾所有的數學領域職缺顯然都填滿了，這麼小的城市竟然有這麼多數學家。更怪的是，他們全來自同一家族：白努利家族。

巴塞爾甚至連提供給白努利家族的職位都不夠。丹尼爾・白努利已經出走到聖彼得堡，正是他的邀請，替歐拉在科學院謀得職位。歐拉出發前，丹尼爾寫了一封信給他，列出聖彼得堡欠缺的所有瑞士物質享受：「請帶十五磅咖啡、一磅頂級綠茶、六瓶白蘭地、十二打上好菸斗，還有幾十副撲克牌。」

歐拉背著這一大堆補給品從巴塞爾出發，乘船，步行，搭驛馬車，花了七個星期才抵達聖彼得堡，在 1727 年 5 月上任。

• 柯尼斯堡七橋問題

對歐拉來說，柯尼斯堡七橋的問題起初只是讓他從忙碌的複雜計算工作中稍稍放鬆一下。他在 1736 年寫了一封信給維也納的宮廷天文學家馬里諾尼（Giovanni Marinoni），描述他對這個問題的看法：「這個問題實在平淡無奇，但在我看來值得關注，因為不論是幾何、代數甚至計數的技巧，都不足以解決它。有鑑於此，我開始懷疑它是不是屬於萊布尼茲曾經非常渴望的位置幾何學。因此，經過幾番考慮，我得到一個簡單但完全確立的規則，有了規則的幫助，就能立刻判定在所有這種例子中，有沒有可能做到像這樣的往返。」

歐拉在概念上邁進的重要一步，是城鎮的實質大小不重要。重要的是橋的連通方式。同樣的原則也適用於倫敦地鐵路線圖，倫敦地鐵路線圖並沒有準確的實際距離，但仍保留了車站的連通資訊。如果你去分析柯尼斯堡的地圖，就會看出由橋連通的四塊區域可以分別縮成一個點，就像倫敦的各個地點變成地鐵路線圖上的點，而七座橋由連接這些點的線來表示。這麼一來，是否可以造訪每座橋一次的問題，就等同於能不能在筆尖不離紙、每條線不重複畫的情況下，畫出最後的示意圖。

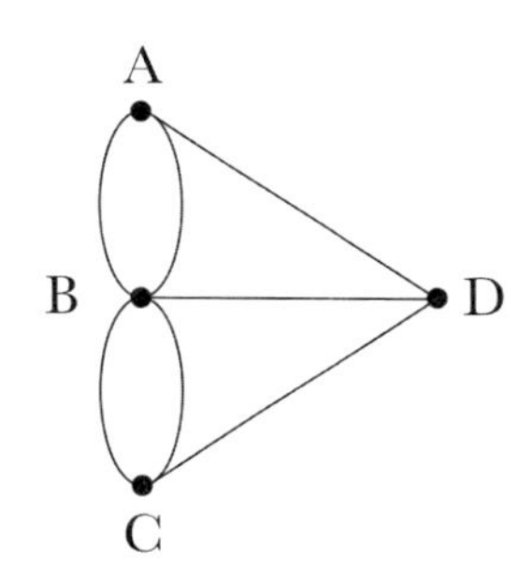

圖 9.3 柯尼斯堡七橋的網路圖。

那麼，為什麼不可能辦到呢？歐拉可能從未明確畫下這張柯尼斯堡七橋圖示，但他的分析顯示，如果可以把每座橋造訪一次，沿路走訪的每個點就必定有一條線進去、一條線出來，如果再去一次那個點，就會是走另一座橋進去，然後從新的橋走出來，所以連接到每個點的線一定有偶數條。唯一的例外是路線的起點和終點，出發的位置只有一條線走出去，而遊歷結束時也只有一條線進去。如果要找得到走過任何一個圖形上各點的路線，最多只能有兩個點（即起點和終點）帶奇數條連線。

但如果你去看柯尼斯堡七橋的平面圖，連到每個點的橋數都是奇數，有這麼多點連出奇數座橋，就表示不可能有哪條遊歷路線剛好能把每座橋走過一次。

這是我最喜歡的捷徑範例之一。它不是嘗試用許多不同的方法在地圖上畫出路線，而是簡單分析有奇數座橋的點，從個數立刻看出不可能有這樣的路線。

歐拉的分析妙在它不單單適用於柯尼斯堡。歐拉證明了，在任何由點與連線畫成的網路中，如果從各點發出的邊數都是偶數，就一定有每條線都畫過一次而且不重複畫的路徑。此外，如果恰好有兩處的邊數是奇數，那麼就可能有以這兩點為旅程起點與終點的路徑。不管地圖多複雜，只要簡單分析奇數節點（node）的個數，就會很快得知這個網路是否能找出一條可通行的路線。

柯尼斯堡只有 7 座橋，但在英國布里斯托的數學家最近把歐拉的捷徑應用到 45 座橋——布里斯托全市遍布複雜的水道系統，上面橫跨這 45 座橋。不僅如此，柯尼斯堡只有一座島，而布里斯托有三座：史派克島、聖菲利浦島和雷克利夫島。

剛開始完全不知道有沒有可能把所有 45 座橋走一遍，但先用示意圖標出陸地與橋的連通方式，再利用歐拉的捷徑，你就能看出圖中奇數節點的個數夠少，少到一定有可能找到這樣的路徑。布里斯托的巡橋路線在 2013 年設計出來，設計者是葛洛斯（Thilo Gross）博士，當時他是布里斯托大學工程數學系的準教授。他說：「既然找到了答案，我自然必須走一遍，第一次巡橋花了 11 個小時，全程差不多 53 公里。」

我年輕時有一次求職，需要做一套心理計量測驗，在測驗過程中，歐拉的捷徑其實幫了我一把。那個測驗包括一連串的網路，任務是在筆尖不離開紙且同條線不得重複畫的情況下，畫出題目所給的網路。這項任務暗示它是有可能做到的，看來他們是在測試你完成各項任務的能力。但該任務實際上是在考驗應徵者誠實不誠實，因為三個網路當中有一個是畫不出來的。就像柯尼斯堡七橋的圖形一樣，它有超過兩個節點帶有奇數條線。

我自以為聰明的在那道難題旁邊，論述為什麼這個任務不可能達成，這要感謝歐拉的捷徑，不過那篇論述顯然不太受青睞。我並沒有錄取。

• 人的捷思

歐拉的洞見很偉大，因為它切中柯尼斯堡示意圖的基本特性，這對解決問題很重要。必須走多遠距離或橋看起來如何，都不重要，這裡的技巧是捨棄一切無關的資訊，保留圖中對於找出遊歷路線十分重要的特性。這種丟棄不重要資訊的想法，是許多捷徑的關鍵，也是讓人運用捷思法的原因。

捷思法是指，我們為了簡化眼前的任務、減輕認知上的負擔，而有意識或無意識忽略資訊或大致估計資訊的方式。

人經常不得不用有限的時間或心理資源做決策，因此必須找到有效率的方法，挑出有助於解決問題的面向，不要白白消耗掉寶貴的心理空間。

心理學家特維斯基（Amos Tversky）和康納曼（Daniel Kahneman）在他們獨樹一格的研究中，指出了三種關鍵策略，是我們拿來做決策的心理捷徑。我們會運用不同事件之間的模式，又稱為「表徵」（representativeness）；我在數學上確實是用這個特性來快速重新思考問題。第二種策略稱為「錨定與調整」（anchoring and adjustment），這個過程就是我們會先理解或知道的初始資訊，也就是錨點（anchor），接著以這些資訊為基準去判斷其他情況。最後一種策略是「可用性」（availability）捷思，也就是運用局部的知識去判斷更廣泛的情況。

最後兩種策略顯然很容易產生偏誤，因為一般情況下我們沒有很好的錨點，或非常有代表性的局部知識。康納曼把人類捷思法的限制寫成《快思慢想》（*Thinking, Fast and Slow*）這本影響力極大的書，在書中舉了很多例子，說明問問題前只提一個數字會對我們的估計結果產生何種影響。比方說提到 1215 年和 1992 年，會讓大家在估計愛因斯坦初訪美國的年份（1921 年）時受到影響，估計的結果比那些沒有給錨點的答題者來得早或晚，儘管錨定的年份與所問的問題毫不相干。

我們幾世紀以來提出的數學捷徑，都是在嘗試推翻那些演化過程中所產生的捷徑，因為它們可能會隨著問題複雜化而失效。那些捷思法或許曾幫助人類在熱帶大草原上遊走，但草原上的事情不太可能會有太大的變化，當我們設法了解普遍的真理，那些捷思法就沒有幫助了。

好的捷思法關鍵在於理解，就像歐拉在柯尼斯堡了解到橋的性質、牽涉到的距離、這座城市的布局都與問題本身無關，與解題關係重大的因素只有陸地之間的連通方式。

我一到加里寧格勒，就很想趁著到此一遊的機會，看看七座橋當中還有幾座留存在這座現代城市中。加里寧格勒是波羅的海沿岸的重要港口，第二次世界大戰期間曾是德國艦隊的要塞，遭到盟軍的大規模轟炸。這座歷史上知名的城市很多地方已經被夷為平地，包括島上著名的柯尼斯堡大學，康德和希爾伯特就在這所大學接受學術訓練。那麼橋的遭遇如何呢？

戰前的橋有三座還在，兩座已經完全消失，其餘兩座橋在大戰期間炸毀，但隨後重建，並承載著穿越城市的大型雙向分隔道路。然而出現了兩座新橋：一座是鐵道橋，我發現它也可以供行人過橋，連接城市西邊的普雷格爾河兩岸，另外還有一座人行橋，叫做建城紀念橋（Kaiser Bridge；德文 Kaiserbrücke）[1]。又有七座橋了，只是現在的排列方式與

1 譯注：七橋問題時這座橋並不存在，它建於 1905 年，但在二戰時炸毀。市政廳 2005 年為了紀念柯尼斯堡／加里寧格勒建城 750 週年重建，並把橋命名為「週年紀念」（Jubilee）。

十八世紀歐拉分析的橋稍有不同。當然，歐拉的捷徑之美在於它能應用到無論多少座橋，也不管橋如何排列。所以我的第一反應，就是想看看如今是不是可以把每座橋各走一遍。

還記得歐拉的數學分析是說，如果恰好有兩個位置連到奇數座橋，就一定可以找出一條路線，從其中一個奇數點出發，走到另一個奇數點。檢查一下今天加里寧格勒的橋平面圖，我發現有可能找出這樣的路線。我興奮不已，從市中心的小島出發，展開我的加里寧格勒現代七橋朝聖之路。

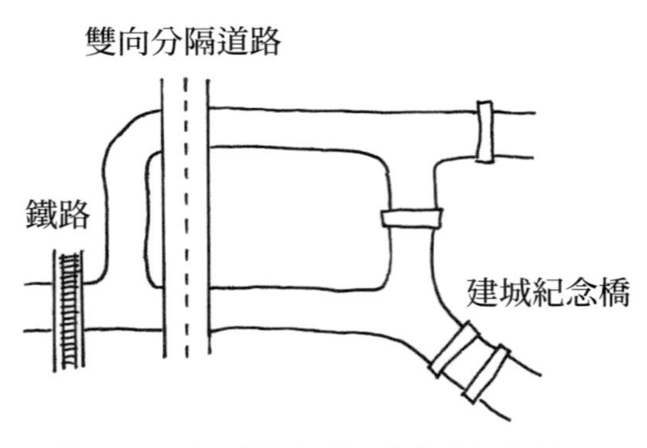

圖 9.4 二十一世紀加里寧格勒的七座橋。

柯尼斯堡七橋的故事也是一個非常重要的開端，帶出了網路理論（network theory）這門數學分支，它與我們以數位連結的世界密切相關。幾位數學家發展出捷徑，繞過像網際網路這樣的複雜網路，而賺了很多錢。

• 網際網路捷徑

網際網路上有超過十七億個網站，儘管數量驚人，谷歌的搜尋引擎還是能迅速找到你想檢索的資訊。你也許會認為這是強大計算能力的結果，這也確實是因素之一，不過，實際上是谷歌的搜尋方式，讓谷歌成為如此不可或缺的工具。

在過去，搜尋引擎會去尋找最常提及檢索詞的那些網站。如果你在檢索高斯的生平事蹟，搜尋「高斯生平」之後就會跑出最常含有「高斯」及「生平」這兩個詞的網站。

但如果我想散布一些跟高斯有關的不實生平事蹟，那我只要把許多個「高斯」和「生平」載入網站的元資料（meta-data），就可以確保我的假新聞網站登上搜尋結果榜首。由此可見，若想檢索到你想找的網站，只用字詞搜尋並不是一個有效方法。

佩吉（Larry Page）和布林（Sergey Brin）這兩位發跡自加州孟羅公園（Menlo Park）一個車庫的史丹佛大學研究生，發想出更強大的解決方案，找到了該把哪個高斯生平網頁放在搜尋結果最前面的最佳排序方法。他們決定採用一種巧妙的策略：利用網際網路本身來告訴它哪些網頁最重要。他們的構想是，一個網站的相關性或重要性可由連結過來的其他網站數量來判斷。詳述高斯生平事蹟的正統網頁，很可能會有其他對此主題感興趣的網站跟它連結。

不過，網站的重要性如果僅由跟它連結的其他網站數量來判斷，那就會有簡單的方法讓我把我的不實網站弄到搜尋結果的最前面。我可以弄出大量的詐騙網站，把它們連結到我的「高斯生平」頁面，這樣似乎就能讓我的網頁看起來最重要。

佩吉和布林有一套讓這種手段失效的策略：唯有相連結的網站也備受關注，網站的排序才會攀升。但等一下，這聽起來很像循環論證。我必須知道這些連結到不實高斯生平網站的網站當中有哪些具備高價值，但那些網站又從連結過來的高價值網站獲得價值。我似乎陷入了無窮迴歸（infinite regress）論證。

解決這個問題的方法，是從一開始就把所有的網站視為同等級。譬如我先給每個網站十顆星，但接著我就要重新分配星星。如果某個網站連結到其他五個網站，我就把它的星星平分給那五個網站，各得兩顆星，如果它只連結到兩個網站，這兩個網站就各分得五顆星。雖然原始網站的星星全都送出去了，但希望有其他網站連結到它，並分給它幾顆星。

我繼續把星星從一個網站重新分配給另一個網站，就會開始看到蒐集愈來愈多星星的主要網站。只有我的大量詐騙網站連結到的不實資訊網頁，會被揭穿是個騙局，一輪之後，我的網站大軍就沒有星星了，無助於維持假網站的價值。假網站的星星很快就沒有了，跌出演算法所評價的網站名單。這個構想還需要更多的工作才能執行，但正是谷歌網站排序法的精髓所在。

然而，分析星星如何在網路中流動需要時間和計算能力。但隨後布林和佩吉意識到計算排序有捷徑。大學時他們曾修過乍看似乎相當深奧的艱澀數學，稱為矩陣的固有值（eigenvalue，或譯特徵值）。

這項數學工具的作用是在不同的動態設定中，確認系統裡保持穩定的某些部分。最初歐拉是在旋轉球的場合用到它。如果把繪有世界各國的地球儀拿在手中，那麼無論你怎麼轉動它，最後都可以定出兩個對徑點（antipodal point），而繞著通過這兩點的軸旋轉一圈會讓這個地球儀回到原來的位置。基本上這表示地球儀每一種可能的重新排列，都可由繞著某個軸的簡單旋轉來實現。

矩陣的固有值既證明了這樣的旋轉軸始終存在，也提供了方法找出通過旋轉軸的兩個穩定點。令人讚嘆的是，這個方法竟然能夠讓我們在許許多多不同的動態設定下找出穩定點。比方說，在確認量子系統的穩定能階方面，矩陣的固有值十分重要。固有值也是辨識出樂器共振頻率的關鍵。

布林和佩吉了解到，固有值也是確認星星分配在網路中後會如何穩定下來的祕訣。就像找到穩定的原子能階或旋轉球上的穩定點，固有值也會幫忙決定如何分配星星，好讓數字在網路重新分配之後不會改變。因此，搜尋引擎並不是在執行某個迭代過程，等待一切達到平衡，而是把矩陣的固有值當作巧妙的捷徑，計算出網際網路上任何一個網站的網頁排序。

儘管我未能成功提升不實高斯生平網站的排序，但對企業來說，了解布林和佩吉的捷徑如何運作仍然很重要。企業可以採取一些措施，確保谷歌捷徑標出一條路直達自己公司的網站。谷歌演算法的小變動可能會讓捷徑稍有改變，導致你的網站排序下滑，那麼你就必須知道要做什麼更改才能讓網站排名回升。

• 社交捷徑

有時挑戰在於，該怎麼從網路中的一點到達另一點，且路徑愈短愈好。有沒有巧妙的捷徑可走？就拿全世界的人際關係網路來說吧，如果我隨機挑選兩個人，可讓兩人搭上關係的交情鏈能夠多短？出乎意料的是，少少幾個人就可以了。

這個問題最早出現在匈牙利作家卡林西（Frigyes Karinthy）1929 年所寫的短篇小說〈鏈接〉（Chain-Links）中。故事的主角推測這種人脈在它的關係鏈中有意想不到的捷徑：

> 這次的討論發展成一個精采的遊戲。我們當中有人提議做個實驗，去證明現在地球上的人比以往還要關係密切。我們可以從地球上的十五億居民任選幾個人——隨便哪個地方的哪個人都行。他跟我們打

> 賭，只要動用不超過五人，其中一個是熟人，他就能只透過熟人網路聯繫到選定的人。

三十多年後，這個虛構的遊戲才受到檢驗。美國心理學家米爾格蘭（Stanley Milgram）在 1960 年代進行了一個著名的實驗，選了住在波士頓的一個股票經紀人朋友當作目標。米爾格蘭又挑選內布拉斯加州的奧馬哈（Omaha）和堪薩斯州的威契托（Wichita），他認為這兩個美國城市從地理和社交的角度考量都離波士頓的目標人選最遠。接著他把信件隨機寄給這兩座城鎮的居民，隨函指示收信人把信件轉寄給指定的那位股票經紀人。問題是沒有提供地址。如果收件人不認識指定的目標，他們就要把信轉寄給一位自己認識，而且覺得可能更適合轉寄這封信的朋友。

在寄出去的 296 封信當中，有 232 封根本沒寄到波士頓的目標收件人手中。但在寄到的那些信中，從最初的收件人到目標收件人平均轉寄了六次，在關係鏈的起點與終點之間實際上有五人。

這個實驗產生著名的六度分隔（six degrees of separation）現象。桂爾（John Guare）在他的劇作《六度分隔》中讓這個說法流行起來。劇中一個角色在接近尾聲時說：「我在某個地方讀到，這個星球上的每個人和其他人都只有六個人的間隔。六度分隔。在我們和這個星球上的其他人之間。美國總統，威尼斯的船夫，名字任你填，不光是名人，誰都可以，熱帶雨林原住民，火地島居民，愛斯基摩人。我與這個星球上的每個人透過六個人的輾轉就能搭上關係。」

在數位時代，我們較過去相互連結得更緊密，因為這個網路比經由美國郵政系統轉寄的信件更容易探究。在 2007 年，由 2.4 億人之間的 300 億則交談組成的訊息資料集顯示，使用者之間的平均路徑長度確實是 6。一篇在 2011 年發表的論文發現，在推特上把隨便兩個使用者連結起來的關係鏈，平均只有 3.43 個使用者。

為什麼社交網路有這些捷徑？當然不是所有的網路都如此。假設把 100 個節點排成一個圓，然後只把彼此相鄰的節點連起來，從這個網路的其中一邊到另一邊，就需要 50 次握手。而透過少數連結就能在任意兩點之間移動的網路，稱為「小世界」（small world）。

結果發現，有非常多的網路是小世界的例子。除了我們的人際關係和網際網路連結外，不管是秀麗隱桿線蟲（*C. elegans*）帶有 302 個節點的神經連結，還是人類具有 860 億個神經元的大腦，一切的神經連結似乎也都是小世界網路的例子，這會讓神經系統裡的一個神經元只經由少數突觸，就能夠與其他神經元迅速聯繫。電力網是小世界，航空站網路與食物網也是。是什麼特質讓這些網路成為小世界？

瓦茨（Duncan Watts）和史卓格茲（Steve Strogatz）這兩位數學家發現了其中的奧祕，於 1998 年寫成論文發表在《自然》期刊上。如果取一組節點，然後在鄰近的節點之間做出局部連結，那麼所產生的情況通常就會和前面的圓一樣，需要長距離的路程，才能把網路中隨機選出的節點連結起來。

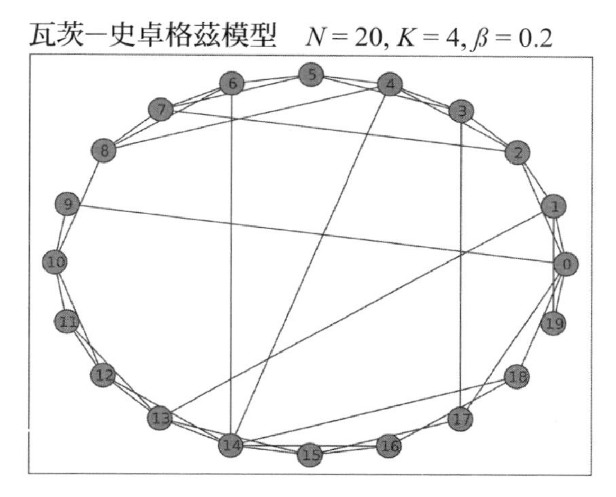

圖 9.5 小世界網路的例子。

然而瓦茨和史卓格茲發現，整個網路只需要幾個全域的連結，捷徑就會出現。就好比居住在波士頓的人都彼此認識，而某個波士頓人恰好有個阿姨住在堪薩斯州，便提供了讓這些局部近鄰連結得更為全域的方式。在秀麗隱桿線蟲身上可以看到相同的架構。神經元排成一個圓，但在整個圓會看到與遠處神經元相連的連結。人腦似乎也有類似的架構，有許多局部連結，以及連接大腦不同區塊的幾個長長突觸。

航空站網路的運作方式很類似，有幾座機場擔當樞紐，以長程班機讓世界相連。接著，某個區域裡有許多短程班機，把乘客從樞紐帶往區域目的地。

瓦茨和史卓格茲利用他們的數學模型，可以證明某個網路若帶有 N 個節點，每個節點都有 K 個以這種局部－全域方式連結的熟人，那麼該網路中隨機選出兩點之間的平均路徑長就是

$$\log N/\log K$$

公式中的 log 是納皮爾為了省去計算上的麻煩而想出來的對數函數。讓 N 等於 60 億，然後把這些節點跟 30 個熟人連結起來，就能算出分隔度數為 6.6。

如果你準備打造一個網路，不管是社群的、實體的還是虛擬的，通常會希望整個連結網路上有捷徑可走，但現在我們知道如何產生這樣的系統了。若要打造出這種具備小世界特徵，從一端到另一端有絕佳捷徑的網路，增添隨機選出的全域連結似乎是管用的方法。

• 高斯的大腦

高斯在 1855 年去世，留下自己的大腦供科學研究之用。他的友人兼同事瓦格納（Rudolf Wagner）是哥廷根大學的生理學家，擔負起解剖大腦的任務，想看看是否有什麼特別的地方，能讓高斯這麼善於尋找數學捷徑。哥廷根大學在進

行一項很大的計畫，是要了解菁英的大腦與普羅大眾的大腦有沒有什麼特殊的結構差異，而研究高斯的大腦就是這項計畫的一部分。瓦格納沒有粗陋的測量體積或重量這類性質，他指出，高斯的大腦皮質皺褶比普通人的大腦還要多。

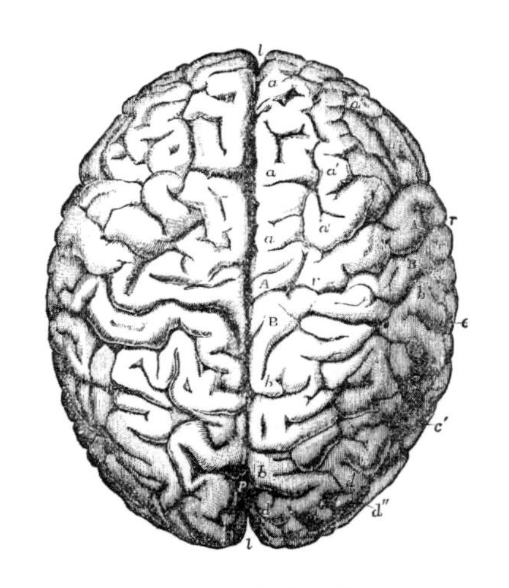

圖 9.6 高斯的大腦。

瓦格納團隊有個成員繪製了一組銅雕版畫和石版畫，為瓦格納的研究成果增色不少。近來，在現代高解析度功能性磁振造影的輔助下，哥廷根其中一個團隊確實證實，高斯大腦左半球的兩個區域之間有相當罕見的連接度。

然而，這個團隊必須解決發生在收藏標本中的奇怪錯誤。多年以來一直被當成高斯大腦的標本，結果發現其實是哥廷根另一位菁英富克斯（Conrad Heinrich Fuchs）的大腦，他與高斯同年去世。在瓦格納完成分析並繪圖之後，這些標本似乎搞混了，等到團隊著手比較功能性磁振造影掃描與原始繪圖，才發現搞錯了。

哥廷根大學意圖了解菁英思想家大腦結構而進行的計畫，自十九世紀一直持續到今天。近來，肯塔基州路易斯維爾大學（University of Louisville）的解剖學系一直在研究已故科學家（該實驗室稱之為「超常者」）的大腦。主持這項研究計畫的卡薩諾瓦（Manuel Casanova）教授發現，科學專家的大腦在結構上具有差異。

大量的短距離局部連結，似乎會讓大腦專門執行集中的思考方式，這些人用上了大腦內單一區域的力量。相較之下，有長距離連結連接不同腦區的大腦，會幫忙創造新的想法及跳出框架思考。

有趣的是，這似乎對應到了思考方式之間出現的二分法。古希臘詩人亞基羅古斯（Archilochus）寫道：「狐狸知道很多事，但刺蝟知道一件重要的事。」這句話讓狐狸型的哲學家以撒．柏林（Isaiah Berlin）寫出了一篇文章，試圖把思想家分成兩類：狐狸利用廣泛的興趣，是一種橫向的思考歷程，刺蝟會深入思考，思考歷程是縱向的，與狐狸垂直；狐狸對一切事物都感興趣，刺蝟則潛心於自己著迷的事情。

如果大量的短距離連結是刺蝟的特徵，長距離連結是狐狸的特徵，那麼能夠結合很多短連結與長連結的大腦，不就等於可以結合狐狸和刺蝟能力的人嗎？理想來說會是如此，但事實上，大腦內部的線路需要空間和代謝活性，只要顱骨的幾何結構有限制，兩者就不可能結合。

但有個替代方案，那就是合作。高斯與韋伯聯手打造了第一條電報線，由此催生出現代的網際網路。透過分享專長，在有可能專門化的大腦之間建立起這些長程連結，我們可能就會創造出令人興奮的新東西。

在學科之間的內陸可以找到容易實現的目標，你只要學習自身專業以外的人所說的語言，然後把它應用在自己領域的問題上，就能輕鬆收穫。正因如此，無論你的工作領域是什麼，學習另一個專業的想法都有可能讓雙方共同找到通往另一邊的捷徑。

人與機器的合作可說是狐狸與刺蝟的完美融合。我的書雖然是在頌揚人類發掘捷徑的特點，但也許我應該考慮機器所能提供的貢獻。機器可以使用蠻力法（brute force），計算得更快更多，但終究要與人類的機靈結合，才能找出巧妙的捷徑，讓雙方一起達到人或機器無法單獨掌握的目標。

• 謎題解答

本章開頭的謎題是我去應徵心理計量工作時遇到的題目。感謝歐拉的捷徑，我知道不可能一筆畫完，因為帶有奇數條進出線的節點超過兩個。

不過，如果你用點小技巧，就有辦法畫出這個形狀。拿一張紙，在高度四分之一處向上折，接著畫個正方形，以左上角當起點，而且正方形的底邊務必要畫到你折起來的那四分之一張紙上，畫完正方形時筆尖還不要離開紙面。

接下來，把折起的紙復原，留下正方形的三條邊，筆尖停在左上角，現在如果你去分析還沒畫到的圖形，就會發現它可通過歐拉的檢驗。

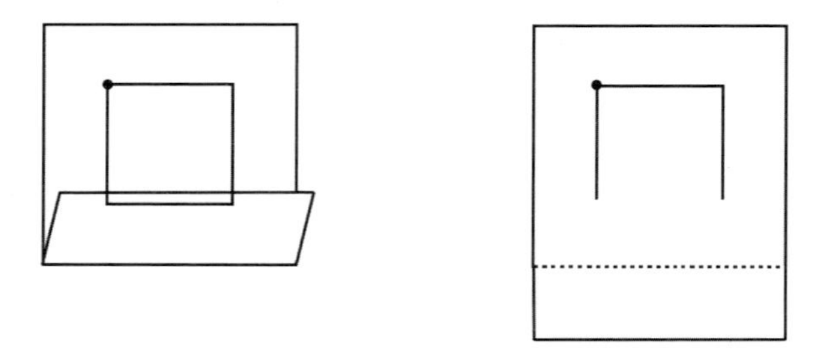

圖 9.7 畫出圖形的技巧：把紙折起來。

通往捷徑的捷徑

網路無所不在。

從企業結構，電腦電路，不同股票選擇權的相互依賴性，交通運輸網，人體內細胞的相互影響，小說中人物之間的關係，到我們的社交網路，只要有一組物件和它們之間的連結，就會構成一個網路。

只要你想了解，任何結構都值得去分析、看看裡面是否藏有網路，因為一旦發現有網路，數學就有現成的捷徑可以幫你處理它的架構；有工具可確認網路中最重要的節點，有策略可把網路轉換成具有快速路徑連接兩端的小世界，有拓撲示意圖讓你拋開無關的資訊，幫你看清實際情況。

休息站：神經科學

最好的想法通常不知是從哪裡冒出來的，似乎「什麼都沒想」會幫大腦找到解答的捷徑。哲學家波拉尼（Michael Polanyi）認為，大腦會利用下意識的、未清楚表達的論點，而這種內隱的（tacit）思考歷程正是人類思維力量的關鍵。他用一句話總結了他的論點：「我們知道的比我們能講述的來得多。」

這無疑是我創造數學的經驗。那種「看出」了答案，儘管不太確定為什麼我覺得它是正確答案的感覺。我就是用這種方式設法推測出我認為數學領域有什麼發展。我感覺到遠方有山峰存在，只是不太知道如何找路到那裡去。

許多數學家都談過頓悟的經驗，大腦似乎就用這種方式把某個念頭放進我們的意識中，它會在下意識持續工作，一找到解法，就知道要把那個解法拋到意識舞台上。我曾經有這種頓悟的經驗，頓悟之後經常是痛苦的任務，想弄清楚我的潛意識到底如何得出這個結論。

數學家龐加萊（Henri Poincaré）曾描述一個有名的頓悟時刻，當時他一直在苦思一個問題，卻無法有所進展，於是他從書桌前起身，把腦袋放空，結果就在踏進巴黎公車的那一刻，他恍然大悟，知道難題該如何解決：「正當我把腳踩上踏階，腦袋裡就浮現了這個想法：我用來定義富克斯函數

（Fuchsian function）的變換，和非歐幾何的變換是相等的——我先前的任何想法似乎都沒有替這個想法鋪過路。」

涂林（Alan Turing）在研究涂林機的構想時，也有類似的經歷。他在房間裡勤奮工作之後，總喜歡沿著劍橋的康河（River Cam）跑步，放鬆一下。就在他仰躺在格蘭切斯特（Grantchester）附近的草地上時，他領悟到怎麼利用無理數的數學，證明自己的涂林機為什麼在計算能力方面有所限制。

為了多了解一點如何透過放空來解決問題，我決定聯繫神經學家阿米吉克（Ognjen Amidzic），他一直在探究特定領域專業人士的大腦功能。

阿米吉克原本沒打算當個神經學家，他的夢想是成為西洋棋特級大師（grandmaster）[2]。他花很多時間練習，甚至從故鄉前南斯拉夫遷居到俄羅斯，這樣就可以和舉世最優異的老師一起培訓。但最後他無法再繼續進步，沒辦法讓自己的等級突破高手（expert）這一級。

阿米吉克決定研究自己大腦的連接方式是不是有什麼地方讓他受到阻礙。於是他轉換跑道，接受神經科學訓練，隨後開始研究他是否能辨識出業餘棋手和特級大師的大腦活動差異。

為了示範自己的研究發現，他讓我和英國的特級大師康奎斯特（Stuart Conquest）下棋，同時把我們兩人都接上腦磁

2　編注：特級大師是世界西洋棋聯合會授予西洋棋棋手的最高頭銜。

波儀（magnetoencephalogram），來顯示腦部活動的差異。我的棋藝當然夠不上特級大師或高手等級，但我可以按邏輯思考，分析棋子的位置，看看下一步怎麼走最好。

我很快就輸掉了，但我感興趣的不是勝負結果。驚人的是腦磁波儀的結果：原來我們是用非常不一樣的腦區下棋。而且看來我消耗的腦部活動比較多，達成的目的卻比較少。

阿米吉克的研究顯示，像我這樣的業餘棋手用的是位於大腦中心的內側顳葉。這個結果符合一種說法：業餘棋手的心智敏銳度會集中在分析下棋時的不尋常新棋步。這可能就相當於，以說出口且意識到的方式，去分析各個可能棋步的結果，而且業餘棋手或許可以大聲表達出來，評論他們的思考歷程。

相較之下，特級大師完全繞過內側顳葉，用到了額葉皮質和頂葉皮質。這裡是腦部更常和直覺相關的區域，也是我們使用長期記憶，牽涉到更多下意識思考歷程的地方。特級大師可能會感覺到某一步棋很好，卻無法清楚說出為什麼。大腦不會像業餘棋手那樣，奮力替這種感覺產生合乎邏輯的理由，因此不會在內側顳葉浪費力氣，它省下知覺思考，進而得到解答。

這就好比我的腦像愚蠢的瞪羚般跑來跑去，而特級大師像身藏草叢中的獅子般坐在那裡，不多浪費半點力氣，接著才開殺戒。

有爭議的是，阿米吉克認為人的腦部活動不會因為練習而有很大的變化。他認為，從業餘棋手的掃描結果，已經看得出他們有沒有會成為特級大師的大腦，因為特級大師甚至在生涯一開始下棋時，就已經在使用額葉和頂葉皮質了：「每個人都想要相信自己會有所成，能變成自己期待的樣子，如果無法在人生中實現理想，就去怪罪別人，怪自己的父母或政府沒有支持自己……沒有錢，或諸如此類的理由，好自圓其說。」

但阿米吉克認為，這不能用你花的時間或有沒有獲得很好的指導和教育來解釋，根本原因其實是遺傳學。他說：「你天生就是特級大師，或天生就是普通的棋手，或天生就是出色的數學家、音樂家、足球員等等。天生就是這樣，不是後天造成的。我就是不相信有人能打造得出天才，也看不到任何證據可證明這點。」

阿米吉克想起，他曾替一個孩子做腦部掃描，孩子的父親非常希望他變成特級大師。阿米吉克看得出這個孩子的腦部一直在用內側顳葉進行分析，他認為這個男孩的程度很難突破高手等級，於是建議那位父親考慮轉換目標。孩子的父親顯然沒採納阿米吉克的建議，事後證明他的評估結果是對的。

對阿米吉克來說，關鍵似乎是找出看起來有敏銳直覺的腦部活動。就拿他自己來說吧，他認為最後他生性擅長的是神經科學，而不是西洋棋：「人生很有趣，在這個領域我會比當初真的去當棋士更有名氣。」

分析了我下棋時的腦部活動之後，我發現自己可能也永遠無法躋身特級大師之列。我的腦袋沒有找到通往好棋步的捷徑，而是陷入泥沼，走進穿越內側顳葉的長路。阿米吉克表示，對照之下，如果是在我做數學時掃描我的大腦，那麼我所使用的確實有可能會是大腦的直覺區域。

從他的研究來看，我們並不清楚這是不是真的完全歸因到遺傳學，或者能不能訓練大腦。但他的研究似乎發現，大腦在處於顛峰狀態時，會利用捷徑來取得優勢，避免通往解決方案的道路塞入過多思緒。

10

不可能存在的捷徑

謎題

在格拉斯頓伯里露天音樂節（Glastonbury Festival），我常在星盤（Astrolabe）劇場表演，結束後我想參觀其他所有的舞台區。你能不能替我找到起點和終點在星盤，而地圖上其他各舞台區只參觀一次的最短路徑？

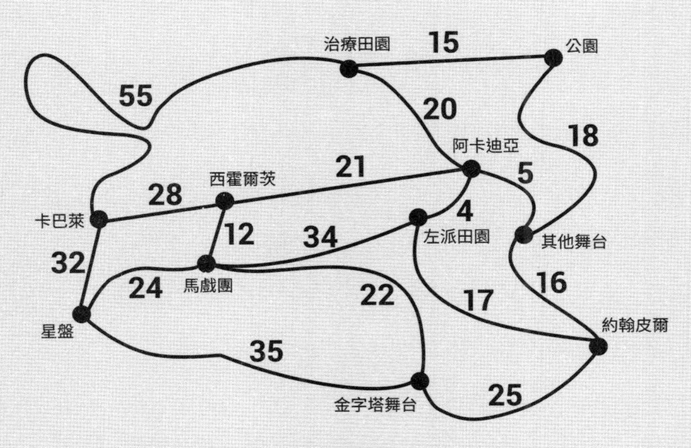

圖 10.1 格拉斯頓伯里音樂節的地圖。

不是每個問題都有捷徑。我們已經看到，任何需要讓身體有實質改變的挑戰，都必須花時間和力氣來達成，例如學習樂器、透過治療來重塑大腦、訓練成運動員等等。但事實證明，可能還有很多挑戰並沒有捷徑可走。現在數學家認為，有一大堆問題必須努力檢查過所有可能的解答，才能解開。

你是試圖安排明年課表的老師？替卡車車隊規劃最佳送貨路線的貨運公司？想找出怎麼擺放貨架上的盒子才有效率的超市理貨員？渴望知道所支持的球隊在聯賽中還能不能踢出最佳成績的足球迷？尋求好策略解開刁鑽謎題的數獨愛好者？這些全都在尋求捷徑，但很可惜，這些可能都是高層次思考無法幫忙求解的難題。

為了找出解答，就連高斯也不得不忍受檢驗所有可能情形的苦差事。最令人驚訝的也許是，數學這門捷徑的藝術旨在證明某些問題沒有捷徑可走。

旅行推銷員問題（Travelling Salesman Problem）是數學家認為沒有求解捷徑的經典問題，難題在於要找出巡迴城市網路的最短路徑。它的名稱似乎源自 1832 年出版的推銷員手冊，手冊裡闡述了這個問題，還有幾個來往德國和瑞士的巡迴範例。迄今為止，數學家還沒有想出比試遍所有可能路徑來保證找到最短路徑更聰明的方法。

問題在於，一旦加入更多城市，可能的路線數也會增加，而且檢驗每條可能的路線會變得完全不可行，即使在電腦上執行也行不通。想必有更快的方法找出解答吧？歐拉、高斯或牛頓找不到什麼巧妙的策略可發掘最短路線嗎？比方說，總是選擇離你目前所拜訪城市最近的城市？這叫做最近鄰演算法（nearest neighbour algorithm），通常會產生一條只比最佳路徑長 25% 的絕佳路線。不過，要建構出讓演算法最後產生出最長（而不是最短）路徑的網路，倒是相當容易的事。

我們已經發展出一些演算法，無論提供何種網路給它，都保證路線總會比最佳路徑長最多 50%。但我尋求的，是那種不用徹底搜尋就找出最佳路線的巧妙捷徑，可這個問題讓數學家傷透腦筋，許多人開始懷疑沒有這樣的捷徑存在。

事實上，證明沒有這樣的捷徑存在，正是七大千禧年大獎難題（Millennium Prize Problems）之一，這七個難題是二十一世紀初選出的最重要未解數學問題。能證明無捷徑可解決旅行推銷員問題的數學家，將會獲得獎金一百萬美元的酬賞。

• 什麼是捷徑？

如果想贏得一百萬美元的獎金，就必須在這種脈絡下確實定義數學上的捷徑是由什麼構成。遠路和捷徑的差異，在數學上分別轉化成需要「指數時間」（exponential time）才能求解的演算法，以及只需要「多項式時間」（polynomial time）

的演算法。我這麼說到底是什麼意思呢？

這個難題的關鍵任務是提出一種方法，不僅適用於單一情況，還要能適用於所遇到的任何問題，無論版本新舊或尺度大小。麻煩在於，演算法需要的時間取決於演算法遇到的問題是大還是小。

比方說，假設我有一套瓷磚，裡面有 9 塊花樣各不相同的瓷磚，我想把這 9 塊瓷磚排進 3 × 3 的網格中，同時讓相鄰格子上的花樣相匹配。

圖 10.2 排好的 9 塊瓷磚，鄰格邊線兩側的花樣是相匹配的。

這些瓷磚有多少種不同的排法？在網格的最左上角，可選擇的瓷磚有 9 種，這塊瓷磚又有 4 種方向可擺，這樣總共就有 9 × 4 = 36 種選擇。下一個位置還剩 8 塊瓷磚可選，每塊也有 4 種方向。一路擺放下去，我發現排出所有這些瓷磚的方法總數是：

$$9! \times 4^9$$

這裡的 9! 是 9 × 8 × 7 × 6 × 5 × 4 × 3 × 2 × 1 的簡寫，稱為 9 階乘。如果電腦一秒鐘可執行一億次檢查，這就需要十五分鐘多一點的時間，不算太久。但請看看時間隨著瓷磚增多而拉長的速度有多快。如果我是把 16 塊瓷磚擺進 4 × 4 的網格中，利用同樣的分析，必須檢查的組合數就會等於：

$$16! \times 4^{16}$$

這會讓一一檢查所需的時間增加到 2,850 萬年。如果再改成 5 × 5 的網格，就會遠遠超出宇宙的壽命了——宇宙的壽命只有一百三十八億年。

若網格上有 n 個位置，可能的排法就會有 $n! \times 4^n$ 種。4^n 這個數，是隨 n 呈指數增長的函數。我在第 1 章提到，印度國王必須用棋盤上數量呈指數增長的米粒支付給西洋棋發明人，就解釋了這個函數的危險攀升方式。事實上，階乘 $n!$（從 1 到 n 所有數字相乘的乘積）是增長得比指數增長更快的函數。

這正是遠路的數學定義：演算法解題時所花的時間會隨問題變大而呈指數增加。

我想找到解決這種問題的捷徑。但怎麼樣的捷徑才算好呢？我得發現一個即使問題變大，仍能相對快速求解的演算法，也就是所謂的多項式時間演算法。

假設我隨機挑選一些英文字，想按字母順序來排序。當單字愈來愈多，排序需要多久？有個簡單的排序演算法，是可以瀏覽原先的 N 個字，然後依詞典抓出排在其他字之前的字。我一做完這件事，就繼續針對剩下的 $N - 1$ 個字再做一次同樣的事。

透過這種方式，必須瀏覽 $N + (N - 1) + (N - 2) + . . . + 1$ 個單字，才能按字母順序排列好。但多虧了高斯在課堂上發現的捷徑，我知道總共需要瀏覽 $N \times (N + 1)/2 = (N^2 + N)/2$ 次。

這就是多項式時間演算法的例子，因為字數 N 增加時，所需的瀏覽次數只會隨 N 的二次方程式（N 的平方）增加。在推銷員問題的例子中，我所需要的演算法是，假定有 N 座城市要拜訪，那麼我只要檢查譬如 N^2 或 N 二次方的路線數，就能找到最短路徑的演算法。

可惜，首先想出的演算法並不是多項式時間的演算法。基本上，先選出一個城市去拜訪，再選下一個城市……如果地圖上有 N 座城市，就表示要檢查 $N!$ 條路線。我在前面提過，這比指數還花時間，挑戰在於，找出比檢查所有路線更好的策略。

• 最短路徑的捷徑

為了證明這樣的演算法還是有可能存在，可以思考一個乍看之下似乎同樣難解決的問題。在旅行推銷員的城市地圖上，選出兩個準備拜訪的地點。這兩座城市之間的最短路徑是什麼？乍看之下，似乎還有很多不同的選擇可考慮，畢竟我可以先拜訪與起點城市相連的任何一座城市，再去拜訪與該城市相連的其中一座城市。看樣子我再度邁向依城市數量呈指數增長的結果。

但在 1956 年，荷蘭電腦科學家戴克斯特拉（Edsger W. Dijkstra）提出一種策略，以更聰明的方式找出兩城市之間的最短路徑，且花費的時間與把單字按字母順序排列同一類型。

他一直在苦思的實際問題，就是找出鹿特丹和格羅寧根這兩座荷蘭城市之間的最快路線。

> 某天早上，我和年輕的未婚妻在阿姆斯特丹購物，我們逛累了，就坐在露天咖啡座喝杯咖啡，而我一邊想著我能不能做到這件事，接著我就設計了找出最短路徑的演算法。那是二十分鐘的發明……它很出色的原因之一，是我在沒有紙筆的情況下設計出那個演算法。後來我明白，不用紙筆做設計的好處之一，是你幾乎被迫避開所有可避免的複雜因素。

令我非常吃驚的是，那個演算法最後變成我成名的基礎之一。

考慮下面這張地圖：

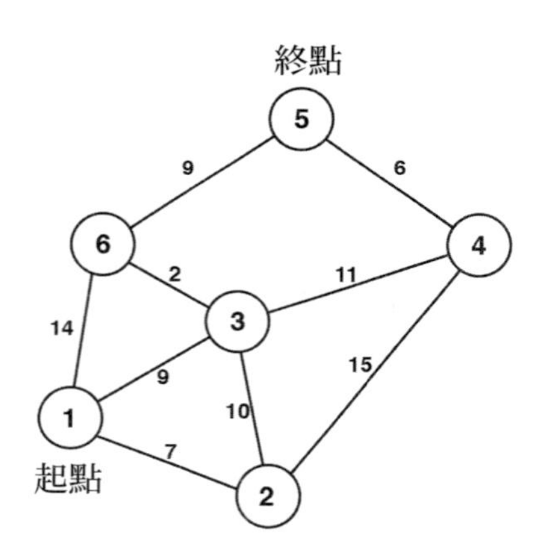

圖 10.3 城市 1 號和 5 號之間的最短路徑是什麼？

在戴克斯特拉的演算法中，我會從起點城市，即 1 號城市出發。在行程的各個階段，我都要替途經的城市做個累計，幫我找到最短的路線。首先，我替每個跟起點城市相連的城市標上要走的距離。在本例中，2 號、3 號和 6 號城市就分別標上 7、9 和 14。接著，我的第一步會是去這三座城市中最近的一個。但要小心，一旦這個演算法使出解題魔法，先去這座城市到頭來可能不是最好的選擇。

在這張圖中，因為 2 號城距離起點城市（1 號城）最近，我先往 2 號城走。

接著我把剛離開的 1 號城市標記為「已拜訪」。從剛抵達的 2 號城市開始，我考慮要更新所有相連城市的標籤，所以在這裡我可能會更新 3 號和 4 號城市的標籤。我先計算出從起點城市 1 號，途經目前所在的 2 號城，再到這兩座城市的距離。如果新的距離比那座城市現有的標籤還要短，就把標籤更新成這個新的距離，倘若距離更長，那我就保留原來的標籤。在 3 號城的例子中，新的距離（7 + 10）更長，所以我保留原來的標籤 9。有時候這座城市還沒有標籤，如 4 號城，因為它和我先前走過的城市不相連，這樣我就用剛計算出的路程，來標記我所到達的這座新城市，所以在這裡，4 號城會標記成 7 + 15 = 22。

接下來，再把我所在的城市標記成已拜訪，然後走向離目前位置最近的未拜訪城市。在前面提到的情況下，現在我來到 3 號城，這個例子正說明了，出發前往 2 號城看起來很聰明，但取道 2 號城的距離很長，所以演算法已經在指引我，可能要取道 3 號城市。

同樣的，我更新了每個連接到 3 號城的未拜訪城市的標籤。這個過程繼續做下去，最後我就會到達目的地 5 號城，它的標籤將會代表它與出發城市間的最短距離。接著我可以回溯來時路，看看我經過了哪些城市，才會走出這段距離。在我的範例中，要注意路線最後並沒有經過 2 號城。

就我必須執行的步驟而言，最短路線花了我多少時間才找到？有N座城市，所以與按字母順序排列單字非常類似，每一步都會排除一個不用再考慮的城市，因此這個演算法要花N^2或N二次方的時間做完。用我們的數學語言來說，這算是捷徑！

但用這種數學語言所說的捷徑，仍然需要花很長的時間才能實際找到答案。數學家通常會把多項式時間演算法視為我們在尋求的捷徑。二次多項式演算法非常快，但即使我們在數學上也視三次、四次和五次多項式是很快的演算法，所花的時間實際上還是很久。

如果電腦每秒可執行一億個動作，那麼在N很小的情況下，問題不會太大。不過，N^2步找到答案的演算法，與需要N^5步的演算法，在時間上還是有非常大的差異。

N^2演算法可以在一秒內檢查一個包含一萬個城市的網路，N^5演算法會需要31,710年，才能檢查同樣這麼多的城市！然而這仍算是數學捷徑，比起我們目前擁有的指數演算法，這毫無疑問是捷徑——若用指數演算法檢查一個有一萬個城市的網路，會需要遠遠超過宇宙壽命的時間。事實上，對於2^N指數演算法，就連檢查100座城市也要花費超出宇宙壽命的時間。

出於實際目的，我們仍然值得努力找出需要N的最少次方時間來執行的演算法。有些捷徑就是比其他捷徑來得快。

• 大海撈針

或許你會想，反正你不是挨家挨戶的旅行推銷員，沒有捷徑能找出拜訪客戶的最短路徑不會帶來什麼影響。麻煩在於，許多課題有同樣的複雜問題。拿工程學來說吧，你可能想替有 100 個位置的電路板接線，而且必須找到最有效率的方法讓機械手臂放置電線，做出電路。假如機械手臂每天會完成數千個電路板，那麼機械手臂在網路中的路徑只要減少幾秒鐘，就可以替公司省下一大筆錢。

但我們喜歡尋找捷徑的目的不僅僅是為了在網路中穿行。以下是一些和旅行推銷員問題同樣性質的難題，我們認為這些問題可能沒有求解的捷徑，可能就連偉大的高斯也免不了長途跋涉！

後車廂難題：你有大小不一的箱子，想放進後車廂運送。難題是找出浪費最少空間的箱子組合。結果發現沒有什麼聰明的演算法，可從檢查箱子的尺寸挑選出最佳組合。假設所有的箱子同高也同寬，和你的後車廂內部規格完全一樣，只是長度不同。你的後車廂長 150 公分，可放的箱子有以下幾種長度：16、27、37、42、52、59、65 和 95 公分。有沒有什麼聰明的方法，可挑選出盡可能把後車廂堆得最有效率的箱子組合？

課程表難題：每所學校在學年開始時，都會面臨替學生安排課程表的難題，但學生所選的課程，會限制什麼時間可以排什麼課。艾妲選了化學和音樂，所以這些課不能排在同一個時間，而與此同時，艾倫選了化學和電影研究。但一天只有八節課，學校必須找出方法，把這些課排進課程表而且不會衝堂。如果有這些類型的限制，排課有時感覺就會像是拿尺寸不太合的地毯來鋪房間，看起來其中一角剛好鋪平，卻發現另一角翹起來了。或是像玩數獨，你以為自己解開了，沒想到卻在同一行看到兩個 2，可惡！

數獨：如果你試玩過這個日本益智遊戲的幾個刁鑽變化版，就經常會遇到某個位置好像得先猜一下數字，再用邏輯推斷這個猜測是否正確。如果到後來發現猜錯了，產生自相矛盾的狀況，就會被迫原路返回你所猜的那個位置，換個數字再試一次。

晚餐聚會難題：如果你想邀約朋友共進晚餐，但某些朋友不好相處，所以不能同時邀他們來，這時就會出現和排課類似的難題。想找出聚會次數最少，又必須確保來吃飯的每個人都不會碰到他們不喜歡的人，就需要檢查所有可能的賓客組合。

地圖著色：如果你隨便拿一張地圖來，設法替各個國家著色，而且有共同邊界的任兩個國家要用不同的顏色，那麼用四種顏色一定辦得到。但只用三種顏色可以勉強做到嗎？同樣的，我們用來判定三種顏色是否就夠了的唯一演算法，是嘗試仔細檢查所有的地圖著色方式。就像玩數獨一樣，你可以先著色，然後發現早先的某個選擇迫使兩個國家著上相同的顏色。若有 N 個國家，可用三種顏色替國家上色的方法會有 3^N 種，這表示要檢查的不同結果可能是指數級。

最多只需要四種顏色，是在二十世紀才得到證明的偉大定理之一。在 1890 年已經有人證明用五種顏色就夠了，證明步驟不是太複雜，是靠數學家經常運用的捷徑。假定有地圖無法用五種顏色來著色，再拿國家數最少的地圖做為範例，接下來做些巧妙的分析，就可以證明刪去一個國家之後，其餘的地圖仍然無法用五種顏色完成。但一開始使用的地圖應該是國家數最少的地圖，這就出現了矛盾。

運用某樣東西為最小的例子來證明該東西不存在，正是數學家常用的捷徑，以下是一種搞笑的用法：證明沒有無聊的數字。假設有無聊的數字，令 N 為最小的無聊數。於是它突然變有趣了，因為它是最小的無聊數。

令人沮喪的是，如果想證明四種顏色就夠用，這個巧妙的捷徑似乎行不通。數學家無法證明，為什麼地圖上刪去一個國家之後還是無法完成著色，然而也沒有人能提出反例。

在 1976 年，終於有人提出四種顏色就夠用的證明，只是它絕對不能算是捷徑。事實上，這個證明需要靠電腦的蠻力法，去檢查一個人不可能一一處理的成千上萬種情形。這個證明是數學上的轉捩點：這是第一次在證明結尾用電腦強行找到解法的定理。就好像我們碰上了山脈，找不到翻越山頭到達另一邊山谷的巧妙路徑，於是就用機器鑿穿山壁。

數學界有很多人對使用電腦輔助證明這個定理的方法

感到不安。證明的用意不只是讓人了解「只用四種顏色就夠了」是否為真，而是讓人明白背後的原因。人腦的連結能力有限，因此絕對有必要讓大腦感覺自己明白為什麼捷徑是這個樣子。如果這個證明被迫走遠路，就會像無法把它載入大腦，我們會覺得沒有真正理解。

地圖著色難題有個相關的問題，是取一個由點和一組連線組成的網路，點與點間的連線就像國家之間的邊界。挑戰在於，找出最少需要幾種顏色，才有辦法為點著色，並且已連線的兩個點都不同色。

足球：講到我們找不到解題捷徑的那些問題，我最喜歡用的案例大概跟足球有關。並不是踢球本身，而是在球季接近尾聲時才出現的絕妙難題：考慮到我支持的球隊目前在超級聯賽積分榜上的排名，從數學上看它還有可能奪冠嗎？

也許你會認為這個任務很簡單，我只確定我支持的球隊每場比賽都獲勝，勝場各得三分，接著要檢驗這樣是否可以勝出。然而，我還必須擔心其他球隊之間的所有比賽。顯然我希望目前排名第一的球隊輸掉很多比賽，但那樣就會讓與他們對戰的球隊獲勝，得到更多積分。如果我最後賦予他們太多積分，結果他們奪冠了呢？

這又是個我必須考慮非常多比賽與結果間不同組合的問題。在為勝、負、平手賦予積分時，我屢次發現自己很像在數獨遊戲中原路返回，因為我賦予的其中一個結果搞砸了我精心弄出的平衡舉措。

如果球隊還有 N 場比賽要踢，而每場比賽可能是勝、負或平手，那麼總共有 3^N 種不同的結果，需要考慮的可能結果是指數級。難題就是，要找出捷徑可以馬上跟我說，我支持的球隊在數學上是否還有贏得聯賽的機會。

目前的演算法只有一種，而且會隨著分組的隊伍數量指數成長，但我非常喜歡這個問題，因為在我求學時其實有行得通的演算法。中間發生什麼事？演算法沒有遺失，只是賦予積分的方式改變了。在過去，球隊獲勝只會得兩分，如果兩隊踢平，則各得一分，大家認為這會讓球隊設法踢成無聊的平手。因此在 1981 年，為了激勵球隊努力贏球，決定球隊獲勝可以得到三分，而不是兩分。這似乎是個沒有惡意的改變，但它大大影響了算出一支球隊是否還能位居超級聯賽積分榜首的難題。

關鍵在於，1981 年之前，參賽球隊分配的總積分並不是由勝負或平手來決定。有 20 支球隊會彼此對戰兩次，主客場各一次，這表示有 20 × 19 場球賽。舊制中的每場球賽都有兩分會根據結果來分配，這代表球季結束時的總積分為 2 × 20 × 19 = 760 分，由 20 支球隊分攤。

但現在情況大不相同，每場球賽可能會讓贏球隊伍獲得三分，或踢平時各得一分。如果整個球季所有的比賽都踢平，就代表總積分又是 760 分，但如果沒有平局，總積分會是 3 × 20 × 19 = 1140 分。總積分的這種新變動，代表以前行得通的演算法不再管用，無法告訴我支持的球隊在數學上還有沒有奪得聯賽冠軍的機會。

這些問題全都有個迷人之處：如果你碰巧找到一個解法，就可以馬上檢查它是不是真的解開了難題。我喜歡稱這些問題為「大海撈針問題」：找針的原始難題需要長時間的徹底搜索，幾乎沒辦法幫你找到針的位置，但手一落在針上你就會知道！打開保險箱可能要花很久，嘗試一個接一個組合，但一輸入正確的組合，門就會立刻應聲而開。這些大海撈針問題的專門名稱是「NP 完備（NP-complete）問題」。

NP 完備問題有個相當不凡的特徵。你可能會以為需要替每一個問題量身打造策略，來嘗試找到能夠盡快得到解答的演算法。但事實證明，如果你確實發現一種快速的多項式時間演算法，可在旅行推銷員所面臨的任何地圖中找到最短路徑，那就表示其他這樣的問題也一定有這種演算法——至少在尋找捷徑的難題中，它是一種捷徑。如果某個問題有捷徑，它就能轉換成我們列表中任何其他難題的捷徑。把托爾金（J. R. R. Tolkien）的名句改寫一下：一條捷徑就解開所有的問題。[1]

我可以給點暗示，看看前面描述過的幾個問題如何能夠彼此轉換，來說明一下為什麼這件事可能會是對的。拿課程表難題來說吧，要考慮的有課程和時段，還有必須避免的衝

1 編注：原句為「one shortcut to solve them all」，改寫自托爾金《魔戒》中對至尊魔戒的敘述「One Ring to rule them all」（聯經版譯為：至尊戒，馭眾戒）。

堂，運用這些資訊就可以建一個網路，每門課都是網路中的一個點，衝堂會對應到畫在兩門衝堂課程之間的連線。接下來，安排時段就變得跟著色難題完全一樣：為圖中的點著色，而且有線相連的兩個點不同色。

• 利用沒有捷徑的機會

在某些環境下，沒有捷徑是非常重要的事，編出無法破解的密碼就屬於這種情況。編碼員想要利用的情況就是，除了徹底搜尋各種可能，似乎沒有其他能破解加密訊息的辦法。拿個密碼鎖來，上頭有 4 個轉盤，每個轉盤各有 10 個數字，這樣的鎖就要檢查從 0000 到 9999 共 10,000 個數字。有時候，品質不佳的鎖在第一個轉盤就定位時可能會出現物理變化，洩露解開鎖的位置，但一般來說，小偷沒辦法快速試遍所有的組合。

但其他的密碼系統已經顯現出弱點，可利用來產生捷徑。就拿傳統的凱撒加密法（Caesar Cipher）或代換密碼（substitution cipher）來說吧。這種密碼是用有系統的方式代換字母，例如把每個 A 都代換成 G 之類的，然後 B 代換成其餘的另一個字母，這樣一來，字母表中的每個字母都會指定到一個新字母。我們有很多代碼可選，字母表中的字母有 26!（$1 \times 2 \times 3 \ldots \times 26$）種重排方式。（在某些重新排列中，字母也許會保持不變，譬如把 X 代換成 X。一個有趣的題目是：每個字母都會改變的密碼有多少？）來感受一下這個數字有多大：26! 秒，這比大霹靂發生以來的時間還要久。

如果駭客或間諜攔截到一則加密訊息，他們必須嘗試很多的組合才能破解。但九世紀時的阿拉伯通才肯迪（Ya'qub al-Kindi）發現了這種密碼的弱點：有些字母比其他字母更常出現。例如「e」在英語裡是最常出現在文字中的字母，出現的機率為 13%，其次是「t」，出現的機率為 9%。字母也有自己的個性，這反映在它們喜歡搭配的其他字母上，例如「Q」後面總是跟著「u」。

肯迪意識到，間諜可以利用這一點當作捷徑，去解開利用代換密碼來加密的訊息。透過對密文做頻率分析，把最常見的字母與更常出現在明文中的字母配對，間諜就開始破譯訊息。事實證明，使用頻率分析是破解這些密碼的絕佳捷徑，這些密碼的安全性遠比最初看起來的低得多。

在第二次世界大戰期間，德國人認為他們找到了一種使用代換密碼的巧妙方法，可避開這個破解訊息的捷徑。他們的想法是使用不同的代換密碼，為訊息中的每個新字母編碼。這表示如果他們把 EEEE 編碼，那麼每個 E 就會送到不同的字母，這樣就會讓採用肯迪頻率分析的任何破譯方法失敗。他們打造出一部機器，來執行這種多重代換密碼加密，它叫做「恩尼格瑪」（Enigma）密碼機。

在大戰期間英國解碼員的總部布萊切利莊園（Bletchley Park），仍然可以看到其中一部機器的展示品。乍看之下，這部機器很像附了鍵盤的傳統打字機，但鍵盤上方還有第二組字母。按下其中一個鍵之後，鍵盤上方的某個字母會亮起來，這就是把這個字母編碼的方式。

基本上，機器裡的電線是用傳統的代換加密法來打亂字母，但在按下鍵的同時，也會聽到喀嗒一聲，看到機器內部三個轉輪的其中一個往前轉動一格。再次按下同一字母時，另一個燈泡亮了起來，這是因為鍵盤連到燈泡的接線已經重新布置。電線經由轉輪連接，當轉輪改變排列時，機器裡的接線也會跟著改變。透過這種方式，轉輪往前轉動時，就可確保機器是使用不同的代換密碼來為每個字母編碼。

這一切看起來無懈可擊。有 6 個不同的轉輪設置機器可以使用，且每個都能在 26 種設置下啟動。此外，背後還有一整組電線，可再另外提升擾亂的等級。這表示可有 1.58 億兆種不同的機器設置方法。試圖找出操作員用哪種方法替訊息編碼，看起來就像是大海撈針的終極任務，德國人全然相信這台機器固若金湯。

但他們沒有想到數學家涂林的聰明才智，他就像二十世紀的高斯，坐在布萊切利莊園，發現了系統裡的一個弱點，可用來節省徹底搜尋的麻煩。關鍵就是，這台密碼機絕對不會把字母代換成同一個字母，它的接線方式總會把這個字母送到另一個字母。這看起來像是和密碼機有關的單純事實，但涂林看出怎麼利用這個缺點去追蹤機器，針對某則訊息努力找出一組為數更有限的可能編碼方法。

他仍然必須使用機器進行最後的搜尋。團隊替執行涂林捷徑的解碼機取名為「炸彈」（Bombe），由於炸彈機的聲音，布萊切利莊園的小屋總是徹夜嗡嗡作響，但每天晚上，這些機器都會讓盟軍取得德軍以為安全發送出來的訊息。

• 質數嫌疑犯

今天，我們的信用卡在網際網路滿天飛，而保護網路交易安全的密碼，就利用了我們認為本質上沒有捷徑的數學問題。其中一種稱為 RSA 密碼，依賴謎樣的質數。每個網站都會暗地選擇兩個約有 100 位數的大質數，然後把兩數相乘，得到的乘積是個約有 200 位數的數字，然後在網站上公開，這就是網站的碼數。

造訪一個網站時，電腦會接收到這個 200 位數的乘積，然後用它來執行跟信用卡有關的數學計算。這個擾碼數字在網際網路上發送，很安全，因為駭客必須解開下面這個難題，才有辦法還原計算過程：他們能不能找到相乘後會得出此網站 200 位數碼數的那兩個質數？

由於它似乎是大海撈針問題，所以 RSA 加密法被認為很安全。數學家知道，找到這些質數的唯一方法就是一個一個嘗試，希望能在整除網站碼數的數字突然碰到針。

高斯在他的數論巨著《算術研究》（*Disquisitiones Arithmeticae*）中，寫到了質因數分解的難題：「區分質數與合數，而且要把合數分解成質因數的問題，是算術中已知最重要又最有用的問題之一。它吸引了古代和現代幾何學家的投入與智慧，到最後，討論這個問題已經是多餘的了……此外，科學本身的尊嚴似乎要求，為了如此優雅又馳名的問題，得去探究每一個可能的解決方法。」

他幾乎沒有意識到，這個問題日後在網際網路和電子商務的時代會變得多麼重要。迄今為止，沒有人找到捷徑能用來找出整除大數的質數，連偉大的高斯本人也沒找到。為了破解一個 200 位數的大數，必須檢查的質數實在太多了，也就讓這樣的破譯方法完全起不了作用。我們認為，因數分解（把一個數寫成較小數字的乘積）的難題本質上也許很困難。這正是數學家目前在研究的未解問題之一。我們能不能證明找質數是沒有捷徑的？

但等一下，網站是怎麼破譯訊息的？重點是先選擇兩個各有差不多 100 位數的質數，然後相乘，產生出 200 位數的公開碼數。唯一持有兩個質數、能還原計算過程的，就是這個網站。

然而，尋找質數是數學家尚未解決的問題之一，解開數字世界裡質數分布情形的奧祕，稱為黎曼猜想，也列入了七大千禧年問題。

不過，即使數學家實際上不十分清楚質數的分布，我們卻還是有個替這些網際網路密碼找到大質數的有趣捷徑。這要靠十七世紀法國大數學家費馬在質數方面的發現：他證明出，若 p 是質數，而取小於 p 的任意數 n，則 n 的 p 次方除以 p 的餘數會是 n。舉例來說，$2^5 = 32$，除以 5 後會得餘數 2。

這就表示，若我想檢驗某個數 q 是不是質數，那麼只要我能找到一個小於 q，又無法通過此檢驗的數，就可以知道 q 不是質數。例如 $2^6 = 64$，除以 6 之後得餘數 4，而不是 2，這就代表 6 不可能是質數，因為它沒有通過費馬的檢驗。

倘若只有一個小於 q 的數未通過檢驗，這個檢驗法就不是很有用，畢竟那代表可能要檢驗所有小於 q 的數，在這種情況下，倒不如直接檢查不可整除性。費馬質數檢驗的最大優點是，如果某個潛在的質數沒通過，它會失敗得一塌糊塗。利用費馬的計策，小於 q 的數有超過一半會見證 q 不是質數。

然而，有美中不足之處。有些數表現得像質數，沒有任何的費馬證人告密，不過它們仍然不是質數。這些數稱為假質數（pseudo-prime）。但在 1980 年代後期，米勒（Gary Miller）和拉賓（Michael Rabin）這兩位數學家成功改進費馬的判定方法，產生一個保證沒有漏網之魚的質數檢驗法，而且可在多項式時間內執行。唯一要注意的是，這兩位數學家首先必須假設他們可以爬到一座非常高的山頭：黎曼猜想（或此猜想的推廣）。

米勒和拉賓可以證明，只要數學家找到翻越這峰頂的方法，他們就能保證另一邊有找質數的捷徑。黎曼猜想之所以這麼重要，部分原因是很多數學家已經證明，它會通往一大堆捷徑。我自己有幾個定理，只要能先證明黎曼猜想為真，就可以證明為什麼某件事為真。

但我們永遠不該放棄，也許有機會能找出悄悄繞過這座山的方法。2002 年，有個令人振奮的消息震驚了數學界，印度理工學院坎浦校區（Indian Institute of Technology in Kanpur）的三位印度數學家阿格拉瓦（Manindra Agrawal）、卡亞（Neeraj Kayal）和薩克席納（Nitin Saxena），提出了一種方法，可在多項式時間內檢驗一個數是否為質數，而且不必爬過黎曼大山。

不可思議的是，這項研究發現的後兩位作者，是和阿格拉瓦一起做研究的大學生，就連年紀較長的團隊成員阿格拉瓦，數學界的大部分數論學家也很陌生。這讓很多人聯想到二十世紀初大數學家拉馬努金的生平，他在寫信給劍橋數學家哈代，提到自己的數學發現之後，才突然躍上數學舞台。

儘管該團隊做出的突破確立了一個可在多項式時間內完成的質數檢驗法，也不用先假設能夠翻越黎曼大山，但它並不是實際上非常實用的演算法。正如我之前提過的，知道你所使用的多項式是幾次很重要。如果是二次，事情會進行得很快。

不過，阿格拉瓦、卡亞和薩克席納提出的原始演算法，有個 12 次多項式，美國數學家波摩倫斯（Carl Pomerance）和荷蘭數學家倫斯特拉（Hendrik Lenstra）把它減少到 6 次，但就如我解釋過的，雖然就數學上來說這是捷徑，實際上速度很快就會慢下來。你所檢驗的數字愈大，需要用到 6 次多項式的演算法就會花愈久的時間才能得出答案。

假如網際網路安全性依賴大質數的健全供應，網站要怎麼快速找到這些大質數，才能很有效率的執行金融服務？答案是要使用一種演算法，至少讓網站很有把握這個數是質數，但又不真的保證它是質數。

要記住，如果某個數不是質數或假質數，那麼比它小的數會有一半無法通過費馬質數檢驗。但如果我真的很倒楣，檢驗的那一半都通過了呢？為了保證找到可證明某個數不是質數的證人，似乎就需要檢驗一半的數字。但沒看到證人的可能性有多大？假設我做了 100 次檢驗，但沒有找到證人，這表示要麼這個數是質數或假質數，要不就是我沒看到證人的機會是 2^{100} 分之一。這是我要準備好接受的賭注！賭贏的機會非常渺茫。

雖然我們有絕佳的演算法可以找出產生這些密碼的質數，不管它們確定是質數還是有機率是質數，但能用來破解密碼的傳統演算法似乎不存在。那麼，比較不傳統的方法呢？

• 量子捷徑

在嘗試找出整除大加密數的質數或類似的問題時，傳統電腦面臨的問題之一就是，必須先試驗一次，然後才能進行下一個檢驗。（為清楚起見，我在下文中所指的，都是我們設法找到沒有餘數的整除。）我真正想做的，是把電腦分成幾塊，讓每一塊做不同的檢驗。

平行處理是加快動作的有效方法。就拿蓋房子來說好了，洛杉磯舉辦過一場比賽，看看哪支建築團隊能夠最快建起一棟房子，結果有個團隊用 200 名建築工人同時作業，花了四個小時建好房子，贏得比賽。有些任務顯然仰賴於把事情依序完成，例如修建高樓或挖鑿地下停車場，就要先建好一層才能再加一層。但檢驗比較小的數，看看它們是否能整除更大的數，就非常適合同時並進，每件任務都不用倚靠其他檢查的結果。

平行處理的麻煩之處在於，仍然會有實體容量的問題。把問題一分為二，就等於把執行檢查的時間減半，但所需的硬體數量也增加了一倍。這種方法並沒有真正解決大數的質因數分解問題。

不過，要是我可以在硬體不需要增加一倍的情況下進行這種平行處理呢？這個構想來自 1990 年代在貝爾實驗室工作的數學家休爾（Peter Shor），他意識到，我們可以利用某種非傳統的計算技術來同時檢驗，也就是量子世界裡的奇特物理學。

在量子物理學中，我們可以設定一個粒子（如電子）在觀測到之前，本來是同時處於兩個位置。我們就把這兩個位置稱為 0 和 1 吧，此時叫做處於量子疊加（quantum superposition）狀態。這麼做的好處是硬體沒有加倍，就只有一個電子。但這個電子實際上儲存了不只一則資訊，而是兩則；這稱為量子位元（qubit）。不同於傳統電腦必須把一個位元設定成開或關的位置，即設定成 0 或 1，這個量子位元分成平行的量子世界，在其中一個世界開關設定成 0，在另一個世界則設定成 1 的位置。

因此，構想是把這些量子位元全部串在一起。舉例來說，如果我能把 64 個處於量子疊加狀態的量子位元放在一起，這一大堆就可以同時表示從 0 到 $2^{64}-1$ 的所有數字。傳統電腦必須依次執行所有這些數字，把每個位元設成 0 或 1，但量子電腦可以同時做到這件事，彷彿傳統電腦變得像電子一樣，突然同時活在平行宇宙中，64 個量子位元在每個宇宙中都設定成不同的數字。

現在，聰明的地方來了。在每個平行世界中，讓電腦檢查它所表示的這個數能不能整除我們的加密數字。但要怎麼確保量子電腦挑選出的世界中，受檢驗的數字確實成功整除了加密數字呢？休爾在他的量子演算法中內建了妙招。當我去觀測一個量子疊加時，它就必須打定主意崩陷（collapse）成某種狀態。基本上，它會選擇 0 或 1 的位置，有些機率值決定了它會走哪條路。

休爾設法湊成一個演算法，在這個演算法中，每個平行宇宙進行整除檢驗後，一旦某個世界用來檢驗的數字整除了加密數，崩陷的機率會極大。其他所有沒通過檢驗的世界都十分相似，全都互相抵消了，唯一突出的就是成功整除的世界。

想像有十二個不同的方向指向鐘面上的數字。如果它們的長度都相等，那麼把所有這些方向加在一起，就會全部抵消，而把我帶到鐘面的中心。但如果其中一個的長度是其他的兩倍呢？現在我就會指向那個方向。整除檢驗的量子觀測過程基本上就會發生這件事。

雖然休爾早在 1994 年就寫出了軟體，但要打造出能夠執行這個演算法的量子電腦，似乎是個遙遠的夢。量子態的問題之一是所謂的去相干（decoherence）[2]，64 個量子位元開始互相觀測之後，還來不及進行計算就會崩陷了。這正是我們認為量子想像實驗「薛丁格的貓」（Schrödinger's cat）也許不可能做到的原因之一；在想像實驗中，一隻貓尚未觀測前有可能既是死又是活的。

當然，一個電子可以疊加，但組成一隻貓的所有原子怎麼可能同時處於死和活的狀態呢？大量的原子開始互相影響並且去相干，疊加就會崩陷。

但近年來，在分離同時存在的量子態方面有些意想不到的進展。2019 年 10 月，《自然》發表了一篇由谷歌研究

2　編注：量子相干性（quantum coherence）因量子與環境發生量子糾纏而逐漸消失的現象。

人員撰寫的論文，標題為〈使用程式化超導處理器的量子霸權〉（Quantum Supremacy Using a Programmable Superconducting Processor）。研究團隊在論文中稱，他們能夠湊出 53 個處於疊加狀態的量子位元，這樣就可以同時表示多達 10^{16} 個數字。這個電腦能夠執行量身訂製的任務，而傳統電腦需要 10,000 年才能執行同樣的任務。

儘管這是很令人振奮的消息，但那個量子電腦所執行的任務，無法跟找出可整除大數的質因數相比，而且要依據所使用的硬體做極大的調整。許多人覺得谷歌有點過分炒作「量子霸權」這個標題。IBM 量子計算團隊非常嚴厲批評了這個聲明，還描述谷歌團隊所執行的任務用不著花上 10,000 年，只要幾天的時間就能在傳統電腦上完成。儘管研究結果仍然令人著迷，但要創造一部可處理信用卡詳細資料的量子電腦，似乎還有一大段路要走。

• 生物計算

那麼旅行推銷員問題呢？可以用非傳統的手段找到捷徑嗎？已經有研究人員利用一種非常與眾不同的電腦，解決了一個和旅行推銷員問題有關的難題。它稱為漢米頓路徑問題（Hamiltonian Path Problem），是要在地圖上連接城市的單向街道網路中找路。

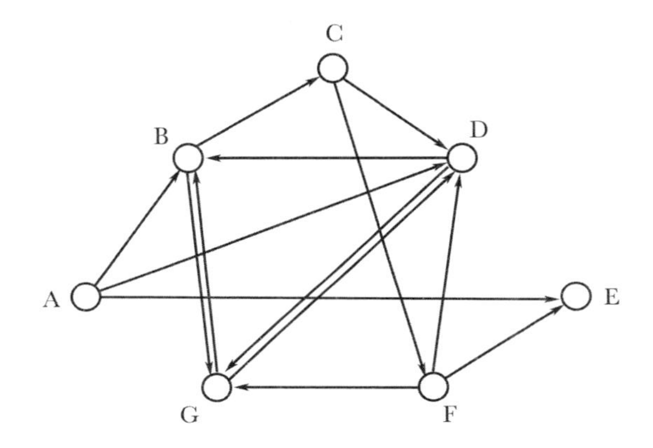

圖 10.4 漢米頓路徑問題：從城市 A 到城市 E，途中的每個城市各造訪一次。

比方說，你必須找出一條從城市 A 出發，最後抵達城市 E 的路徑，但途中必須走訪其他各城市一次。可以找到這樣的路徑嗎？事實證明，這和旅行推銷員問題一樣複雜，但它又是個適合平行處理的問題。數學家阿德曼（Leonard Adleman）想出一個有趣的解題途徑，跳脫了量子世界，改為利用生物學。今天利用質數來保障網路交易安全的 RSA 加密法，名稱當中的 A 正是指阿德曼。

1994 年，阿德曼在麻省理工學院的一場研討會上宣布自己所發現的超級電腦，製造出來的目的是為了解決漢米頓路徑問題。他把這電腦稱為 TT-100，但與會聽眾看到他從外套口袋拿出一根試管時，感到迷惑不解。TT 代表試管（test-tube），100 代表這個小塑膠瓶所裝的 100 微升。在這根試管內工作的微處理器，是小段的 DNA。

DNA 分子鏈是由 A、T、C、G 這 4 種鹼基組成的，這些鹼基喜歡兩兩配對：A 與 T 配對，C 與 G 配對。如果你造出短的鹼基單鏈，稱為寡核苷酸（oligonucleotide），它們就會嘗試找另一條帶有配對鹼基的鏈。舉例來說，帶有 ACA 的鏈會嘗試找帶有 TGT 的鏈，結合成穩定的 DNA 雙鏈。

阿德曼的構想是，替想在地圖中造訪的每個城市，提供一個由 8 個鹼基組成的標籤。那麼如果兩個城市之間有一條單向的路，他就會做出一條帶有 16 個鹼基的 DNA 鏈，前 8 個鹼基是起點城市的代碼，而後 8 個是和終點城市的代碼互補的字串。如果有兩條帶有 16 個鹼基的 DNA 鏈，一條是城市 A 的進城路，一條是出城路，那麼進城路的後 8 個鹼基就會跟出城路的前 8 個鹼基結合起來。

沿著這些路在城市間穿梭的任何一條路線，實際上都可以在 DNA 鏈中複製，道路每次進出一座城市時，DNA 鏈就會彼此結合。

舉例來說，城市 A 的標籤可能是 ATGTACCA，城市 B 標記成 GGTCCACG，城市 C 標記為 TCGACCGG，那麼從 A 到 B 的道路就會表示成

ATGTACCACCAGGTGC

而從 B 到 C 的路是

GGTCCACGAGCTGGCC

接下來，第一條路線的後面 8 個鹼基就會跟第二條路線的前 8 個鹼基結合起來，顯示有一條途徑讓你從城市 A 走到城市 C。

最棒的是，從商業實驗室可以大量取得這樣的 DNA 鏈。為了探究一個有 7 座城市的網路，阿德曼請人供應了夠多的 DNA 分子，然後就在他的試管裡裝滿這些分子。在平行處理的過程中，這些分子開始結合起來，構成許許多多穿越網路的路線。當然其中有很多違反了城市只能經過一次的條件，但阿德曼知道，他尋找的路線會是以下這種長度的 DNA 鏈：

8（起點城市）+ 6 × 8（每條路）+ 8（終點城市）

他可以從溶液中濾出這些長度的 DNA 鏈，然後檢查哪些分子鏈讓每個城市出現在序列中某處，這個過程很像基因指紋分析。

儘管整個過程花了超過一星期的時間，但也讓大家看到，有可能利用生物學世界打造出可以有效平行處理的機器。化學家用來確定試管中有多少分子的測量單位稱為莫耳，然而一莫耳物質所含的分子個數是亞佛加厥數（Avogadro's number；6.022×10^{23}），略高於 6×10^{23}——這數字極大。阿德曼認為，利用小小的生物世界，有可能找出捷徑來應付大大的傳統運算難題。

自然界可能已經做到了。後來發現，黏菌這種奇特的生物非常擅長找出地圖中最有效率的路線。多頭絨泡黏菌（*Physarum polycephalum*）是一種單細胞的瘧原蟲，會從單點尋找食物來源，向外生長。它最愛的食物是燕麥片。

來自牛津和札幌的研究團隊決定替他們的黏菌設下難題，他們按照大東京地區鐵路網的車站位置來排列燕麥片，然後讓黏菌找出穿越燕麥片的最短路線。人類工程師當初花了好多年才制定出連接城市的最有效方式，相較之下黏菌的表現會如何呢？

一開始，黏菌對燕麥片的位置一無所知，所以開始朝各個方向生長。但當它開始碰到食物來源，許多伸出去卻沒覓到食物的分支就消失了，只留下通往食物來源的最有效路線。不用幾個小時，黏菌就開始改進結構，在新的食物來源之間形成通道，有效率的穿越不同位置。

設計出這個實驗的團隊驚嘆的是，黏菌最後產生出來的圖案，與人類規劃東京地區鐵路系統的方式非常類似。人類花了好幾年的時間，黏菌花一個下午就完成了。難道這種單細胞的黏菌知道捷徑，能幫我們解決數學上很重要的未解難題之一？

• 謎題解答

這是繞格拉斯頓伯里音樂節地圖走一圈的最短路徑。我花了很久來檢查有沒有更短的路徑。

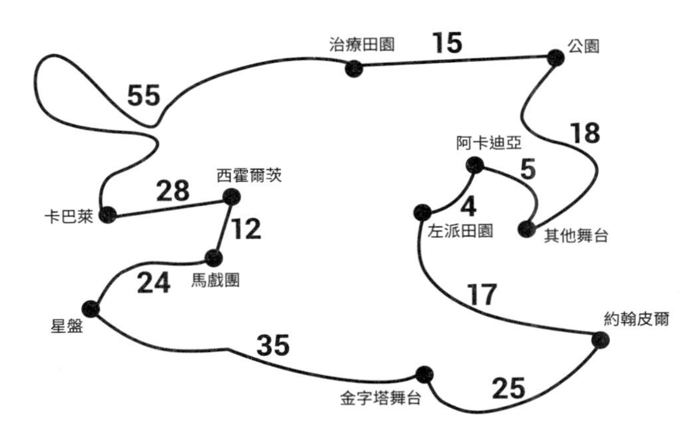

圖 10.5 繞格拉斯頓伯里音樂節走一圈的最短路徑。

通往捷徑的捷徑

有些時候，知道你想解決的問題在什麼情況下沒有捷徑，也同樣重要。

當你意識到繞遠路是抵達目的地的唯一途徑，就不會浪費時間抱著希望找捷徑。如果你打算做所有的工作，那麼知道自己不是在浪費時間就是值得的事。

你可以利用捷徑把一個問題變成另一個截然不同的問題，來確定你想解決的難題實際上是不是變相的旅行推銷員問題。

如果沒有捷徑，那麼也許你可以把它化爲優勢，就像密碼學家做的那樣。

抵達

人類的聰明才智變出了一大堆的捷徑，加速人類世世代代的發展。沒有這些進階的思考方式，我們的科技恐怕永遠不會達到目前的先進地位。如果沒有代表數字的符號這種捷徑，超過三以外的一切看起來就會像一堆東西。理解地球的幾何形狀之後，我們在這顆星球上的旅行就變得更有效率。儘管只有 566 個人上過太空[1]，而且最遠只到月球，但我們已經使用三角學這種捷徑深入宇宙。

我們已經能夠利用辨識模式的力量和微積分，縮短我們通往未來的路程，在事情發生前就瞥見接下來會發生什麼事。機率的捷徑讓我們不用重複做上百次實驗，就能得知哪種結果更有可能發生。分析連結的巧妙方法讓我們可以走捷徑到達目的地，而非毫無目標的在網際網路上閒逛、搜索我們想找的東西。我們甚至想出了新的數，如 −1 的平方根，來造出一個我們可造訪的鏡中世界，在裡面快速找到解答。由於我們能穿越這個虛數世界，飛機才有辦法安全降落。

1　編注：566 人是 2019 年的資料，2021 年時突破 600。

談起我踏上數學這條路的初衷，絕對是想繞過枯燥乏味的苦差事。對十幾歲時的我來說，自己懶惰的那面很喜歡避開不花腦筋的辛苦計算。我很感謝我的數學老師，沒有讓數學課陷入乏味的重複與計算，而是讓我看到數學是聰明思考。但回首來時，我也開始看見捷徑的關鍵在某種程度上是自相矛盾的。

數學家的工作是發現新的聰明思考方式，但想出這些捷徑並不容易。做數學仍然需要花時間沉思一個問題，去思索，而且看似沒有結論。接著，忽然間豁然省悟，發現穿越問題荒野的捷徑。不過，如果沒有在筆記本上寫下長時間思索的東西和隨意塗鴉，我就無法豁然開朗。我渴望的正是那種靈光一閃的興奮感，那就像是興奮劑，而這種飄飄欲仙之感就來自於發現一個把你帶往另一邊的隱祕通道，也就是捷徑。

最後我明白自己其實不是因為懶惰，才投入捷徑的藝術。幾乎是恰恰相反。為了找出捷徑所下的苦功，正是讓這件事帶來極大滿足感的地方。

面對一座山，你可以搭直升機去山頂，你會欣賞到美景，但就像麥克法倫所解釋的，如果你是登山者，這就失去登山的意義了。登頂的滿足感是你付出努力的原因，為了「走到渾身通透」。

我記得曾和哈佛物理學家富蘭克林（Melissa Franklin）談

到處理重要未解問題的腦力考驗。在某個時刻，她給我一個假想的按鈕，如果按了，就會得到我正在研究的所有問題的所有答案。在我伸手準備按按鈕時，她抓住我的手。「你確定你想按嗎？不會毀了樂趣嗎？」

克萊恩表達了同樣的存疑。如果有拉大提琴的捷徑，也許就會降低演奏的吸引力。達到心流的狂喜時刻，就是技能與艱巨挑戰的結合。

《心靈捕手》（*Good Will Hunting*）是我最喜歡的好萊塢電影之一，一部分是因為它在流行文化中首次提到菲爾茲獎，也就是數學家的諾貝爾獎。但這部電影也在描述，花大把時間不停苦思某個問題，就是最後找到解題捷徑那一刻的重要前戲。麥特．戴蒙飾演的麻省理工學院數學系清潔工是《心靈捕手》的主要角色，他看到留在公布欄上的題目，馬上就知道怎麼解。數學系的教授隔天早上看到潦草寫在公布欄上的解法時，都無比驚訝。不過戴蒙所飾演的角色最後並沒有成為數學家。

對我來說，這是因為他覺得太簡單了。他想追回的那個女孩，才是沒有任何清楚答案的複雜問題，也是驅使他在電影結尾踏上旅程的動機。數學捷徑的重要特徵之一，是在嘗試迎面解題的所有繁重工作之後，應該提供一個欣喜若狂的宣洩時刻。

我追求的捷徑並不是在書末找解答，那種捷徑不會令人感到滿足。最好的捷徑，是耗費腦力苦思問題後出現的捷徑，它幾乎具備音樂的特質，音樂的張力會在最後得到解決[2]。

這裡出現的矛盾在於，雖然想走捷徑的動機可能是起初不願花很多時間苦思，但找捷徑的過程到最後也許會付出同樣多的努力。然而，描述努力的曲線在本質上也許反映出，為什麼我還是更喜歡尋找捷徑的艱巨工作。

如果要我畫一張圖，呈現我會花多少力氣從 1 加到 100，它看起來可能會像個持續的苦差事，長時間下來沒有太大的變化，付出的全部努力呈直線上升。至於找捷徑的努力曲線圖，看起來就不可預料得多了，它起起落落，可能會在接近末端時衝高，然後在採取捷徑時突然降至低點。但從這個低點之後，努力曲線圖就不必再超出最低基準，因為捷徑接手工作了。而在這整段時間裡，沒有變化的長程圖仍一直在繼續苦幹下去。

出現的另一個奇特矛盾則是藝術總監歐布里斯特強調的，彎路有其必要。通常要從繞路開始，才找得到最佳捷徑。費馬最後定理的證明引領數學家步上彎路，讓我們在途中遇到這麼多奇特的大街小巷，是趟值得的旅程。那些彎路使我們發現許多在途中被迫想出來的非凡捷徑。

2　編注：音樂由緊張、不穩定的狀態轉為放鬆、穩定的狀態稱為「解決」。

捷徑的力量往往能讓抓住機會的人更快到達目的地。世上最長最深的隧道在 2016 年通車，57 公里長的聖哥達基線隧道（Gotthard Base Tunnel）貫穿阿爾卑斯山，連接歐洲南部與北部。興建花了 17 年，但火車從一端穿到另一端只要 17 分鐘。

高斯最後的旅行之一，是參加漢諾威到哥廷根的新鐵路通車。那時他的健康狀況已經慢慢惡化，1855 年 2 月 23 日清晨在睡夢中去世。

高斯曾要求，要把驅使他踏上數學家道路的發現之一，也就是正十七邊形的幾何作圖法，刻在自己的墓碑上。然而接到雕刻任務的石匠看到設計圖，就拒絕把它刻進去。理論上這個作圖法可以作出正十七邊形，但石匠認為它看起來只會像個大圓圈。

想出捷徑的人苦思多年，開創出我在學生時代花時間學的捷徑。而隧道一完工，就會讓抓住機會的人盡快跑到知識前沿。由於坐在教室裡的高斯已經完成從 1 加到 100 的課堂任務，他才有機會思考新的事物。對我來說，這就是捷徑的重點。如果我把時間花在不用動腦的工作上，便剝奪了自我探索、找到新發現和擴展眼界的機會。捷徑可讓我把心力投入令人振奮又值得付出的新冒險活動中。

因此我希望，我們走過的旅程提供你更聰明思考的捷徑，讓你騰出時間產生新的想法。一條捷徑的盡頭，是開展新旅程的機會。高斯在1808年9月2日寫給友人鮑耶（Farkas Bolyai）的信中，總結了他對追求知識的看法：

> 給予最大樂趣的不是知識，而是學習行為，不在於擁有，而在於抵達知識的行動。當我把某個主題闡釋清楚，詳盡研究之後，我就會為了再次進入愚昧無知而轉身離去。永遠不滿足的人實在很古怪；如果他完成了一幢建築物，那並不是為了平平靜靜生活在裡面，而是為了再次展開工作。我猜征服世界的人一定有這樣的感覺，才剛攻克一個王國，就把臂膀伸向其他王國。

捷徑並不是完成旅程的快速方法，而是開啟新旅程的跳板。它是清理過的路徑、鑿通的隧道、建造好的橋梁，目的是讓其他人能夠迅速走到知識的疆界，這樣他們就可以各自踏上穿越無知的旅程。帶著高斯和後世數學家同行磨尖的工具，張開你的雙臂，迎向下一個偉大的征服。

致謝

寫書這項史詩級任務沒有多少捷徑可走，但最好的捷徑之一，就是擁有優秀的團隊支持你。4th Estate 出版社的編輯 Louise Haines 就像最出色的心理學家，用很好的方式追根究柢，這種問題創造出的環境，讓作者為自己遇到的問題發現解答。我的經紀人 Antony Topping 一直是很重要的另一雙眼睛，確保我不會迷失在沒有目標的道路上。我的文字編輯 Iain Hunt 非常有耐性的努力處理我的亂糟糟文法，把文字整理好。

在大西洋的另一邊，Basic Books 出版社的美國編輯團隊 Thomas Kelleher 和 Eric Henney 完成了出色的工作，確保我的捷徑能夠把美國讀者引到正確的方向。

促成本書各章休息站的每一位貢獻者，都不吝投入他們的時間和想法。我非常感謝克萊恩、霍伯曼、庫克、麥克法倫、拉沃斯、歐布里斯特、蕭克洛斯、甘乃迪、奧巴賀、羅德里格茲和阿米吉克，把他們對捷徑的看法跟我做了精采的討論。

感謝瑪莉亞、艾敏、諾爾斯和小野洋子這幾位藝術家，授權讓我使用他們的《動手做》指示。

如果沒有教授一職給我的時間，寫這樣的一本書是不可能的。感謝 Charles Simonyi 授予講座，也謝謝牛津大學全力支持我擔任大眾科學傳播教授（Professor for the Public Understanding of Science）。

牛頓和莎士比亞都在瘟疫大流行期間的多產中獲益。寫作本書的時候，正值 2020 年初新冠肺炎疫情在全球蔓延，結果發現這是個奇特的捷徑，因為它消除了使我分心的事務，讓我有時間坐下來寫作。結果，我在截稿日前兩個月就完成初稿。我的編輯 Louise 收到初稿時嚇了一跳，她很習慣我拖稿兩年！

但大家發現我不是唯一提前交稿的作者。事實上，Louise 承認她從幾位作者那裡收到了甚至還沒委託要出版的小說稿。她預告說，可能需要一些時間才會給我回饋意見。在我等待回覆的同時，我利用足不出戶的時間寫出一部新劇作。考量到所有的劇場都關門了，這大概是個荒唐的計畫，但我希望它會在某個時候首演。

在限足令實施期間的寫作日，每位家人最後都會走出各自的房間，分享這天的線上活動，來為每一天劃下句點。晚上我們一起分享的歡笑與愛，讓我的這段艱辛寫作過程變得容易許多。感謝 Shani、Tomer、Ina 和 Magaly，他們是我完成艱巨寫書之旅的最佳捷徑。

國家圖書館出版品預行編目 (CIP) 資料

數學就是這樣用：找出生活問題的最佳解 / 杜．索托伊 (Marcus du Sautoy) 著；畢馨云譯．-- 第一版．-- 臺北市：遠見天下文化出版股份有限公司，2022.10

面；　公分．--（科學天地；184）

譯自：Thinking better : the art of the shortcut

ISBN 978-986-525-895-5（平裝）

1.CST: 數學 2.CST: 通俗作品

310　　111016323

科學天地 184

數學就是這樣用

找出生活問題的最佳解

Thinking Better: The Art of the Shortcut

原　　著 —— 杜・索托伊（Marcus du Sautoy）
譯　　者 —— 畢馨云
科學叢書策劃群 —— 林和（總策劃）、牟中原、李國偉、周成功

總 編 輯 —— 吳佩穎
編輯顧問 —— 林榮崧
責任編輯 —— 吳育燐
美術設計 —— 蕭志文
封面設計 —— 張議文

出 版 者 —— 遠見天下文化出版股份有限公司
創 辦 人 —— 高希均、王力行
遠見・天下文化 事業群董事長 —— 高希均
事業群發行人／CEO —— 王力行
天下文化社長 —— 林天來
天下文化總經理 —— 林芳燕
國際事務開發部兼版權中心總監 —— 潘欣
法律顧問 —— 理律法律事務所陳長文律師　　著作權顧問 —— 魏啟翔律師
社　　址 —— 台北市 104 松江路 93 巷 1 號 2 樓
讀者服務專線 —— 02-2662-0012　　傳真 —— 02-2662-0007；02-2662-0009
電子郵件信箱 —— cwpc@cwgv.com.tw
直接郵撥帳號 —— 1326703-6 號 遠見天下文化出版股份有限公司

電腦排版 —— 蕭志文
製 版 廠 —— 東豪印刷事業有限公司
印 刷 廠 —— 祥峰印刷事業有限公司
裝 訂 廠 —— 台興印刷裝訂股份有限公司
登 記 證 —— 局版台業字第 2517 號
總 經 銷 —— 大和書報圖書股份有限公司 電話／02-8990-2588
出版日期 —— 2022 年 10 月 31 日第一版第 1 次印行

定價 —— NT450 元
書號 —— BWS184
ISBN —— 978-986-525-895-5 ｜ EISBN 9789865258962（EPUB）；9789865258979（PDF）

天下文化官網 —— bookzone.cwgv.com.tw

天下文化

BELIEVE IN READING